高等职业教育宠物类专业系列教材

宠物疾病防治

主　编◎刘广文

副主编◎陈锦辉　张久丽　刘本君

主　审◎孙洪梅

北京师范大学出版集团
BEIJING NORMAL UNIVERSITY PUBLISHING GROUP
北京师范大学出版社

图书在版编目（CIP）数据

宠物疾病防治/刘广文主编. —北京：北京师范大学出版社，2025.1
（高等职业教育宠物类专业系列教材）
ISBN 978-7-303-29900-3

Ⅰ.①宠… Ⅱ.①刘… Ⅲ.①宠物－动物疾病－防治－高等职业教育
－教材 Ⅳ.①S858.93

中国国家版本馆 CIP 数据核字（2024）第 084862 号

出版发行：北京师范大学出版社 https://www.bnupg.com
　　　　　北京市西城区新街口外大街 12-3 号
　　　　　邮政编码：100088
印　　刷：北京天宇星印刷厂
经　　销：全国新华书店
开　　本：787 mm×1092 mm　1/16
印　　张：16.5
字　　数：369 千字
版　　次：2025 年 1 月第 1 版
印　　次：2025 年 1 月第 1 次印刷
定　　价：41.80 元

策划编辑：周光明　　　　　　　　责任编辑：周光明
美术编辑：焦　丽　　　　　　　　装帧设计：焦　丽
责任校对：段立超　　　　　　　　责任印制：赵　龙

本书编审委员会

主　　编　刘广文（黑龙江职业学院）

副 主 编　陈锦辉（黑龙江职业学院）

　　　　　张久丽（黑龙江职业学院）

　　　　　刘本君（黑龙江职业学院）

参　　编　艾　洁（黑龙江职业学院）

　　　　　蒲勇军（山东省烟台市芝罘区动物疫病预防控制中心）

主　　审　孙洪梅（黑龙江职业学院）

内容简介

本教材打破了传统学科体系的界限，以临床主要症状为主线，从类症鉴别的角度，对宠物常见病重新归类，并设置了表现消化系统症状宠物病防治、表现呼吸系统症状宠物病防治、表现心血管系统症状宠物病防治、表现泌尿系统症状宠物病防治、表现生殖系统症状宠物病防治、表现运动异常宠物病防治、表现神经症状宠物病防治、表现表被状态异常宠物病防治、表现眼部异常宠物病防治 9 个学习情境，共 18 个学习任务。每个学习任务由学习任务单、任务资讯单、案例单、工作任务单、必备知识、作业单及学习反馈单组成。在必备知识中设置了宠物病类症诊断图、引导问题、专业知识与技能及非文本资源二维码等。扫描二维码可登录课程网站观看专业图片、动画及视频等；宠物病类症诊断图便于学生从某一主要症状出发，结合伴随症状快速得出初步诊断结论；在任务工单中围绕对宠物病例的"诊断""治疗""预防"三项工作任务来进行，与临床工作过程一致，提高学生诊治宠物病的综合能力。

本教材可作为高等农业职业院校动物医学专业、畜牧兽医专业、宠物养护与驯导专业、动物防疫与检疫专业教材，亦可作为中等职业学校、成人教育、基层宠物医疗人员和宠物养殖户参考书。

前　言

本教材以习近平新时代中国特色社会主义思想为指导，旨在深入贯彻党的二十大精神，并根据教育部《关于加强高职高专教育人才培养工作的意见》和《关于全面提高高等职业教育教学质量的若干意见》的要求编写而成。

本教材是工作手册式教材，教材内容满足学生在工作现场学习的需要，提供简明易懂的"应知""应会"等现场指导信息；同时，又按照技术技能人才成长特点和教学规律，对学习任务进行有序排列。全书打破了传统的"内、外、产、传、寄"的学科式教学模式，依据临床主要症状，从类症鉴别的角度，对宠物常见疾病进行了重组，开发了9个学习情境。每个学习情境均设置了学习任务单、任务资讯单、案例单、工作任务单、必备知识、作业单及学习反馈单。依据宠物疾病防治工作任务的实际需要，在学习情境中，共设置了多个典型工作任务。每个工作任务围绕对宠物疾病的"诊断""治疗""预防"三项工作来进行，使学生的学习过程符合岗位工作过程；教材提供了相关宠物疾病的类症诊断图，便于学生从某一主要症状出发，结合伴随症状，快速得出初步诊断结论；教材提供了每种疾病学习时的引导问题，可以引发思考、快速把握知识与技能要点；教材为每种疾病的学习提供了非文本资源二维码，扫描后即可进入课程网站观看相关的专业图片、动画及视频，加深对知识点与技能点的理解。

本教材的编写人员由黑龙江职业学院的教师和企业人员组成。具体分工是：学习情境1、附录1由刘广文、艾洁编写，其中艾洁编写了必备知识部分，其余内容由刘广文编写，并制作非文本课程资源；学习情境2、学习情境7、学习情境9、附录2、附录7、附录9由陈锦辉编写，并制作非文本课程资源；学习情境3、学习情境8、附录3、附录8由张久丽编写，并制作非文本课程资源；学习情境4、学习情境5、学习情境6、附录4、附录5、附录6由刘本君编写，并制作非文本课程资源；山东省烟台市芝罘区动物疫病预防控制中心高级兽医师蒲勇军参与了本书的编写，为教材提供了临床病例及专业图片等素材。全书由刘广文统稿。

本教材承蒙黑龙江职业学院孙洪梅教授审稿，并提出了宝贵的意见。编写过程中，编者征求了多位宠物临床医疗人员的宝贵建议，同时得到了黑龙江职业学院及其农牧工程学院领导以及同事和有关人士的大力支持和帮助，在此一并表示感谢。在本书形成过程中，编者参考了国内外同行专家和学者的有关资料，在此表示衷心的感谢！

目前，我国高职高专的教学改革正处在探索发展阶段，本教材是成果导向改革教材的一种尝试，由于编者水平有限，教材中的缺点和不足在所难免，恳请读者多提宝贵意见，以备今后修正。

编　者

目 录

学习情境 1 表现消化系统症状宠物病防治…………………………………………………… 1

学习任务单 ……………………………………………………………………………………… 1

任务资讯单 ……………………………………………………………………………………… 2

案例单 …………………………………………………………………………………………… 3

工作任务单 ……………………………………………………………………………………… 7

项目 1 表现流涎宠物病防治 …………………………………………………………………… 7

任务 1 诊断 ………………………………………………………………………………… 7

任务 2 治疗 ………………………………………………………………………………… 8

任务 3 预防 ………………………………………………………………………………… 8

项目 2 表现呕吐宠物疾病防治 ………………………………………………………………… 8

任务 1 诊断 ………………………………………………………………………………… 8

任务 2 治疗 ………………………………………………………………………………… 9

任务 3 预防 ………………………………………………………………………………… 9

项目 3 表现腹泻宠物疾病防治 ………………………………………………………………… 9

任务 1 诊断 ………………………………………………………………………………… 9

任务 2 治疗 ………………………………………………………………………………… 10

任务 3 预防 ………………………………………………………………………………… 10

项目 4 表现腹痛宠物疾病防治 ………………………………………………………………… 10

任务 1 诊断 ………………………………………………………………………………… 10

任务 2 治疗 ………………………………………………………………………………… 11

任务 3 预防 ………………………………………………………………………………… 11

必备知识 ………………………………………………………………………………………… 11

一、必备的专业知识和技能 …………………………………………………………………… 11

（一）表现流涎宠物病防治 ………………………………………………………………… 11

1. 表现流涎宠物病类症诊断 ……………………………………………………………… 11

2. 表现流涎宠物病 ………………………………………………………………………… 12

（二）表现呕吐的宠物病防治 ……………………………………………………………… 17

1. 表现呕吐宠物病类症诊断 ……………………………………………………………… 17

2. 表现呕吐宠物病 ………………………………………………………………………… 18

（三）表现腹泻宠物病防治 ………………………………………………………………… 21

1. 表现腹泻宠物病类症诊断 ……………………………………………………………… 21

2. 表现腹泻宠物病 ………………………………………………………………………… 22

（四）表现腹痛宠物病防治 ………………………………………………………………… 34

　　　　1. 表现腹痛宠物病类症诊断 ··· 34

　　　　2. 表现腹痛宠物病 ··· 35

　　二、拓展阅读 ··· 47

　作业单 ··· 47

　学习反馈单 ··· 48

学习情境2　表现呼吸系统症状宠物病防治 ··· 49

　学习任务单 ··· 49

　任务资讯单 ··· 50

　案例单 ··· 51

　工作任务单 ··· 53

　　项目1　表现流鼻液、咳嗽且发热不明显宠物疾病防治 ················· 53

　　　任务1　诊断 ··· 53

　　　任务2　治疗 ··· 54

　　　任务3　预防 ··· 54

　　项目2　表现流鼻液、咳嗽且发热明显宠物疾病防治 ····················· 54

　　　任务1　诊断 ··· 54

　　　任务2　治疗 ··· 55

　　　任务3　预防 ··· 55

　　必备知识 ··· 56

　　一、必备的专业知识和技能 ··· 56

　　　（一）表现流鼻液、咳嗽且发热不明显宠物病防治 ······················· 56

　　　　1. 表现流鼻液、咳嗽且发热不明显宠物病类症诊断 ·················· 56

　　　　2. 表现流鼻液、咳嗽且发热不明显宠物疾病 ····························· 57

　　　（二）表现流鼻液、咳嗽且发热明显宠物病防治 ··························· 63

　　　　1. 表现流鼻液、咳嗽且发热明显宠物病类症诊断 ··················· 63

　　　　2. 表现流鼻液、咳嗽且发热明显宠物疾病 ····························· 63

　　二、拓展阅读 ··· 80

　作业单 ··· 81

　学习反馈单 ··· 81

学习情境3　表现心血管系统症状宠物病防治 ······································· 83

　学习任务单 ··· 83

　任务资讯单 ··· 84

　案例单 ··· 85

　工作任务单 ··· 86

　　项目1　表现心音异常宠物病防治 ··· 86

　　　任务1　诊断 ··· 86

　　　任务2　治疗 ··· 87

　　　　任务3　预防 …………………………………………………………………… 87
　　项目2　表现贫血、黄疸宠物病防治 ……………………………………………… 87
　　　　任务1　诊断 …………………………………………………………………… 87
　　　　任务2　治疗 …………………………………………………………………… 88
　　　　任务3　预防 …………………………………………………………………… 88
　　必备知识 ……………………………………………………………………………… 89
　　　一、必备的专业知识和技能 ……………………………………………………… 89
　　　　（一）表现心音异常宠物病防治 ………………………………………………… 89
　　　　　1. 表现心音异常宠物病类症诊断 …………………………………………… 89
　　　　　2. 表现心音异常宠物病 ……………………………………………………… 89
　　　　（二）表现贫血、黄疸宠物病防治 ……………………………………………… 94
　　　　　1. 表现贫血、黄疸宠物病类症诊断 ………………………………………… 94
　　　　　2. 表现贫血、黄疸宠物病 …………………………………………………… 95
　　　二、拓展阅读 ……………………………………………………………………… 103
　作业单 …………………………………………………………………………………… 103
　学习反馈单 ……………………………………………………………………………… 103

学习情境4　表现泌尿系统症状宠物病防治 ………………………………………… 105
　学习任务单 ……………………………………………………………………………… 105
　任务资讯单 ……………………………………………………………………………… 106
　案例单 …………………………………………………………………………………… 107
　工作任务单 ……………………………………………………………………………… 108
　　项目　表现泌尿系统症状宠物病防治 …………………………………………… 108
　　　　任务1　诊断 …………………………………………………………………… 108
　　　　任务2　治疗 …………………………………………………………………… 109
　　　　任务3　预防 …………………………………………………………………… 109
　　必备知识 ……………………………………………………………………………… 109
　　　一、必备的专业知识和技能 ……………………………………………………… 109
　　　　　1. 表现泌尿系统症状宠物病类症诊断 …………………………………… 109
　　　　　2. 表现泌尿系统症状宠物病 ……………………………………………… 109
　　　二、拓展阅读 ……………………………………………………………………… 117
　作业单 …………………………………………………………………………………… 118
　学习反馈单 ……………………………………………………………………………… 118

学习情境5　表现生殖系统症状宠物病防治 ………………………………………… 120
　学习任务单 ……………………………………………………………………………… 120
　任务资讯单 ……………………………………………………………………………… 121
　案例单 …………………………………………………………………………………… 122
　工作任务单 ……………………………………………………………………………… 125

项目1　表现流产宠物病防治 …………………………………… 125

　　任务1　诊断 ……………………………………………………… 125

　　任务2　治疗 ……………………………………………………… 127

　　任务3　预防 ……………………………………………………… 127

项目2　表现难产宠物病防治 …………………………………… 127

　　任务1　诊断 ……………………………………………………… 127

　　任务2　治疗 ……………………………………………………… 127

　　任务3　预防 ……………………………………………………… 127

项目3　表现子宫、卵巢功能紊乱宠物病防治 …………………… 127

　　任务1　诊断 ……………………………………………………… 127

　　任务2　治疗 ……………………………………………………… 128

　　任务3　预防 ……………………………………………………… 128

项目4　表现乳房功能紊乱宠物病防治 ………………………… 128

　　任务1　诊断 ……………………………………………………… 128

　　任务2　治疗 ……………………………………………………… 130

　　任务3　预防 ……………………………………………………… 130

必备知识 ………………………………………………………………… 130

一、必备的专业知识和技能 …………………………………………… 130

　（一）表现流产宠物病防治 ………………………………………… 130

　　1. 表现流产宠物病类症诊断 …………………………………… 130

　　2. 表现流产宠物病 ……………………………………………… 130

　（二）表现难产宠物病防治 ………………………………………… 133

　（三）表现子宫、卵巢功能紊乱宠物病防治 ……………………… 136

　　1. 表现子宫、卵巢功能紊乱宠物病类症诊断 ………………… 136

　　2. 表现子宫、卵巢功能紊乱宠物病 …………………………… 136

　（四）表现乳房功能紊乱宠物病防治 ……………………………… 139

二、拓展阅读 …………………………………………………………… 141

作业单 …………………………………………………………………… 141

学习反馈单 ……………………………………………………………… 142

学习情境6　表现运动异常宠物病防治 …………………………… 143

学习任务单 ……………………………………………………………… 143

任务资讯单 ……………………………………………………………… 144

案例单 …………………………………………………………………… 145

工作任务单 ……………………………………………………………… 146

项目　表现运动异常宠物病防治 ………………………………… 146

　　任务1　诊断 ……………………………………………………… 146

　　任务2　治疗 ……………………………………………………… 146

必备知识 ……………………………………………………………… 147
　　一、必备的专业知识和技能 …………………………………… 147
　　　　1. 表现运动异常宠物病类症诊断 …………………………… 147
　　　　2. 表现运动异常宠物病 ………………………………………… 147
　　二、拓展阅读 ……………………………………………………… 157
作业单 ………………………………………………………………… 157
学习反馈单 …………………………………………………………… 158

学习情境 7　表现神经症状宠物病防治 ………………………… 159
　学习任务单 ………………………………………………………… 159
　任务资讯单 ………………………………………………………… 160
　案例单 ……………………………………………………………… 161
　工作任务单 ………………………………………………………… 162
　　项目　表现神经症状宠物病防治方法 ………………………… 162
　　　任务 1　诊断 …………………………………………………… 162
　　　任务 2　疫情处理及预防 ……………………………………… 162
　　必备知识 ………………………………………………………… 163
　　　一、必备的专业知识和技能 …………………………………… 163
　　　　1. 表现神经症状宠物病类症诊断 …………………………… 163
　　　　2. 表现神经症状宠物病 …………………………………… 164
　　　二、拓展阅读 …………………………………………………… 175
　作业单 ……………………………………………………………… 176
　学习反馈单 ………………………………………………………… 176

学习情境 8　表现表被状态异常宠物病防治 …………………… 178
　学习任务单 ………………………………………………………… 178
　任务资讯单 ………………………………………………………… 179
　案例单 ……………………………………………………………… 180
　工作任务单 ………………………………………………………… 181
　　项目 1　表现损伤及并发症宠物病防治 ……………………… 181
　　　任务 1　诊断 …………………………………………………… 181
　　　任务 2　治疗 …………………………………………………… 182
　　项目 2　表现皮肤瘙痒、脱毛宠物病防治 …………………… 182
　　　任务 1　诊断 …………………………………………………… 182
　　　任务 2　治疗 …………………………………………………… 183
　　　任务 3　预防 …………………………………………………… 183
　　必备知识 ………………………………………………………… 183
　　　一、必备的专业知识和技能 …………………………………… 183
　　　　（一）表现损伤及并发症宠物病防治 ……………………… 183

　　　　1. 表现损伤及并发症宠物病类症诊断 ……………………………………… 183
　　　　2. 表现损伤及并发症宠物病 ……………………………………………… 184
　　　（二）表现皮肤瘙痒、脱毛宠物病防治 …………………………………… 193
　　　　1. 表现皮肤瘙痒、脱毛宠物病类症诊断 ………………………………… 193
　　　　2. 表现皮肤瘙痒、脱毛宠物病 …………………………………………… 194
　　二、拓展阅读 …………………………………………………………………… 204
　作业单 …………………………………………………………………………… 205
　学习反馈单 ……………………………………………………………………… 205

学习情境 9　表现眼部异常宠物病防治 ………………………………………… 206
　学习任务单 ……………………………………………………………………… 206
　任务资讯单 ……………………………………………………………………… 207
　案例单 …………………………………………………………………………… 208
　工作任务单 ……………………………………………………………………… 209
　　项目　表现眼部异常宠物病防治方法 ……………………………………… 209
　　　任务 1　诊断 ……………………………………………………………… 209
　　　任务 2　治疗 ……………………………………………………………… 209
　　　任务 3　预防 ……………………………………………………………… 209
　　必备知识 ……………………………………………………………………… 210
　　一、必备的专业知识和技能 ………………………………………………… 210
　　　　1. 表现眼部异常宠物病类症诊断 ……………………………………… 210
　　　　2. 表现眼部异常宠物疾病 ……………………………………………… 210
　　二、拓展阅读 ………………………………………………………………… 217
　作业单 …………………………………………………………………………… 217
　学习反馈单 ……………………………………………………………………… 218

课程量化评价单 ………………………………………………………………… 219
附　录 …………………………………………………………………………… 222
　附录 1　表现消化系统症状宠物病防治参考答案 …………………………… 222
　附录 2　表现呼吸系统症状宠物病防治参考答案 …………………………… 229
　附录 3　表现心血管系统症状宠物病防治参考答案 ………………………… 232
　附录 4　表现泌尿系统症状宠物病防治参考答案 …………………………… 236
　附录 5　表现生殖系统症状宠物病防治参考答案 …………………………… 237
　附录 6　表现运动异常宠物病防治参考答案 ………………………………… 243
　附录 7　表现神经症状宠物病防治参考答案 ………………………………… 245
　附录 8　表现表被状态异常宠物病防治参考答案 …………………………… 246
　附录 9　表现眼部异常宠物病防治参考答案 ………………………………… 250

参考文献 ………………………………………………………………………… 252

学习情境 1

表现消化系统症状宠物病防治

●●●●● 学习任务单

学习情境 1	表现消化系统症状宠物病防治	学　时	20
布置任务			
学习目标	【知识目标】 1. 了解表现消化系统症状宠物病的基本特征。 2. 理解表现消化系统症状宠物病的发生、发展规律。 3. 掌握表现消化系统症状宠物病的诊断与防治方法。 【技能目标】 1. 能分析临床案例，获得临床诊治疾病的经验。 2. 对临床病例，能搜集症状、分析症状、建立诊断，确定防治方案。 【素养目标】 1. 通过宠物病基本特征的学习，激发学生关爱生命的使命感。 2. 通过案例分析，培养学生团结合作和严谨认真的意识。 3. 通过临床病例诊疗与分析，培养学生独立思考、爱岗敬业、安全工作的态度。		
任务描述	对临床实践中表现消化系统症状的患病宠物进行检查，分析症状，作出诊断，制定并实施治疗方案，提出预防措施。具体任务如下。 1. 运用病史调查、临床症状检查等方法，搜集症状、资料，通过论证分析及类症鉴别等方法，建立初步诊断。 2. 依据初步诊断结果，进行必要的实验室检验及特殊检查，并根据检验、检查结果，作出更确切的诊断。 3. 对诊断出的疾病予以合理治疗，并提出预防措施。		
提供资料	1. 信息单。 2. 教材。 3. 宠物疾病防治精品开放课程网站。		
对学生 要求	1. 按任务资讯单内容，认真准备资讯问题。 2. 按各项工作任务的具体要求，认真实施工作方案。 3. 以学习小组为单位，开展工作，提升团队协作能力。 4. 遵守工作场所的规章制度，注意个人防护与生物安全。		

●●●●● 任务资讯单

学习情境 1	表现消化系统症状的宠物病防治
资讯方式	阅读信息单与教材；进入本课程网站及相关网站，观看 PPT 课件、教学视频、动画、专业图片等；到图书馆查询；向指导教师咨询。
资讯问题	1.1 宠物口炎、牙周炎、咽炎、食道炎、食道阻塞的常见主要病因。 1.2 能引起宠物咀嚼障碍且流涎的常见疾病有哪些，它们之间的主要区别是什么？ 1.3 口炎、牙周炎、咽炎、食道炎、食道阻塞的诊断要点。 1.4 口炎、牙周炎的治疗措施。 1.5 X 射线机、B 超、内窥镜的操作及结果分析。 1.6 CDV、CPV、CCV、CAV-1、CAV-2 诊断试纸的使用方法及结果判定。 2.1 呕吐无腹泻常见的疾病主要有哪些？如何进行鉴别诊断？ 2.2 呕吐伴有腹泻的常见疾病有哪些？如何进行鉴别诊断？ 2.3 呕吐伴有神经症状的疾病有哪些？如何进行鉴别诊断？ 3.1 急性腹泻同时伴随发热的疾病有哪些？如何鉴别诊断？ 3.2 急性腹泻不伴有发热的疾病有哪些？如何进行鉴别诊断？ 3.3 腹泻病程较长或便秘与腹泻交替出现的疾病有哪些？如何鉴别诊断？ 4.1 腹痛无腹泻的疾病常见的有哪些？如何鉴别诊断？ 4.2 腹痛且伴有腹泻的疾病常见的有哪些？如何鉴别诊断？
资讯引导	1. 李玉冰，刘海 . 宠物疾病临床诊疗技术 . 北京：中国农业出版社，2017 2. 张磊，石冬梅 . 宠物内科病 . 北京：化学工业出版社，2016 3. 解秀梅 . 宠物传染病 . 北京：中国农业出版社，2021 4. 孙维平，王传锋 . 宠物寄生虫病 . 北京：中国农业出版社，2010 5. 李志 . 宠物疾病诊治 . 北京：中国农业出版社，2019 6. 韩博 . 犬猫疾病学，第 3 版 . 北京：中国农业大学出版社，2011 7. 谢富强 . 犬猫 X 线与 B 超诊断技术 . 沈阳：辽宁科学技术出版社，2006 8. 周桂兰，高得仪 . 犬猫疾病实验室检验与诊断手册，第 2 版 . 北京：中国农业出版社，2015 9. 宠物疾病精品资源开放课： https：//www.xueyinonline.com/detail/232532809

●●●●● 案例单

学习情境 1	表现消化系统症状宠物病防治	案例训练学时	8
序号	案例内容	案例分析	

序号	案例内容	案例分析
1.1	病史调查：北京犬，70 日龄，雄性。该犬 7 d 前由于气候变化突然不慎感冒。患犬发热，怕冷，流鼻涕，不爱吃东西。患犬主人给它注射了柴胡注射液 1 mL，2 次/d。用药 3 d 后患犬不再发烧，感冒症状基本消失。但是，患犬精神状态始终不佳，不愿进食，口角流出黏液，两前肢被黏液污染，被毛湿且打绺，常用前肢抓挠嘴角。主人又给它注射了青霉素 G 钾 20 万 IU，2 次/d，连用 3 d，但患犬不见好转，于 3 月 2 日前来就诊。 临床检查：患犬表现精神沉郁，中度脱水，机体消瘦，体温 40 ℃，心率 90 次/min，呼吸 18 次/min。口腔黏膜以及舌部可见大小不一的溃疡，溃疡表面可见一层假膜，假膜呈淡黄色或黄色干酪样，剥去假膜，呈现红色溃疡面，有时可见溃疡面出血。 实验室检查：用生理盐水冲洗口腔，然后无菌采取假膜，先在载玻片上滴一滴 10% 氢氧化钾，再用假膜涂片，然后进行革兰氏染色。镜检可见到大量的芽生孢子和假菌丝，芽生孢子呈卵圆形，似酵母细胞样，革兰氏染色阳性。 病原分离培养，革兰氏染色镜检，观察到分枝菌丝体、假菌丝、芽生孢子和顶端圆形的厚膜孢子。 [任务]分析案例的病史、临床症状及实验室检查结果，建立初步诊断。给出本病的治疗原则与措施。	本案例的主要病史是感冒后发生流涎及应用青霉素治疗效果不佳，提示口腔炎症类疾病。临床检查的主要症状是口腔黏膜以及舌部可见附有假膜的溃疡，可提示坏死性口炎或真菌性口炎。实验室检查中用口腔假膜涂片检查及病原分离培养证实有白色念珠菌感染。所以本病可初步诊断为：因感冒引发的白色念珠菌性口炎。 治疗方案如下。 1. 提高机体抵抗力和对症治疗 处方 1　5% 葡萄糖 250 mL，维生素 C 0.5 g。 用法：混合后一次静注，每天 1 次，连用 7 d。 处方 2　维生素 B$_2$ 5 mg/次，维生素 B$_6$ 5 mg/次。 用法：内服，2 次/d，连用 10 d。 处方 3　对口腔进行溃疡假膜处理，刮去假膜，用 1% 碘液冲洗，再用生理盐水冲洗，冲洗 2 次/d，冲洗 2 周，每天冲洗后，溃疡处涂碘甘油，用药一周。 2. 对环境及其用具进行消毒 处方 4　用 1% 氢氧化钠溶液彻底消毒。 3. 抗病原治疗 处方 5　投服制霉菌素片 5 万单位/kg. BW，3 次/d，连用 5 d。 处方 6　二性霉素 B，0.25 mg/kg. BW，1 次/d，静脉注射，连用 6 d。 处方 7　早晚各饮用硫酸铜药液 1 次，其药液浓度为 1∶2 000，并隔日给药，用药 1 周（盛药液用瓷器）。 4. 加强饲养管理和护理 饲喂易消化、富含营养的食物，环境干燥通风。

病史调查：8月6日，两只成年德国牧羊犬，公犬，体重均为37~40 kg，在喂食后不到30 min突然发病，遂来宠物医院紧急求诊。

主诉：两只犬上午在喂食过程中，主人在食物中添加了从集市上买来的不明原因死亡的野兔的部分内脏。据了解，该地区冬季有个别居民有利用鼠药农药毒杀野兔、山鸡等野生动物的不良习惯。因此，两只犬具有摄入鼠药、农药等毒饵的可能性。

临床症状：两只犬精神均出现异常，犬精神亢奋，不听召唤，狂吠、狂奔后扎在阴暗角落处呕吐，躲避主人，两眼呈惊恐状，表现腹痛不安症状，时而走动、时而趴下，呕吐、流涎，嘴角有白色泡沫。两只犬呕吐物均混有血液，其呕吐物在暗处可发出磷光。呼吸急促，呼出气体有蒜臭味。

实验室检查：测定方法分别取10 g病犬呕吐物和死亡野兔的胃内容物于2个测砷瓶中，各加5 mL 15％碘化钾溶液、5滴酸性氯化亚锡溶液、5 mL盐酸，加水至40 mL充分溶解，再各加3 g锌粒后立即塞上预先装有乙酸铅棉花及溴化汞试纸的测砷管瓶塞，25 ℃放置1 h，观察颜色变化。

结果判定：1 h后均产生黄褐色斑点，考虑为磷化物可疑，需进一步验证，遂将2片溴化汞试纸色斑处加水湿润，于氨气中熏蒸5 min后发现试纸颜色不变，即可排除此两样品中有砷化物、锑化物，判断为含磷化物。

［任务］分析案例的病史、临床症状及实验室检查结果，建立初步诊断。给出本病的治疗原则与措施。

本案例的主要病史是两只犬采食野兔内脏后突然发病，提示中毒类疾病。临床检查的主要症状是精神异常，呕吐、流涎，呕吐物在暗处发出磷光，提示无机磷类毒物中毒。实验室毒物检查，排除砷化物、锑化物，判断为磷化物。所以，本病诊断为磷化锌中毒。

治疗方案如下。

1. 清除体内毒物

处方1　1％的硫酸铜溶液50 mL。

用法：灌服。

说明：诱其呕吐，并与胃内磷化锌形成不溶性的磷化铜，从而阻滞吸收而降低毒性。

处方2　5％碳酸氢钠溶液5 000 mL。

用法：反复洗胃。

说明：中和或降低胃内的酸性环境，以阻止磷化锌转化为磷化氢，直至洗出液无磷臭、澄清时为止。

处方3　液体石蜡油，每只犬150 mL，10 min后再灌服硫酸钠每只犬20 g。

用法：清洗彻底后，向胃内注入。

说明：导泻，使胃内少量的磷化锌溶解而不被吸收，促进排出。

2. 降低颅内压、纠正酸碱平衡失调

处方4　250 mL甘露醇静脉滴注（30 min滴完），5％葡萄糖注射液500 mL，10％葡萄糖酸钙10 mL。

用法：静脉滴注。

说明：补液增加尿量，以促进毒物排出。

3. 镇静解痉抗感染

处方5　盐酸氯丙嗪2 mg/kg.BW。

用法：肌肉注射。

处方6　氨苄西林2 g、复方氯化钠注射液250 mL、三磷酸腺苷二钠注射液20 mg、辅酶A 100 IU、地塞米松磷酸钠注射液5 mg，维生素B_6 2 mL，维生素C 5 mL。

用法：混合静脉滴注。

经过上述方案治疗后，当天两病犬病情得到控制，但第2 d均出现轻微的腹泻现象，继续静脉滴注抗感染药及能量合剂，连续3 d；同时两只犬口服调整胃肠功能药物，连用5 d。5 d后两犬饮食、粪便正常，痊愈。

1.3	病史调查：动物医院收治了1只雄性猫，体重3 kg，主人反映猫突然食欲不佳、精神沉郁、身体衰弱、出现呕吐，呕吐物为黄色黏液，腹泻，粪便腥臭带血。 　　临床检查：可见病猫眼屎多，鼻头干，肛温39.8 ℃。 　　实验室检查：抽取病猫血液进行血常规检查、血生化检查。 　　检查结果可以看出，病猫严重脱水，心脏、肠胃和肾功能也有受损，营养流失严重。 　　特异性检查：猫瘟检测，用棉签蘸稀释液采集肛门内分泌物，放置5 s，将棉签取出在稀释液内旋转15 s，再用吸管将稀释液4～5滴加入检测孔内，静置5～10 min观察结果，试纸板C、T杠均呈红色。 　　[任务]分析案例的病史、临床症状及实验室检查结果，建立初步诊断。给出本病的治疗原则与措施。	本案例的病史是呕吐，血性腹泻，全身状况不佳，提示呕吐、腹泻类疾病。临床检查中又见有猫眼屎多、体温升高，提示猫瘟等多系统感染性疾病。实验室检查表明猫多器官受到损伤，特异性猫瘟检查试纸板C、T杠均呈红色，表明猫瘟检测为阳性。因此，本病例诊断为猫瘟。 　　治疗方案如下。 　　治疗原则：止吐、止泻、补液、抗病毒、防止继发性感染及对症治疗。 　　处方1　能量合剂　5％葡萄糖40 mL、25％维生素C 0.3 mL、维生素B₆ 0.3 mL、ATP（三磷酸腺苷二钠）0.3 mL、辅酶A 0.3 mL。 　　用法：静脉滴注。 　　处方2　抑制胃酸分泌　奥美拉唑15 mg。 　　用法：生理盐水稀释后，静脉滴注。 　　处方3　消炎　0.9％氯化钠40 mL、氨苄西林钠150 mg、地塞米松0.2 mL。 　　用法：静脉滴注。 　　处方4　防脱水、抗病毒、调节体内电解质平衡。 　　①乳酸钠林格液40 mL。 　　用法：静脉滴注。 　　②猫瘟单抗1 mL、猫重组干扰素1 mL、利巴韦林0.3 mL、科特壮0.3 mL和奥普乐0.3 mL。 　　用法：一次皮下注射。
1.4	病史调查：1只3岁半的雌性拉布拉多寻回猎犬，体重约为38 kg。犬主诉：该犬平时喜食肉类，不爱运动，前天因该犬偷食大量的残食后出门牵遛，回家后突然出现呕吐、精神不振、腹泻、食欲废绝等症状。 　　临床检查：发病后第2 d前来就诊，就诊时患犬39.2 ℃，轻度脱水，精神沉郁，呈蜷缩状伏趴在地，并对外界声音不敏感。触诊该病犬腹部紧张，疼痛明显，未见肠内异	本案例的主要病史是患犬平时爱吃肉，突然发生呕吐、腹泻等消化道症状，提示以呕吐、腹泻为主症的疾病。在临床检查中最突出的主症是腹痛，提示肠异物、肠梗阻、胰腺炎等腹痛类疾病。经触诊未见肠内异物及梗阻迹象，排除了肠异物及肠道梗阻。通过病毒抗原检测排除了犬瘟热、犬细小病毒、犬冠状病毒。胰腺炎的可能性增大了，因此进行了胰腺炎特异性诊断及血常规检查，结果胰腺炎检查为阳性，血常规中可见白细胞总数及中性粒细胞数升高提示机体存在炎症。因此，本案例初步诊断为胰腺炎。

物及肠道梗阻迹象。进行犬瘟热病毒、犬细小病毒、犬冠状病毒抗原检测，结果均为阴性。与犬主商量后对该犬做血液检查，血液生化检查等。

血常规检查：白细胞总数：$35×10^9/L$（参考值：$6.0～17.0$），中性粒细胞：$22×10^9/L$（参考值：$4.0～12.6$）。红细胞数：$9.10×10^{12}/L$（参考值：$5.5～8.5$）。

特异性检查：由于胰腺炎诊断较为困难，经主人同意应用 IDEXX 公司生产的 Canine Pancreatic Lipase Test Kit（SNAP cPL）胰腺炎检测试剂板进行胰腺炎的进一步诊断。按照试剂板检测要求抽血离心化验，患犬检查结果为阳性。

［任务］分析案例的病史、临床症状及实验室检查结果，建立初步诊断。给出本病的治疗原则与措施。

治疗方案如下。

治疗原则：禁食禁饮、抑制胰腺分泌、纠正水电解质平衡紊乱、防止休克、镇痛、防治继发感染、防治并发症。

处方 1　能量合剂 20 mL，25％维生素 C 20 mL，科特壮 2 mL，5％葡萄糖注射液 100 mL。

用法：一次静脉注射。

处方 2　生理盐水 100 mL，10％氯化钾 5 mL。

用法：静脉注射。

处方 3　10％葡萄糖注射液 100 mL，白蛋白 5 mL。

用法：静脉注射。

处方 4　乳酸钠林格 200 mL，5％碳酸氢钠 10 mL。

用法：静脉注射。

处方 5　5％葡萄糖氯化钠注射液 100 mL，西咪替丁 3 mL。

用法：静脉注射。

处方 6　5％葡萄糖氯化钠注射液 100 mL，头孢曲松 1.5 g，地塞米松 1.0 mL。

用法：静脉注射。

处方 7　维生素 K_3 1.0，阿托品 1.0 mg。

用法：肌肉注射。

处方 8　阿米卡星 1.5 mL。

用法：肌肉注射。

处方 9　止血敏 2 mL。

用法：肌肉注射。

●●●●● 工作任务单

学习情境1	表现消化系统症状宠物病防治
项目1	表现流涎宠物病防治

松狮犬，3岁，表现流涎等症状来动物医院就诊。

任务1　诊断

1. 临床诊断

【材料准备】听诊器、体温计、伊丽莎白圈、口笼等。

【工作过程】

(1)调查发病情况。采用交谈或启发式询问的方法，向宠物主人了解患犬的现病史、既往病史和生活史。

[发病情况]该犬在发病前精神、食欲都很正常，曾和另一条犬争食一块鸡骨后，突然出现频频吞咽，惊恐不安，干呕，口角有白色泡沫状唾液，饮食废绝。

[发病情况分析]请分析发病情况调查结果，确定发病特点，初步判定疾病的类别。

(2)临床检查。对病犬进行一般检查及各系统的检查。特别注意对病犬的上消化道的检查，注意分析流涎产生的原因。

[临床症状]该犬体温38.7℃，心率89次/min，呼吸也无明显变化，精神高度紧张，频频吞咽、干呕，饮食欲废绝。口腔检查、咽部触诊，均未发现异常。食道触诊稍有痛感。

[临床症状分析]请分析临床检查结果，确定主要症状，并结合发病情况分析，提出可疑疾病，对可疑疾病论证分析，建立临床初步诊断。

2. X射线诊断

【材料准备】

地点：X射线室。

器材：管电流为100 mA，管电压为125~150 kV的X射线机。

药品：生理盐水、舒泰、硫酸钡、液体石蜡。

【检查过程】　先肌注舒泰10 mg/kg.BW，待进入麻醉期后，右侧位平躺在X射线床上，摆好焦点，犬的头、颈、胸的自然位置，在床的下面放好已装好底片的暗盒。核准X射线中点对准投照部位的中心，然后闭合电源开关，将X射线管交换开关，调节管电压到75 kV，管电流为12 mAs，进行曝光0.5s。曝光完毕后，切断电源，各调节钮归零。用自动洗片机洗片。

【检查结果】　在膈前及心基的后方发现一个较大的呈不规则形状的高密度阴影，见图1-1。

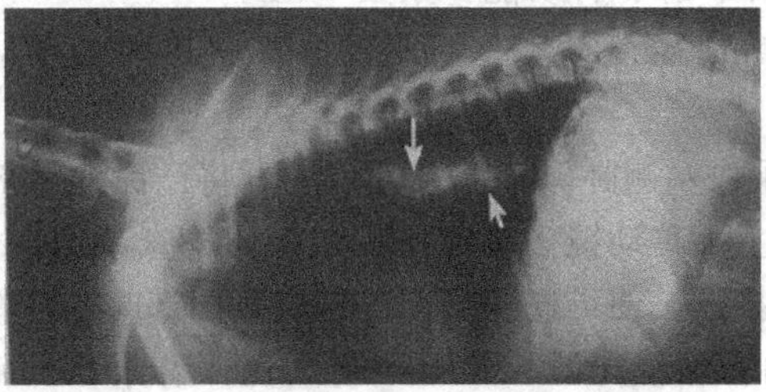

图1-1　心基后方的食道中可见不规则阴影

3. 建立诊断

依据病史、临床症状及 X 射线检查结果，本病例可诊断为何病？

任务 2 治疗

你认为本病例的治疗原则与措施是什么？

任务 3 预防

你认为本病例所患疾病的预防措施有哪些？

（工作任务参考答案见附录）

项目 2	表现呕吐宠物疾病防治

一只 2 月龄京巴犬，呕吐，来动物医院就诊。

任务 1 诊断

1. 临床诊断

【材料准备】听诊器、体温计、伊丽莎白圈、口笼等。

【工作过程】

（1）调查发病情况。采用交谈或启发式询问的方法，向宠物主人了解患犬的现病史、既往病史和生活史。

［发病情况］该京巴犬 2 d 前采食了大量的鸡骨，约 2 h 即发生呕吐，先是吐出大量的鸡骨，而后是大量的黏液、凝血块。食欲减退，饮欲增加，喜饮冷水，但是饮后不久即发生呕吐。免疫过两次四联苗。

［发病情况分析］请分析发病情况调查结果，确定发病特点，初步判定疾病的类别。

（2）临床检查。对病犬进行一般检查及各系统的检查。特别注意对病犬的消化系统的检查，注意分析呕吐产生的原因。

［临床症状］病犬食入大量的鸡骨后突然发生呕吐，呕吐物中含有鸡骨、黏液、血块、胃黏膜碎片，喜饮冷水，饮后 15～25 min 即发生呕吐。喜卧凉地，弓背，腹围蜷缩，精神呆滞，体温 39.8 ℃，眼窝凹陷，皮肤弹性降低。尿少色黄。口膜干燥，口臭明显。前腹部触诊敏感、疼痛，按压时有干呕现象。

［临床症状分析］请分析临床检查结果，确定主要症状，并结合发病情况分析，提出可疑疾病。论证分析可疑疾病，并通过鉴别诊断的方法，排除可能性小的疾病，建立临床初步诊断。

2. 胃镜诊断

【材料准备】

器材：可屈胃镜等。

药品：舒泰、液体石蜡。

【检查过程】

（1）先检查患犬心、肺、肝、肾功能，禁食 24 h。

（2）麻醉。舒泰，10 mg/kg.BW，一次肌注。观察患犬的反应，待患犬进入麻醉期后即进行检查。

（3）胃镜检查。患犬采取左侧卧保定，打开口腔，将已涂润滑剂的镜管缓缓地插入食道，待镜头通过贲门时，即可上下移动镜头对胃黏膜做大体检查，依据大弯切迹可将体部与窦部区分开，镜头上弯沿大弯推进，便可进入窦部。检查贲门部时，可将镜头反屈"J"字形。

【检查结果】 正常的胃黏膜光滑、湿润，暗红色，有索状的皱襞，呈半透明，有少量的黏液。而该犬的胃黏膜肿胀、潮红，有多量的黏液，在靠近幽门部的胃黏膜有 3 处严重的出血灶，少量的食糜，除此以外未发现任何异物。

3. 建立诊断

依据病史、临床症状及胃镜检查结果，本病例可诊断为何病？

任务 2　治疗

你认为本病例的治疗原则与措施是什么？

任务 3　预防

你认为本病例中疾病的预防措施有哪些？

（工作任务参考答案见附录）

项目 3	表现腹泻宠物疾病防治

3 月龄的德国牧羊犬因腹泻，来宠物医院就诊。

任务 1　诊断

1. 临床诊断

【材料准备】听诊器、体温计、伊丽莎白圈、口笼等。

【工作过程】

(1)调查发病情况。采用交谈或启发式询问的方法，向宠物主人了解患犬的现病史、既往病史和生活史。

［发病情况］患犬，3 月龄，体重 26 kg，发育良好，未进行过驱虫，也未进行过疫苗注射。主人一直用诺瑞犬粮饲喂，经常带该犬到附近的公园里和别人家的犬玩耍。开始时只是呕吐，而后出现发热、腹泻、消瘦较快、眼球深陷。曾经用过庆大霉素、氟哌酸、恩诺沙星、痢特灵，效果均不明显。也按蛔虫、钩虫、球虫病治疗过，不见任何效果。最近听说 5 家的犬发生相似症状，已有 3 家的犬排出带血的粪便后死亡。

［发病情况分析］请分析发病情况调查结果，确定发病特点，初步判定疾病的类别。

(2)临床检查。对病犬进行一般检查及各系统的检查。特别注意对病犬的消化系统、心血管系统、泌尿系统的检查，必要时对血、粪、尿等进行常规实验室检查。

［临床症状］患犬精神呆滞，体温 39.7～41 ℃，病犬废食、饮欲增强、呕吐、腹泻，呕吐物中带血丝。便血，呈番茄汁样，腥臭难闻。可视黏膜甚至皮肤膜苍白，眼球下陷。鼻镜干燥、鼻孔有清亮的鼻汁。尿少色黄。体重严重减轻，腹围蜷缩、被毛粗乱，皮肤弹性明显降低。浑身无力，喜卧于暗处，对主人吆喝反应迟钝。心动过速、节律不齐、脉搏不感于手。触诊腹中部敏感，腹内空虚。四肢末端冰凉。

［临床症状分析］请分析临床检查结果，确定主要症状，并结合发病情况分析，提出可疑疾病。论证分析可疑疾病，并通过鉴别诊断的方法，排除可能性小的疾病，建立初步诊断。

2. 实验室诊断

【材料准备】

器材：CPV 快速诊断试纸、CCV 快速诊断试纸。

病料：患犬的粪便。

【检查过程】

(1)犬冠状病毒性肠炎检测。先用棉签缓缓插入患犬直肠内蘸取少量的粪便，然后再将已蘸取粪便的棉签放入盛有稀释液的小塑料管中并与稀释液充分混合，再用塑料吸管吸取少量的混合液滴于犬冠状病毒试纸板的样孔中，在室温下静置 5～10 min 观察。结果只出现 C 线，T 线未出现。

（2）犬细小病毒性肠炎检测。先用棉签缓缓插入患犬直肠内蘸取少量的粪便，然后再将已蘸取粪便的棉签放入盛有稀释液的小塑料管中并与稀释液充分混合，再用塑料吸管吸取少量的混合液滴于犬细小病毒试纸板的样孔中，在室温下静置 5～10 min 观察。结果 C 线与 T 线均出现。

3. 建立诊断

依据病史、临床症状及实验室诊断结果，本病例可诊断为何病？

任务 2　治疗

你认为本病例的治疗原则与措施是什么？

任务 3　预防

你认为怎样预防本病？

（工作任务参考答案见附录）

项目 4	表现腹痛宠物疾病防治

一只灵缇犬，2 岁，剧烈腹痛，来动物医院就诊。

任务 1　诊断

1. 临床诊断

【材料准备】听诊器、体温计、伊丽莎白圈、口笼等。

【工作过程】

（1）调查发病情况。采用交谈或启发式询问的方法，向宠物主人了解患犬的现病史、既往病史和生活史。

［发病情况］该犬 2 岁，按免疫程序预防接种过四联弱毒疫苗，不久前驱过虫。该犬发育和体况较好，活泼好动，食欲旺盛，主人经常带领它出去玩耍。发病前 1 h 与另一只犬追逐、玩耍，突然出现坐地，不敢活动、口吐白沫、呻吟。

［发病情况分析］请分析发病情况调查结果，确定发病特点，初步判定疾病的类别。

（2）临床检查。对病犬进行一般检查及各系统的检查。特别注意对病犬的消化系统、心血管系统、运动系统的检查。

［临床症状］犬在玩耍、运动后，突然发病，精神紧张，饮食欲废绝。有时呈犬坐姿势、严重时躺在地上，打滚，频频干呕，口吐白沫，呻吟，前腹部稍微增大，呼吸困难，目光忧苦，眼结膜的血管呈树枝状充血。心率加快，达 169 次/min，体温 38.5 ℃。腹部触诊在剑状软骨后方的腹壁紧张有弹性，冲击该处有拍水音。叩诊该处有钢管音（金属音）。

［临床症状分析］请分析临床检查结果，确定主要症状，并结合发病情况分析，提出可疑疾病。论证分析可疑疾病，并通过鉴别诊断的方法，排除可能性小的疾病，建立诊断。

2. 胃管探诊

【材料准备】

器材：犬专用胃管、开口器、水盆、1 mL 注射器等。

药品：液体石蜡 1 瓶、75％酒精。

【检查过程】先将患犬站立保定，用胃管测量从口鼻到胃贲门的长度，并做好标记。固定好头部，把胃管插入食管内，胃管到胸腔入口及贲门处阻力较大，应缓慢插入，以免损伤食管黏膜。必要时灌入少量温水，等贲门松弛后，再向前推送少许。

【检查结果】原发性胃扩张，胃管能插入胃内，腹痛、腹胀随即减轻；胃扭转—扩张综合征病例胃管插不到胃内，因而不能减轻腹痛和腹胀。此病例胃管无论如何也插不到胃内，腹痛和腹胀没有缓解。

3．建立诊断

你认为本病例可诊断为何病？

任务 2　治疗

你认为本病例的治疗原则与措施是什么？

任务 3　预防

你认为怎样预防本病？

（工作任务参考答案见附录）

必备知识

一、必备的专业知识和技能

（一）表现流涎宠物病防治

1．表现流涎宠物病类症诊断

见图 1-2。

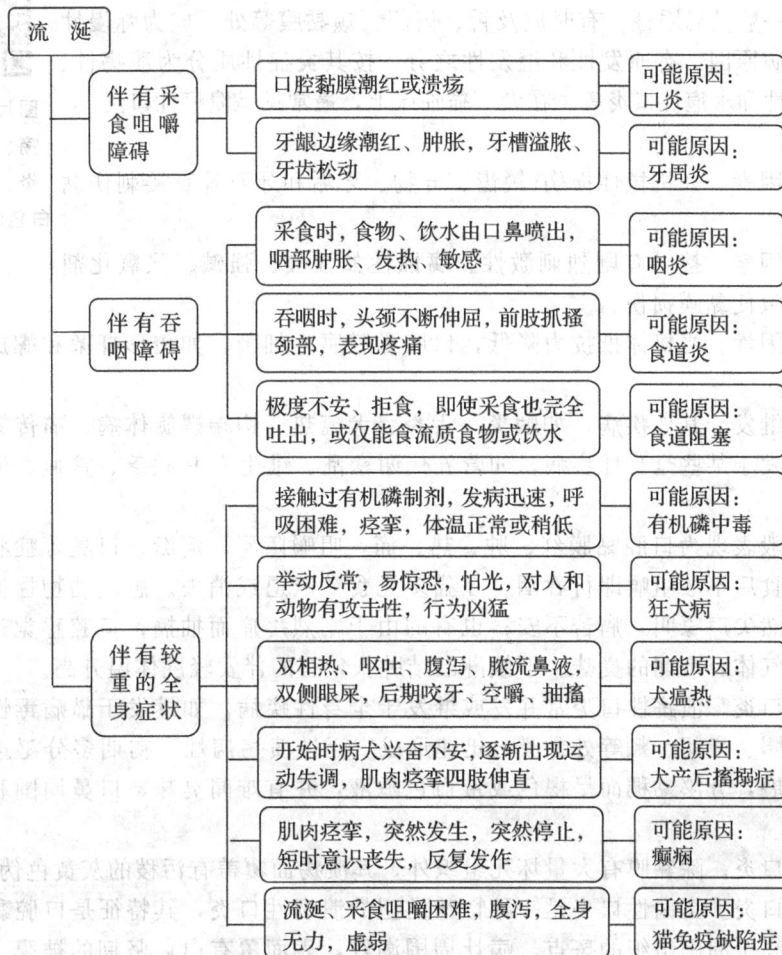

图 1-2　表现流涎宠物病类症诊断

2. 表现流涎宠物病

表现流涎宠物疾病主要有口炎、咽炎、牙周炎、食道炎、食道阻塞、猫免疫缺陷症、有机磷农药中毒(见学习情境7)、狂犬病(见学习情境7)、癫痫(见学习情境7)、犬瘟热(见学习情境2)、犬产后搐搦症(见学习情境7)。

(1)口炎。

【引导问题】请回答下列单项或多项选择题,并详细解析。

1)在临床上犬、猫最常见的口炎是(　　)。

A. 水疱性口炎　　　　B. 霉菌性口炎　　　　C. 溃疡性口炎　　　　D. 坏死性口炎

2)下列能引发口炎的因素是(　　)。

A. 锐齿　　　　B. 接触强酸　　　　C. 长期使用抗生素　　　　D. 犬瘟热

3)下列不是口炎的特征症状的是(　　)。

A. 红肿　　　　B. 流涎　　　　C. 采食障碍　　　　D. 呕吐

4)口腔分泌物过多时,应选用下列哪种药液冲洗?(　　)

A. 生理盐水　　　　B.1‰明矾水　　　　C.1‰高锰酸钾　　　　D.2‰硼酸

【相关知识】

口炎是指口腔黏膜的炎症,临床上以流涎、拒食或厌食、口腔黏膜潮红肿胀为特征,一般呈局限性,有时波及舌、齿龈、颊黏膜等处,成为弥漫性炎症。根据发病原因,有原发性和继发性之分。按其炎症性质分为溃疡性、坏死性、霉菌性和水疱性口炎等。在犬、猫临床上,最常见是溃疡性口炎。

图片:猫口腔溃疡、猫溃疡性口炎、溃疡灶、犬白色念珠菌性口炎

【病因】

1)物理性因素。如机械性损伤(锐齿、异物、牙垢和牙石等直接刺伤黏膜)。

2)化学性因素。接触有剧烈刺激性、腐蚀性如强酸、强碱、强氧化剂等化学药物,致使黏膜损伤。

3)微生物因素。当机体抵抗力降低,口腔黏膜腐生细菌,如梭形杆菌和螺旋体,也可致使黏膜发炎。

此外,可继发于其他疾病,如咽炎、舌炎、犬瘟热、钩端螺旋体病、猫传染性鼻气管炎等;还可继发于某些全身性疾病,如营养代谢紊乱、维生素B缺乏、贫血、慢性肾炎和尿毒症等。

【症状】一般表现为口腔黏膜红、肿、热、痛,咀嚼障碍,流涎、口臭等症状。犬通常有食欲,但采食后不敢咀嚼即行吞咽。在猫多见食欲减退或消失。患病动物搔抓口腔,有的吃食时,突然尖声嚎叫,痛苦不安;也有的由于剧烈疼痛而抽搐;口腔感觉过敏,抗拒检查,呼出的气体有难闻的臭味。下颌淋巴结肿胀,有的伴发轻度体温升高。

1)溃疡性口炎。溃疡性口炎常并发或继发于全身性疾病,如继发于猫病毒性鼻气管炎时,在舌、硬腭、齿龈、颊等处黏膜,迅速形成广泛性溃疡病灶。初期多分泌透明状的唾液,随病势发展,分泌黏稠而呈褐色或带血色唾液,并有难闻臭味,口鼻周围和前肢附有上述分泌物。

2)坏死性口炎。除黏膜有大量坏死组织外,其溃疡面覆盖有污秽的灰黄色伪膜。

3)真菌性口炎。真菌性口炎是一种特殊类型的溃疡性口炎,其特征是口腔黏膜呈白色或灰色,有略高于周围组织的斑点,病灶周围潮红,表面覆有白色坚韧的被膜。真菌性口炎常发生于有长期或大剂量使用广谱抗生素的犬、猫。

4)水疱性口炎。多伴有全身性疾病,口腔黏膜出现小水疱,逐渐发展成为鲜红色溃疡面,其病灶界限清楚。猫患本病时,口角出现明显病变。

【诊断】根据口膜潮红、大量流涎及咀嚼困难不难诊断。

【防治】首先排除病因,加强饲养管理。应给予清洁的饮水,补充足够的 B 族维生素。饲喂富有营养的牛奶、鱼汤、肉汤等流质或柔软的食物,减少对患部口腔黏膜的刺激。必要时在全身麻醉后进行检查,如除去异物、修整或拔除病齿。

继发性口炎应积极治疗原发病。细菌性口炎应选择有效的抗生素治疗,如口服或肌注青霉素、氨苄青霉素、头孢菌素、喹诺酮类药物等。

局部病灶可用 0.1%高锰酸钾溶液或 2%~3%硼酸溶液,冲洗口腔,1~2 次/d。口腔分泌物过多时,也可选用 3%双氧水或 1%明矾溶液冲洗。

对口腔溃疡面涂擦 5%碘甘油。

久治不愈的溃疡,可涂擦 5%~10%硝酸银溶液,进行腐蚀,促进愈合。

病重不能进食时,应进行静脉输液如葡萄糖、复方氨基酸等制剂的维持疗法。为了增强黏膜的抵抗力,可应用维生素 A。

(2)咽炎。

【引导问题】请回答下列单项或多项选择题,并详细解析。

1)咽炎是指咽黏膜及其(　　　)的炎症。

A. 表层组织　　　　　　B. 深层组织　　　　　　C. 周围组织　　　　　　D. 周围器官

2)下列哪种病因不能引起咽炎?(　　　)

A. 尖锐异物　　　　　　B. 胃管投药　　　　　　C. 过热的食物　　　　　　D. 剧烈运动

3)下列哪个症状不能出现在咽炎的病程中?(　　　)

A. 流涎　　　　　　　　B. 头颈伸直　　　　　　C. 腹泻　　　　　　　　D. 呕吐

4)重症咽炎禁止经口喂给食物或药物的主要目的是(　　　)。

A. 防止呕吐　　　　　　　　　　　　　　B. 防止食物反流

C. 防止食物进入气管　　　　　　　　　　D. 防止损伤咽黏膜

【相关知识】

咽炎是指咽部黏膜及其深层组织的炎症,临床上以流涎、吞咽障碍、咽部肿胀及敏感为特征。

【病因】原发性咽炎主要是由于局部受到不良刺激而引起。

图片:猫口炎—齿龈炎—咽炎

1)机械性刺激。如骨渣、鱼刺、尖锐异物以及胃管投药时动作粗暴等造成的损伤。

2)刺激性化学物质。如强酸、强碱的灼伤;过热食物和饮水的烫伤,进而引起的炎症。

本病也可继发于口炎、喉炎、感冒等病症过程中。另外,全身性烈性传染病,如狂犬病、犬瘟热等,也可引起本病。

【症状】精神沉郁,采食缓慢,食欲减退,吞咽困难,常出现食物和饮水由口、鼻中喷出。严重时头颈伸直、不敢转头。口腔内常蓄积有多量黏稠的唾液,呈牵丝状流出或开口时大量的流出。有时伴有咳嗽、体温升高。触诊咽部肿胀、发热、疼痛。下颌淋巴结肿胀,并压迫喉、气管,引起呼吸困难,甚至发生窒息。患病动物吞咽食物困难,或将食块吐出。常因吞咽困难采食减少而消瘦。继发性咽炎,全身症状明显。

【诊断】根据患病宠物病史和临床症状可以作出诊断，应注意区别原发病和继发病。

【防治】防治原则：加强护理，除去病因，消除炎症。

咽部如有异物，可在麻醉后用镊子取出，并消毒处理。轻症的可给予流质食物，重症的要通过输液来补充营养。加强护理，避免受寒、感冒，保证营养充足，提高机体抵抗力，减少本病的发生。常用处方如下。

1)青霉素。2万 IU/kg.BW；地塞米松，$0.1 \sim 0.5$ mg/kg.BW，一次肌注，2次/d，连用 $3 \sim 4$ d。

2)青黛散。青黛、黄柏、黄连、桔梗、薄荷、儿茶各等份，装在纱布袋后衔于口中。

(3)牙周炎。

【引导问题】请回答下列单项或多项选择题，并详细解析。

1)发生牙周炎时一般发炎的部位是(　　)。

A. 牙冠　　　　　　　B. 牙龈　　　　　　　C. 牙周围组织　　　　　D. 牙支持组织

2)下列可以引发牙周炎的病因是(　　)。

A. 牙结石　　　　　　B. 钙磷比例失调　　　C 糖尿病　　　　　　　D. 慢性肾炎

3)下列属于牙周炎症状的是(　　)。

A. 食欲减退　　　　　B. 口腔有恶臭味　　　C. 流涎　　　　　　　　D. 牙齿松动

4)如果齿槽溢脓牙齿松动，可采用何种治疗措施？(　　)

A. 生理盐水冲洗口腔　　　　　　　　　　　B. 5％硝酸银溶液冲洗口腔

C. 红霉素软膏涂抹患处　　　　　　　　　　D. 拔除患牙，然后抗感染治疗

【相关知识】

牙周炎是指牙齿周围组织和支持组织发生的急性、慢性炎症，又称牙周病、牙槽溢脓。临床上常以口臭、流涎、牙齿松动、齿龈萎缩为特征。老年犬、猫多发。

图片：犬牙周炎、牙周炎患犬齿龈出血

【病因】由于齿垢或牙石的机械刺激，细菌继发感染引起。长期摄食柔软或较稀的食物是形成牙垢和牙石的主要原因。饲养不当，饲料中钙、磷比例失调，以及某些全身性疾病(如糖尿病、甲状旁腺功能亢进、慢性肾炎等)也可引起牙周病。

【症状】口臭、流涎，有食欲但只能吃软食或流食，不敢咀嚼食物，偶尔碰及牙齿而剧烈疼痛。患病动物特别是猫，常突然停止采食，严重的会发生痉挛或抽搐，有的转圈或摔倒，抗拒检查。一般臼齿发病较多，发病初期用镊子轻轻触及患病牙齿常有明显疼痛。当牙齿松动时，疼痛减轻。如感染化脓，轻轻挤压可排出脓汁。

【诊断】根据病史和临床症状，即可诊断。

【防治】选用生理盐水或者 $2\% \sim 3\%$ 硼酸溶液清洗口腔及患齿。如有溃疡灶，则先用5％硝酸银溶液腐蚀后再行清洗。再用碘酊或红霉素软膏涂抹患处。如齿龈已经增生肥大，可局部麻醉后切除或电烙除去多余的组织。术后要加强护理，全身应用抗生素，以防感染。定期用盐水清洗口腔，给予柔软易消化的食物，以利于恢复。平时注意口腔清洁，可用橡皮玩具让宠物啃咬，以提高牙齿的抗病力。

(4)食道阻塞。

【引导问题】请回答下列单项或多项选择题，并详细解析。

1)可引起食道阻塞的病因包括（　　）。

A. 争抢食物　　　　　B. 过度饥饿后喂食　　　C. 饲喂大块食物　　　　D. 受寒感冒

2)食道阻塞多发生在食道狭窄部，主要有（　　）。

A. 咽后食道起始段　　B. 食道的胸腔入口处　　C. 食道入贲门处　　　　D. 颈部食道

3)食道阻塞的症状一般不包括（　　）。

A. 呼吸困难　　　　　B. 流涎　　　　　　　　C. 呕吐　　　　　　　　D. 吞咽困难

4)某犬在采食中突然发生吞咽障碍、流涎、干呕、烦躁不安；X射线检查发现在胸腔入口前气管背侧有一不规则形状的高密度阴影，应实施（　　）。

A. 开胸术　　　　　　B. 喉囊切开术　　　　　C. 食管切开术　　　　　D. 气管切开术

【相关知识】

食道阻塞是指食团或异物停留于食管内不能后移的疾病。临床上常以突然发生、吞咽障碍、流涎为特征。食道阻塞可发生于食道的任何部位，但以咽后食道起始段、食道的胸腔入口处和食道入贲门处等最易发生，分为完全阻塞与不完全阻塞。

图片：短骨阻塞于心基部

【病因】主要是吞食较大的食物或异物，如骨块、鱼刺、肌腱、韧带等，在争食或吞咽过急的情况下造成食管梗塞；或玩耍时误将线团、布头、塑料玩具等异物吞下。

继发性因素见于食管狭窄、食管痉挛、食管麻痹以及食管扩张等。

【症状】本病经常在采食过程中或玩耍时突然发生，表现为突然中止采食，或突发惊恐不安；大量流涎，连续吞咽，张口伸舌，食物和饮水可从口、鼻流出；反射性咳嗽，不断用前肢搔抓颈部。如不完全阻塞时，则尚可饮水或吞咽稀饭等流质食物，但拒食肉、肝脏等块状食物；如发生完全堵塞，则饮食完全停止，胃管探查不能通过。

如堵塞发生在颈部，则呕吐严重，在颈部可触摸到硬的堵塞物；如发生在胸段以下，可见左侧颈静脉沟处隆起，用手触压隆起的前方有波动感，并有食物和饮水从口鼻中流出。如为尖锐异物造成的堵塞，可造成食管壁创伤、坏死、炎症甚至穿孔，若发生于胸段食管可继发胸膜炎、脓胸、气胸，乃至窒息死亡。

【诊断】单纯食道阻塞，根据病史和临床症状（多为进食时突发吞咽困难、流涎等），可以初步诊断。食道阻塞与食道炎症状有相同之处，确诊主要应用食道造影X射线检查或食道内窥镜直接观察食道壁，判断疾病性质和损害程度。

【防治】除去阻塞物体，进行对症治疗。轻度阻塞往往在经过多次哽噎或在痉挛性吞咽后，阻塞物被吐出或自行进入胃中而痊愈。也可在灌服液体石蜡后，用细的胃管小心地将异物向胃内推进；或在胃管上接上打气筒，有节奏地打气，趁食管扩张时，使用胃管缓缓将阻塞物推送至胃内。如上述方法仍不能奏效，可行手术切开食管取出阻塞物。此外，如阻塞时间较长，食管已经发生炎症，应同时治疗食管炎。饲喂一定要做到定时定量，不能让宠物过度饥饿，应在其他食品吃完后喂骨头，训练中要防止犬误食异物。

(5)猫获得性免疫缺陷症。

【引导问题】请回答下列单项或多项选择题，并详细解析。

1)猫获得性免疫缺陷病毒感染是一种传染病，其传播方式主要有（　　）。

A. 通过唾液传播　　B. 打架造成的伤口　　C. 呼吸道传播　　　　D. 性行为传播

2)下列属于猫获得性免疫缺陷病毒感染症状的是（　　　）。

A. 口炎　　　　　　B. 鼻炎　　　　　　C. 肠炎　　　　　　D. 肺炎

3)目前诊断猫获得性免疫缺陷病毒感染普遍使用的方法是（　　　）。

A. 血常规检验　　　B. 尿常规检验　　　C. 免疫荧光试验　　D. 酶联免疫吸附试验

4)下列预防猫获得性免疫缺陷病毒感染的有效措施是（　　　）。

A. 散养　　　　　　B. 笼养　　　　　　C. 公猫去势　　　　D. 集中处理病（死）猫

【相关知识】

猫获得性免疫缺陷病毒感染是由猫获得性免疫缺陷病毒（FIV）引起的危害猫类的慢性接触性传染病，也称猫艾滋病（FAIDS）。临床表现以慢性口炎、鼻炎、腹泻及高度虚弱为特征。

【病原】FIV 在分类上属反转录病毒科，慢病毒亚科，免疫抑制群。病毒粒子由囊膜、衣壳及核芯组成，内含反转录酶。病毒粒子呈圆形或椭圆形，直径 105~125 nm。核酸型为单股 RNA，其基因长度为 9.5 kb，具反转录病毒 gag－pol－env 基因结构。

图片：猫口腔肿瘤、猫免疫缺陷病毒感染阳性

【流行病学】病猫的感染率明显高于健康猫。各种年龄、性别的猫均可造成感染发病，由于 FIV 感染的潜伏期较长，因此，发病多为 5 岁以上的猫。公猫的感染率比母猫高 2 倍多，尤其是未经去势的公猫患病更多。因此，认为猫患 FAIDS 与其性行为有直接关系。

FIV 主要经被咬伤的伤口而造成感染。散养猫由于活动自由，相互接触频繁，因此，较笼养猫的感染率要高。在猫两性间的互舐中，通过唾液也能传染 FIV。精液是否传染 FIV 未得到证实，母子间可相互传染。传染源主要是病猫。

本病呈世界范围分布，在流行地区的猫群中，FIV 阳性率达 1%~12%，在高危险猫群中则高达 15%~30%。猫群密度越大，患 FAIDS 的猫越多。

【症状】潜伏期长短因猫而异。人工感染 FIV 21~28 d 后，从血液中可分离到 FIV，30~60 d 后表现淋巴结肿大、齿龈发红、腹泻等症状。发病初期，表现发热、不适、中性粒细胞减少、淋巴结肿大等非特异性症状。随后 50% 以上的病猫表现慢性口炎、齿龈红肿、口臭、流涎，严重者因疼痛而不能进食。约 25% 的猫出现慢性鼻炎和蓄脓症。病猫常打喷嚏，流鼻涕，长年不愈，鼻腔内储有大量的脓样鼻液。由于 FIV 破坏了猫正常免疫功能，肠道菌群失调，常表现菌痢或肠炎。约 10% 的猫主要症状为慢性腹泻，约 5% 的猫表现神经紊乱症状。发病后期常出现弓形体病、隐球菌病、全身蠕形螨病和耳痒螨病及血液巴尔通氏体病等。有些猫因免疫力下降，对病原微生物的抵抗力减弱，稍有外伤，即发生菌血症死亡。猫发病到死亡多为 3 年，尚未发现数月内死亡的病例。

【病理变化】依症状表现不同可见不同的病理变化过程。结肠可见亚急性多发性溃疡病灶，在盲肠和结肠可见肉芽肿，空肠可见浅表炎症。淋巴结滤泡增多，发育异常呈不对称状，并渗入周围皮质区，副皮质区明显萎缩。脾脏红髓、肝窦、肺泡、肾及脑组织可见大量未成熟单核细胞浸润。

【诊断】

1)根据本病持久性白细胞减少症，特别是淋巴细胞和中性粒细胞减少症及贫血可作出初步诊断。

2)病毒分离与鉴定。猫外周血液淋巴细胞以刀豆 A（5 μg/mL）刺激后培养于含人 IL-2（100 μg/mL）的 RPMI 培养液中，然后加入被检病猫血液样品制备的血沉棕黄色层，37 ℃培养，14 d 后培养细胞出现细胞病变，取细胞病变阳性培养物电镜观察，免疫转移分析。

3)血清学试验。在 FIV 感染 14 d 后出现血清抗体。抗体与病毒感染具有较好的相关性。免疫荧光试验、酶联免疫吸附试验等可用于抗体测定。

【治疗】目前尚无治疗本病的有效药物和疗法。患病猫只能采取对症治疗和营养疗法以延长生命。特异性抗病毒药物叠氮胸腺嘧啶虽已成功地试用于人艾滋病治疗，但尚未在 FIV 感染猫中试用。

【预防】疫苗的研究工作正在进行，尚未在临床上应用。最佳的预防措施是改善饲养环境和饲养方式，改散养为笼养。猫的住处和饮食器具要经常消毒，保持清洁，雄猫实行阉割去势。病（死）猫要集中处理，彻底消毒，以消灭传染源，逐步建立无 FIV 猫群。

（二）表现呕吐的宠物病防治

1. 表现呕吐宠物病类症诊断

见图 1-3。

图 1-3　表现呕吐宠物病类症诊断

2. 表现呕吐宠物病

表现呕吐宠物疾病主要有胃炎、肠炎、胃内异物、胃食管套叠症、磷化锌中毒、安妥中毒、肠梗阻(见项目4)、肠变位(见项目4)、腹膜炎(见项目4)、急性胰腺炎(见项目4)、犬细小病毒性肠炎(见项目3)、冠状病毒性肠炎(见项目3)、犬瘟热(见学习情境2)、犬传染性肝炎(见学习情境2)、沙门氏菌性肠炎(见项目3)、有机磷农药中毒(见学习情境7)、子宫内膜炎(见学习情境5)等。

(1)胃炎。

【引导问题】请回答下列单项或多项选择题,并详细解析。

1)慢性胃炎多见于(　　　)。

A. 幼龄犬　　　　　　B. 青年犬　　　　　　C. 老龄犬　　　　　　D. 各年龄犬

2)下列属于胃炎的原发性病因的是(　　　)。

A. 采食腐败变质食物　　　　　　　　　B. 采食不易消化的食物

C. 犬瘟热　　　　　　　　　　　　　　D. 慢性肾衰竭

3)下列属于胃炎的特征症状的是(　　　)。

A. 体温升高　　　　　B. 流涎　　　　　C. 采食障碍　　　　　D. 呕吐

4)伴有严重呕吐的胃炎,应选择下列哪种药物进行补液?(　　　)

A. 生理盐水　　　　B. 5%碳酸氢钠　　　　C. 乳酸林格氏液　　　　D. 2%硼酸

【相关知识】

胃炎是指胃肠黏膜的急性或慢性炎症,有的可波及肠黏膜而发生胃肠炎。胃炎是犬、猫常发生的一种疾病,慢性胃炎多见老龄动物。

【病因】

1)采食腐败变质或不易消化的食物或异物,如塑料、玩具、骨骼、毛发、鱼刺、纸张等。

图片:胃炎呕吐物

2)投服有刺激的药物,如阿司匹林、消炎痛等。

胃炎也可并发于犬瘟热、犬传染性肝炎、钩端螺旋体病、急性胰腺炎、肾炎、慢性肾衰竭、肝病、脓毒败血症、肠道寄生虫病和应激反应等。

【症状】精神沉郁、呕吐和腹痛为主要症状。初期呕出物主要是食糜,以后为泡沫性黏液和胃液。由于致病原因的不同,其呕吐物中混有血液、胆汁甚至黏膜碎片。病犬饮欲增强,但饮水后易发生呕吐。拒食或偶有异嗜现象。腹痛,抗拒前腹部触诊,喜欢蹲坐或趴卧于凉地上。严重胃炎常伴有肠炎。急性胃炎出现持续性呕吐,表情痛苦,体重减轻,急剧消瘦,机体脱水。

【诊断】根据病史和临床症状可进行初步诊断。有条件的医院可应用内窥镜确诊。

【防治】除去刺激因素,保护胃黏膜,抑制呕吐和防止脱水等。

1)急性胃炎,首先绝食24 h以上,防止一次大量饮水后引起呕吐,可给予少量饮水或让其舔食冰块,以缓解口腔干燥。病情好转后,先给予少量多次流质食物,如牛奶、鱼汤、肉汤,逐渐恢复常规饮食。

2)对持续性、顽固性呕吐者,应给予镇静、止吐类药物,如盐酸氯丙嗪1～2 mg/kg.BW口服或肌注。

3)防止机体脱水、碱中毒,应给予等渗糖盐水。

(2)胃内异物。

【引导问题】请回答下列单项或多项选择题，并详细解析。

1)胃内异物的基本特征是(　　)。

A. 不被胃液消化　　B. 不能呕出　　C. 不能经肠道排出　　D. 长期停留在胃内

2)胃内异物可能是吞食了以下哪种物体？(　　)

A. 石块　　　　　　B. 线团　　　　　　C. 毛球　　　　　　D. 肉块

3)下列属于猫吐毛球常见相关症状的是(　　)。

A. 呕吐　　　　　　B. 食欲差　　　　　　C. 消瘦　　　　　　D. 血便

4)胃内异物可以采用的诊断方法，以下哪项不正确？(　　)

A. B 超　　　　　　B. X 射线　　　　　　C. 胃肠道内窥镜　　D. 触诊

【相关知识】

胃内异物是指误食难以消化的物体，不能被胃液消化，不能呕出或经肠道排出体外，长期停留胃中，造成胃黏膜损伤，引起胃功能紊乱的一种疾病。

【病因】犬、猫误食各种异物，如石块、砖瓦片、煤块、金属、塑料、骨骼、布头、线团、缝针、鱼钩等，特别是犬、猫吞食梳理脱落下的被毛，在胃内积聚成毛球；或在训练时、嬉戏时误咽训练物、果核、小玩具等。此外，营养不良、维生素与矿物质缺乏、寄生虫病及胰腺疾病等，发生异嗜，从而导致本病。

图片：胃内异物 X 射线片、常见异物

【症状】有些胃内有异物的动物不表现症状因而长期不易被发现。此种患病动物在采食固体食物时，有间断性呕吐史，呈进行性消瘦。胃内有大而硬的异物时，能使动物呈现胃炎症状。尖锐或具有刺激性异物伤及胃黏膜时，可引起出血或胃穿孔。猫胃内毛球往往引起呕吐或干呕，食欲差或废食。有的猫表现饥饿觅食时肚子鸣叫，饲喂时，出现贪食，但只吃几口就走开了，逐渐消瘦。这种现象表示胃内可能存有异物。

【诊断】

1)症状性诊断。病犬呈现急性或慢性胃炎的症状，长期消化障碍，当异物阻塞于幽门时，症状更为严重，呈顽固性呕吐，完全拒食，高度口渴，经常变换躺卧地点、位置，表现出痛苦不安，呻吟，甚至嚎叫。精神高度沉郁，触诊胃部有痛感。尖锐的异物损伤胃黏膜而引起呕血，或发生胃穿孔。

2)特殊诊断。胃镜检查或胃部 X 射线检查，可见到异物。

根据病史、临床症状、胃镜及 X 射线检查容易确诊。

【防治】对于少量且小的异物，可试用催吐药促其排出，或用胃镜取出。遇多量且大的异物时，可用胃切开手术取出异物。对出现异嗜的犬及时补给相应的微量元素，训练与嬉戏时要注意防止犬误食。

(3)胃食管套叠症。

【引导问题】请回答下列单项或多项选择题，并详细解析。

1)下列关于胃食管套叠症描述正确的是(　　)。

A. 食管套入胃内　　　　　　　　　　B. 胃小弯部黏膜套入食道内

C. 胃幽门黏膜套入食道内　　　　　　D. 胃大弯套入食道内

2）导致胃食管套叠症可能的因素是（　　　）。

A. 长期呕吐　　　　　B. 食道扩张　　　　　C. 采食过多　　　　　D. 剧烈运动

3）下列属于胃食管套叠症常见相关症状的是（　　　）。

A. 呼吸困难　　　　　B. 食物反流　　　　　C. 消瘦　　　　　D. 呕吐

4）食管套叠症常采用的诊断方法是（　　　）。

A. X射线造影检查　　　B. X射线平片　　　C. B超检查　　　D. 触诊

【病因】长期反复呕吐，严重的食道疾病或原因不明的疾病持续作用使食道扩张，胃的一部分（主要是大弯部）在胃内翻转，黏膜面扩张嵌入食道内。有时胃内容物的量、呼吸状态、体位等各种条件变化时，胃的位置不动，突然套入食道内，再恢复正常。但在严重病理情况下，这种套入很难自然恢复。

图片：消化道钡餐造影检查，有明显的食道扩张

【症状】突然呼吸急促，进食或饮水吐出。随病情的发展食欲废绝、脱水、衰竭。慢性患犬，逐渐陷入恶病质状态。有时因消化道内潴留气体而腹部膨满。

【诊断】通过胸部X射线检查，在扩张的胸部食道和胸部食道末端部，可见与周围组织界限明显的阴影。消化道钡餐造影可见食道内套叠结构及胸部食道末端阻塞性阴影中有襞样结构。造影剂向消化道运动时，食道内有狭窄样变化。胃在排空的情况下，部分套入食道时较难确诊。

【防治】

1）手术整复。开腹，首先将套入胃回纳腹腔。为防止复发，可将扩大的贲门部人工变窄，进一步将胃固定在腹壁上。术后防止继发食道炎，一周内禁止经口饲喂。

2）对症疗法。对于急性病犬要注意调节呼吸功能，确保呼吸通畅。对于废食的病犬争取尽早补液，幼犬和脱水严重的可进行补液，同时注意补钾。术后有轻微呕吐的症状会逐渐消失。

（4）磷化锌中毒。

【引导问题】请回答下列单项或多项选择题，并详细解析。

1）磷化锌属于（　　　）杀鼠药。

A. 烈性　　　　　B. 慢性　　　　　C. 急性　　　　　D. 腐蚀性

2）犬磷化锌中毒的原因主要有（　　　）。

A. 误食毒饵　　　　　　　　　　B. 误食被毒物污染的食物

C. 吃了磷化锌中毒鼠　　　　　　D. 变质的食物

3）下列属于磷化锌中毒常见相关症状的是（　　　）。

A. 呕吐　　　　　B. 暗处可发出磷光　　　C. 血样腹泻　　　D. 呼吸困难

4）患犬呕吐、腹泻、厌食、昏睡，呕吐物及粪便在暗处发出磷光，可能患有（　　　）。

A. 胃炎　　　　　B. 肠炎　　　　　C. 磷化锌中毒　　　D. 安妥中毒

【病因】多是因误食毒饵或被磷化锌污染的食物所致。另外，犬、猫中毒多因吃了磷化锌中毒鼠而发生中毒。

【症状】犬食入磷化锌后常在 15 min～4 h 内出现中毒症状。大剂量可在短时间内引起动物死亡。中毒动物早期出现厌食、昏睡，随后出现剧烈的呕吐(呕吐物在暗处可发出磷光，呕吐物或呼出气体有蒜臭味)，腹痛、腹泻，排出物中带有暗红色血液的黏液，严重者发生脱水、虚脱。随着中毒的加剧，表现共济失调、卧地不起、呼吸困难等症状。

图片：磷化锌中

【诊断】根据接触磷化锌病史，结合临床症状(呕吐、腹泻、呼吸困难)、剖检变化(肺充血、水肿以及胸膜渗出)、胃肠内容物有磷化氢特有的蒜臭味进行诊断。必要时对胃内容物或呕吐物进行毒物检验。

【防治】中毒早期可用 5％碳酸氢钠溶液洗胃，以阻止磷化锌转为磷化氢。也可用 0.2％～0.5％硫酸铜 20～100 mL，以诱发其呕吐，排出胃内毒物，因为硫酸铜能与磷化锌形成不溶性的磷化铜，降低磷化锌的毒性。彻底洗胃后，再服硫酸钠 15 g(不宜用硫酸镁)进行导泻。为防止酸中毒，可用葡萄糖酸钙或乳酸钠溶液静注。

(5)安妥中毒。

【引导问题】请回答下列单项或多项选择题，并详细解析。

1)安妥属于(　　)杀鼠药。

A. 烈性　　　　　　　B. 慢性　　　　　　　C. 急性　　　　　　　D. 腐蚀性

2)安妥中毒的原因主要有(　　)。

A. 误食毒饵　　　　　　　　　　　B. 误食被毒物污染的食物

C. 吃了安妥中毒鼠　　　　　　　　D. 变质的食物

3)安妥中毒最后主要因(　　)而死。

A. 呕吐　　　　　　　B. 腹泻　　　　　　　C. 心衰　　　　　　　D. 呼吸困难

4)患犬突然肺水肿，胸腔积水、气喘，呕吐、腹泻，可能患有(　　)。

A. 胃炎　　　　　　　B. 肠炎　　　　　　　C. 磷化锌中毒　　　　D. 安妥中毒

【病因】犬、猫吃了毒饵或中毒死亡的老鼠后引起中毒。

【症状】误食后几分钟至数小时出现呕吐、口吐白沫、腹泻等中毒症状。随后表现出呼吸困难，鼻孔流出泡沫状血色黏液，心率加快，胸部听诊有水泡音，叩诊肺部有浊音。由于缺氧，表现黏膜发绀，张口呼吸，最后常因窒息而死。

图片：安妥中毒症状

【诊断】依据流行特点、临床症状及病理变化可初步诊断本病，确诊需采集胃内容物或呕吐物进行毒物检验。

【防治】病初可给予阿扑吗啡催吐；给予 10％硅溶液可阻止气管中泡沫的形成；给予含巯基的药物，可与安妥竞争体内含巯基的酶，以防肺水肿的发展；还可给予渗透性利尿剂，如 50％的葡萄糖溶液、甘露醇溶液，以减轻肺水肿。同时，必须采取强心、保肝的措施。

(三)表现腹泻宠物病防治

1. 表现腹泻宠物病类症诊断

见图 1-4。

类别	症状	可能原因
腹泻	剧烈腹泻，脱水	可能原因：肠炎
急性腹泻伴有发热	猫表现精神高度沉郁、眼鼻有分泌物，呕吐，白细胞严重减少	可能原因：猫泛白细胞减少症
	粪便呈番茄汁样、腥臭难闻，脱水及虚脱症状明显	可能原因：细小病毒性肠炎
	粪便呈黄绿色或橘红色，反复发作	可能原因：犬冠状病毒病
	发热、呕吐、腹泻、脱水，有时伴发肺炎、关节炎	可能原因：沙门氏菌病
	牙龈出血，血凝不良，剑状软骨部触诊疼痛，后期一过性蓝眼	可能原因：犬传染性肝炎
	1周龄以内犬、猫多发，粪便呈黄白色或黄绿色	可能原因：大肠杆菌性肠炎
	双相热、流脓样鼻液，双侧眼屎，后期脚垫增厚、表现神经症状	可能原因：犬瘟热
	水泻或排出泥状粪便或带黏液的血便，超过3周可自愈	可能原因：球虫病
急性腹泻但热不明显	呕吐物、粪便在暗处有磷光，呼出气体有大蒜臭味	可能原因：磷化锌中毒
	流涎、呕吐，气喘，瞳孔缩小，肌肉震颤	可能原因：有机磷农药中毒
	呕吐，气喘，鼻流血色的泡沫，肺部听诊有水泡音	可能原因：安妥中毒
长期腹泻或秘腹交替	呕吐、腹泻、腹痛，粪便呈橘黄色、酸臭味，贪食	可能原因：慢性胰腺炎
	消瘦，贫血，异嗜，粪便带血呈沥青样，有的出现皮炎和肺炎症状	可能原因：钩虫病
	渐进性消瘦，贫血，异嗜，肺炎和神经症状，有时呕吐物或粪便混有蛔虫虫体	可能原因：蛔虫病
	渐进性消瘦，肛门瘙痒，肛门周围或粪便中可发现米粒大小黄白色孕节	可能原因：绦虫病

图 1-4　表现腹泻宠物病类症诊断

2. 表现腹泻宠物病

表现腹泻宠物疾病主要有肠炎、细小病毒病、犬冠状病毒病、大肠杆菌病、沙门氏菌病、猫泛白细胞减少症、蛔虫病、钩虫病、绦虫病、球虫病、慢性胰腺炎（见项目4）、犬瘟热（见学习情境2）、犬传染性肝炎（见学习情境2）、磷化锌中毒（见项目2）、安妥中毒（见项目2）、有机磷农药中毒（见学习情境7）等。

（1）肠炎。

【引导问题】请回答下列单项或多项选择题，并详细解析。

1）广泛性肠炎发炎的部位有（　　　）。

A. 胃　　　　　　　B. 空肠　　　　　　　C. 回肠　　　　　　　D. 结肠

2)下列能引发肠炎的病因是(　　)。

A. 变质食物　　　　　B. 犬细小病毒感染　C. 长期使用抗生素　D. 食物性变态反应

3)腹泻排出的粪便呈黑绿色,提示患病部位是(　　)。

A. 小肠　　　　　　　B. 结肠　　　　　　　C. 直肠　　　　　　　D. 肛门

4)下列不适合肠炎的疗法是(　　)。

A. 口服链霉素　　　　B. 口服补液盐　　　　C. 口服青霉素　　　　D. 口服蒙脱石粉

【相关知识】

肠炎是指肠黏膜急性或慢性炎症。它可以是仅侵害小肠黏膜的一种独立性疾病,但更为常见的是广泛涉及胃或结肠的炎症。临床上以消化紊乱、腹痛、腹泻、发热为特征。

【病因】与胃炎有许多相似之处。体内外的沙门氏菌、大肠杆菌、变形杆菌、弧菌及病毒等,在动物抵抗力低时,都可成为肠炎病原菌。肠炎也常作为某些传染病的症状,如犬瘟热、犬细小病毒感染、猫泛白细胞减少症、钩端螺旋体病等。肠道寄生的绦虫、蛔虫、弓形虫和球虫等,在肠炎发生上也起一定作用。腐败变质、被污染食物、刺激性的化学物质(毒物、药物)、某些重金属中毒以及某些食物性变态反应,都能引起肠炎。长期滥用抗生素也可引起肠炎。

图片:犬腹泻、肠炎患犬表现精神沉郁

【症状】肠炎最为突出的症状是腹泻。十二指肠和胃部发生的炎症,或小肠患有严重的局限性病灶时,均可引起腹泻。患结肠炎时,可出现里急后重,粪便稀软、水样或胶冻状,并带有难闻的臭味;小肠出血性肠炎,粪便呈黑绿色或黑红色;大肠出血性肠炎,粪便表面附有鲜血丝或血块;病原微生物所致肠炎,体温升高,精神沉郁,食欲减退或废绝;重剧性肠炎,动物机体脱水,迅速消瘦,电解质丢失和酸中毒。

患急性肠炎,患病动物有拱腰、不安等腹痛症状,触诊腹壁紧张、敏感。有些患病动物,由于腹痛,胸壁紧贴地面,后躯举高,呈祈祷姿势。病初,肠蠕动音增强,随后,出现反射性肠音降低,发生肠鼓气。

患慢性肠炎,由于反复腹泻,动物脱水,消瘦,营养不良,或者腹泻与便秘交替出现,其他症状不太明显。病理变化轻者肠黏膜轻度充血和水肿,严重的为广泛性肠坏死,肝、肾实质脏器变性等。

【诊断】根据症状易于诊断,但查清病因需要进行实验室检验,如诊断试纸检查病毒、检验粪便中寄生虫卵或培养分离病原菌。有条件的进行肠道钡餐造影,或者内窥镜检查,这对确定病变类型和范围具有参考意义。此外,血液检验和尿液分析,也有助于认识疾病的严重程度和判断预后,并对制订正确治疗方案有指导作用。

【防治】

1)控制饮食。病初要禁食,但应让患病动物少量多次饮水,最好让其自由饮用口服补液盐,病情好转时需给予无刺激性易消化食物,如肉汤、鱼汤、淀粉糊或含脂肪少的鱼肉、鸡肉等,逐渐恢复常规饮食。

2)控制和预防病原菌继发感染。链霉素 10 mg/kg.BW 肌注,或呋喃唑酮 0.02 g/kg.BWL 口服。止吐剂可用胃复安片 0.5 mg/kg.BW 内服,2~3 次/d。

(2)犬细小病毒感染。

【引导问题】请回答下列单项或多项选择题,并详细解析。

1)细小病毒感染临床表现的类型主要是（　　　　）。

A. 肺炎　　　　　　B. 胃炎　　　　　C. 出血性肠炎　　　D. 心肌炎

2)细小病毒感染的感染途径主要是（　　　　）。

A. 经消化道感染　　B. 经呼吸道传播　　C. 经吸血昆虫传播　D. 经皮肤感染

3)肠炎型细小病毒感染的特征性症状是（　　　　）。

A. 呕吐　　　　　　B. 腹痛　　　　　　C. 番茄汁样腹泻　　　D. 呼吸困难

4)下列可用于治疗细小病毒病的药物是（　　　　）。

A. 细小病毒单克隆抗体　　　　　　　B. 干扰素

C. 安络血　　　　　　　　　　　　　D. 庆大霉素

【相关知识】

犬细小病毒（CPV）感染是近年来发现的犬的一种烈性传染病，临床表现以急性出血性肠炎和非化脓性心肌炎为特征。

【病原】CPV 在分类上属细小病毒科，细小病毒属。病毒粒子呈圆形，直径为 21～24 nm，呈二十面体立体对称，无囊膜，病毒的核衣壳由 32 个长为 3～4 nm 的壳粒组成。病毒基因组为单股线状 DNA。

图片：犬细小病毒感染症状、剖检、诊断、预防

CPV 在抗原上与猫泛白细胞减少症（FPV）和水貂肠炎病毒（MEV）密切相关。

CPV 对多种理化因素和常用消毒剂具有较强的抵抗力。在 4～10 ℃存活 180 d，37 ℃存活 14 d，56 ℃存活 24 h，80 ℃存活 15 min。在室温下保存 90 d 感染性仅轻度下降，在粪便中可存活数月至数年。甲醛、次氯酸钠、氧化剂和紫外线均可将其灭活。

CPV 在 4 ℃条件下可凝集猪和恒河猴的红细胞，对其他动物如犬、猫、羊等的红细胞不发生凝集作用。CPV 对猴和猫红细胞，无论是凝集特性还是凝集条件均与 FPV 不同，由此可区别 CPV 与 FPV。与多数细小病毒不同，CPV 可在多种细胞培养物中生长，如原代猫胎肾、肺，原代犬胎肠细胞、MDCK 细胞、CRFK 细胞以及 FK81 细胞等。

【流行特点】犬是主要的自然宿主，其他犬科动物，如郊狼、丛林狼、食蟹狐和鬣狗等也可感染。豚鼠、仓鼠、小鼠等实验动物不感染。

犬感染 CPV 发病急，死亡率高，常呈暴发性流行。不同年龄、性别、品种的犬均可感染，但以刚断乳至 90 日龄的犬较多发，病情也较严重，尤其是新生幼犬，有时呈非化脓性心肌炎而突然死亡。纯种犬比杂种犬和土种犬易感性高。

犬是主要的传染源。感染后 7～14 d 粪便可向外排毒。发病急性期，呕吐物和唾液中也含有病毒。

感染途径主要是由于病犬和健康犬直接接触或经污染的饲料和饮水致消化道感染。

本病一年四季均可发生，但以冬、春季多发。天气寒冷，气温骤变，饲养密度过大，拥挤，有并发感染等均可加重病情和提高死亡率。

【症状】CPV 感染在临床上表现各异，但可见肠炎和心肌炎两种病型。有时某些肠炎型病例也伴有心肌炎的变化。

1)肠炎型。自然感染潜伏期 7～14 d，人工感染 3～4 d。病初 48 h，病犬抑郁、厌食、发热（40～41 ℃）和呕吐，呕吐物清亮、胆汁样或带血。随后 6～12 h 开始腹泻。起初粪便呈灰色或黄色，随后呈血色或含有血块，有特殊腥臭气味。胃肠道出现症状后 24～48 h 再

现脱水和体重减轻等症状。粪便中含血量少，表明病情较轻，恢复可能性较大。在呕吐和腹泻后数日，由于胃酸倒流入鼻腔，导致黏液性鼻漏。

2)心肌炎型。该病多见于 3～4 周龄的犬。少数病犬发生轻度腹泻、呕吐，一般突然衰弱，呼吸困难，心律不齐，于数分钟内死亡。病程长短不一，短者数分钟，长者数周。多为 5～7 d。由于本病多有严重的腹泻，肠管蠕动较强，肠套叠和肛门脱出的病况时有发生。

【病理变化】

1)肠炎型。自然死亡犬极度脱水，消瘦，腹部蜷缩，眼球下陷，可视黏膜苍白。肛门周围附有血样的稀便。有的病犬从口、鼻流出乳白色水样的黏液，血液黏稠呈暗紫色。小肠以空肠和回肠病变最为严重，内含酱油色恶臭分泌物，肠壁增厚，黏膜下水肿。黏膜弥漫性或局灶性充血，有的呈斑点状或弥漫性出血。大肠内容物稀软，酱油色，恶臭。黏膜肿胀，表面散在针尖大的出血点。结肠肠系膜淋巴结肿胀、充血。肝肿大，色泽红紫，散在淡黄色病灶，切面流出多量暗紫色不凝血液。胆囊高度扩张，充盈大量的黄绿色胆汁，黏膜光滑。肾多不肿大，呈灰黄色。脾有的肿大，被膜下有紫黑色出血性梗死灶。心包积液，心肌呈黄红色变性状态。肺呈局灶性肺水肿。咽背、下颌和纵膈淋巴结肿胀、充血。胸腺实质缩小，周围脂肪组织胶样萎缩。膈肌呈斑点状出血。

2)心肌炎型。肺脏水肿，局部充血、出血，呈斑驳状。心脏扩张，左侧房室松弛，心肌和心内膜可见非化脓性坏死灶，心肌纤维严重损伤，可见出血性斑纹。

【诊断】根据流行特点、结合临床症状和病理变化可以作出初步诊断。

1)病毒分离鉴定。将病犬粪便材料处理后接种猫肾、犬肾等易感细胞。通常可采用免疫荧光试验或血凝试验鉴定新分离的病毒。

2)电镜和免疫电镜观察。病初粪便中含有大量的 CPV 粒子，因此可用电镜负染 CPV 粒子。为与非致病性犬微小病毒和犬腺联病毒相区别，可于粪液中加适量 CPV 阳性血清，进行免疫电镜观察。

3)血凝和血凝抑制试验。由于 CPV 对猪和恒河猴红细胞具有良好的凝集作用，应用血凝试验可很快测出粪液中的 CPV。

4)快速诊断试剂盒诊断。病料采集可用采样棉签插入患病犬肛门直接采取新鲜粪便，将采样棉签放入稀释液中挤压，将病料稀释液 2～3 滴滴入加样孔中，任其自然扩散，5 min 内判断结果，C、T 处均出现条带为阳性；C 处出现条带、T 处不出现条带为阴性。

【防治】本病的治疗原则是抗病毒、防止继发感染、补液、强心、止血、止泻、调节水盐代谢、纠正酸中毒等。

控制继发感染，可选用庆大霉素、硫酸阿米卡星、头孢噻呋等。止血可用维生素 K、安络血等。止吐可用含有马罗皮坦、奥美拉唑等的药物来控制，胃复安（胃肠道出血禁用）更适合用于疾病恢复期。基于病犬机体对维生素的需要量增加，应大剂量使用复合维生素 B、维生素 C 等药物。心肌功能减弱时，可使用西地兰、强尔心等。纠正酸中毒可静注 50 g/L 碳酸氢钠。

按时对犬进行预防注射，以控制本病的发生。幼犬在断乳后可进行免疫注射，一般要注射 3 次，每次间隔 2 周。具体注意事项见疫苗使用说明书。

(3)犬冠状病毒病。

【引导问题】请回答下列单项或多项选择题，并详细解析。

1)犬冠状病毒病主要病变是(　　)。

A. 肺炎　　　　　　B. 胃肠炎　　　　　　C. 肾炎　　　　　D. 心肌炎

2)犬冠状病毒病的传染途径主要是(　　)。

A. 经消化道感染　　B. 经呼吸道传播　　　C. 经吸血昆虫传播　D. 经皮肤感染

3)犬冠状病毒病的主要症状是(　　)。

A. 呕吐　　　　　　B. 腹泻　　　　　　　C. 运动障碍　　　　D. 呼吸困难

4)下列可用于治疗冠状病毒病的药物是(　　)。

A. 高免血清　　　　B. 病毒灵　　　　　　C. 口服补液盐　　　D. 庆大霉素

【相关知识】

犬冠状病毒(CCV)可使犬产生胃肠炎症状,特征为频繁呕吐、腹泻、沉郁、厌食,临床症状消失后14～21 d仍可复发。犬冠状病毒病是当前对养犬业危害较大的一种传染病。

【病原】CCV在分类上属冠状病毒科,冠状病毒属。核酸型为单股RNA。病毒粒子形态多样,多呈圆形(直径80～100 nm)或椭圆形(长径180～200 nm、宽径75～80 nm)。表面有一层厚的囊膜,其上被覆有长约20 nm呈花瓣样的纤突。

图片:犬冠状病毒病感染

CCV对乙醚、氯仿、脱氧胆酸盐、热敏感,易被甲醛、紫外线等灭活,但对酸和胰酶有较强的抵抗力,pH3.0,20～22 ℃条件下不能灭活,这是病毒经胃后仍有感染活性的原因。

CCV存在于感染犬的粪便、肠内容物和肠上皮细胞内,在肠系膜淋巴结和其他组织中也可以发现病毒。CCV只有一个血清型,存在不同毒力的毒株。

CCV可在多种犬的原代和继代细胞上增殖并产生细胞病变,包括犬肾、胸腺、滑膜细胞和A－72细胞系。

【流行特点】CCV仅感染犬科动物,犬、貂、狐均有易感性,不同年龄、性别、品种均可感染,幼犬的发病率和死亡率较高。尚未见有人感染CCV的报道。

传染源主要是病犬和带毒犬,病犬排毒为14 d,保持接触性传染的能力为期更长。病犬经呼吸道、消化道随口涎、鼻液和粪便向外排毒,污染饲料、饮水、笼具和周围环境,直接或间接传给易感动物。CCV可在粪便中存活6～9 d,在水中也可保持数日的传染性,因此一旦发病,则很难制止其传播流行。

本病一年四季均可发生,以冬季多发,可能与CCV对热敏感、对低温有相当的抵抗力有关。过高的饲养密度,较差的饲养卫生条件,断乳、分窝、调运等饲养管理条件突然改变,气温骤变等都会提高感染和临床发病的概率。CCV经常和犬细小病毒、轮状病毒、类星状病毒等混合感染,往往可从一窝患肠炎的幼犬中同时检出这几种病毒,诊断时予以注意。

【症状】自然感染的冠状病毒病潜伏期1～3 d。临床症状轻重不一,可表现剧烈、致死性腹泻,也可能是无临床症状的隐性感染。在犬群中以幼犬先发病,很快传开。呕吐与腹泻是该病的主要症状。一般先是数天的呕吐,出现腹泻后呕吐减轻或停止。粪便呈糊状、半糊状乃至水样,呈黄白色或黄绿色,粪中带有黏液和血液。在发病过程中,病犬精神沉郁、喜卧、厌食,体温一般不升高,多数病犬7～10 d可康复,但幼犬可因胃肠炎而死亡。

【病理变化】主要表现为轻重不一的胃肠炎症状。严重脱水，肠壁变薄，肠管松弛，肠腔内含有黄白色或黄绿色液体、气体、血液，肠黏膜充血、出血，肠系膜淋巴结肿大等。

【实验室检验】病毒可从粪便中分离出来。细胞致病作用只在犬的细胞培养上产生，而在其他动物的细胞上不生长。从临床病例中取粪便进行超速离心，负染色后在电镜下观察，可见到冠状病毒的典型形态。

【诊断】本病流行特点、临床症状、病理剖检缺乏特征性变化，在血液学和生物化学方面也没有特征性指标，因此，确诊必须依靠病毒分离、电镜观察和血清学检验。

现已有犬冠状病毒快速诊断试剂盒，采取病料为患病犬的粪便，方法同犬细小病毒病快速诊断试剂盒使用方法。并且，已有 CPV、CCV 二联试剂盒被广泛应用于临床。

【防治】病初注射高免血清，同时进行对症治疗。应用抗病毒的制剂如干扰素等，同时，注射抗生素控制肠道继发细菌感染。注射复合维生素 B、维生素 C 等调节机体代谢。补充体液、纠正酸中毒，可按生理盐水 2 份、100 g/L 葡萄糖 3 份、14 g/L 碳酸氢钠 1 份（即 2∶3∶1）配制成混合液静脉滴注，也可用口服补液盐溶液口服。肌注犬病康，可起到抗菌抗病毒作用。

加强饲养管理，按时进行防疫注射，是预防本病的关键。

（4）大肠杆菌病。

【引导问题】请回答下列单项或多项选择题，并详细解析。

1）大肠杆菌病主要危害（　　）。

A. 新生幼犬　　　　　B. 青年犬　　　　　C. 老龄犬　　　　　D. 怀孕犬

2）大肠杆菌病的传播途径主要是（　　）。

A. 经消化道感染　　　　　　　　B. 经呼吸道传染

C. 经吸血昆虫传播　　　　　　　D. 经皮肤感染

3）大肠杆菌病主要症状是（　　）。

A. 咳嗽　　　　　B. 腹泻　　　　　C. 尿量减少　　　　　D. 运动障碍

4）1 周龄以内犬、猫多发，粪便呈黄白色或黄绿色的是（　　）。

A. 大肠杆菌病　　B. 沙门氏菌病　　C. 蛔虫病　　　　D. 绦虫病

【相关知识】

大肠杆菌病是由大肠埃希氏菌引起的以腹泻为主要症状的传染病，以腹泻、败血症为临床特征。

【病原】大肠杆菌为革兰氏阴性小杆菌，大小为(0.4～0.7)μm×(2～3)μm，两端钝圆。散在或成对存在，周生鞭毛，能运动。通常无夹膜，但常有微夹膜，不形成芽孢。

图片：大肠杆菌病症状、病源菌形态

本菌为兼性厌氧菌，对营养要求不高，在普通的培养基上生长良好。

该菌对外界环境具有中等程度抵抗力，在潮湿阴暗而温暖的环境中可存活 1 个月，在寒冷而干燥的环境中存活时间较长，但对化学消毒剂比较敏感，一般的消毒剂都可以将其灭活。

【流行特点】患病和带菌的犬、猫是主要的传染源，排泄的粪便污染周围环境、饲料、饮水、用具等。各种年龄的犬、猫都有易感性，一般幼龄的犬、猫比成年的更易感。宠物猫比家猫（土猫）易感。本病主要通过消化道、呼吸道途径传播。

　　该病没有明显的季节性，一年四季均可发病，受外界环境的影响比较大，潮湿、饲养管理不良、机体抵抗力降低或周围环境突变等应激因素都可诱发本病。

　　【症状】该病潜伏期多为 1～2 d，多见于新生幼犬，大多数在初生后 1 周内发病。患犬表现沉郁、衰弱、体温低、发绀、剧烈腹泻、粪便有特殊臭味，病死率极高，死亡前可出现中枢神经系统症状。剖检尸体的肉眼变化为体腔浆膜和整个胃肠道的黏膜面有出血性病变。新生犬在出生后 48～72 h 内，在摄入初乳或在获得足够的初乳前，如接触到致病性大肠杆菌，病菌便可穿越肠道上皮屏障，使新生犬受到侵袭。大于 2 周龄的幼犬，对大肠杆菌已有了足够的抵抗力。

　　【诊断】根据发病年龄、腹泻特点，可作出初步诊断。必要时做细菌学检查，由小肠内容物分离出大肠杆菌，用血清学方法鉴定，如为病原性血清型，即可确诊。

　　【治疗】首先是纠正脱水，可口服葡萄糖电解质溶液。抗生素可选用四环素 0.1～0.15 g/kg. BWL，3～4 次/d。其他有效的抗菌药物有双嘧啶 11 mg/kg. BWL，口服，1 次/12 h。也可使用微生态制剂，如妈咪爱、益生菌等调整肠道菌群体系。

　　【预防】大肠杆菌是温血动物体内正常肠道中的一类正常菌群。幼犬出生后不久，即有大肠杆菌从口腔进入消化道的后段，大量生长繁殖，以后即终生存在，并随粪便不断向周围环境中散播。有些菌株能产生肠毒素和具有侵犯肠浅表上皮的能力。当犬的防御能力低下时，此类细菌可进入体内引起炎症，甚至进入血液引起败血症。因此加强对犬的饲养管理，搞好环境卫生，维护机体的正常功能和营养，对预防和控制该病的发生有一定的意义。

　　(5)沙门氏菌病。

　　【引导问题】请回答下列单项或多项选择题，并详细解析。

　　1)沙门氏菌病又称为(　　)。

　　A. 副流感　　　　　　B. 副伤寒　　　　　　C. 副结核

　　2)沙门氏菌病主要以(　　)为特征症状。

　　A. 败血症和肠炎　B. 胃肠炎　　　　　C. 卡他性鼻炎　　　　D. 支气管炎

　　3)沙门氏菌主要通过(　　)感染。

　　A. 呼吸道　　　　　B. 消化道　　　　　C. 皮肤接触　　　　　D. 吸血昆虫

　　4)发热、呕吐、腹泻、脱水，有时伴发肺炎、关节炎，最可能的疾病是(　　)。

　　A. 大肠杆菌病　　　B. 沙门氏菌病　　　C. 蛔虫病　　　　　　D. 绦虫病

【相关知识】

　　沙门氏菌病是由沙门氏菌属细菌引起的人和动物共患性疾病的总称，临床上可表现为肠炎和败血症。

　　【病原】可能引起犬和猫发病的主要有鼠伤寒沙门氏菌属、肠炎沙门氏菌、亚利桑那沙门氏菌及猪霍乱沙门氏菌。

　　【流行特点】鼠伤寒沙门氏菌在自然界分布较广，易在动物、人和环境间传播。传染源主要为患病动物、污染的饲料、饮水和其他污染物，空气中含有沙门氏菌的尘埃等亦可以成为传染媒介。传播途径主要是消化道及呼吸道。圈养犬和猫往往因采食未彻底煮熟的肉或生肉品而感染。散养犬和猫在自由觅食时，也可因吃到腐肉或粪便而遭感染。饲养员、装食的容器、医院的笼具、内窥镜及其他污染物亦可成为传染媒介。

图片：沙门氏菌腹泻、病源菌形态

【症状】

1)胃肠炎型。潜伏期 3~5 d，后开始出现症状，往往幼龄和老龄动物较为严重。开始表现为发热(40~41.1 ℃)，萎靡，食欲不振；而后呕吐、腹痛和剧烈腹泻。腹泻开始时粪便稀薄如水，继之转为黏液性，严重者胃肠道出血而使粪便带有血迹。猫还可见流涎。数天后，体重减轻，严重脱水，表现为黏膜苍白、虚弱、休克、黄疸，可发生死亡。有神经症状者，表现为机体应激性增强，后肢瘫痪，失明，抽搐。部分病例也可出现肺炎症状，咳嗽、喘和鼻孔出血。

2)菌血症和内毒素血症。这种类型一般为胃肠炎过程前期症状，有时表现不明显，但幼犬、幼猫及免疫力较低的动物，其症状较为明显。表现极度沉郁、虚弱，体温下降及毛细血管充盈不良，可能出现也可能不出现胃肠炎的症状。

【病理变化】仅有部分出现临床症状的动物，有肉眼可见的病理变化。表现为黏膜苍白，脱水，并伴有较大面积黏液性至出血性肠炎。肠黏膜的变化由卡他性炎症到较大面积坏死脱落。病变较明显部位往往在小肠后段、盲肠和结肠。肠系膜及周围淋巴结肿大并出血。由于局部血栓形成和组织坏死，可在大多数组织器官(肝、肾、脾)表面出现密布的出血点(斑)和坏死灶。肺脏常有水肿及硬化。

【诊断】

1)血液学和生化检验。严重感染及内毒素血症的患病犬和猫，可见非再生障碍性贫血，淋巴细胞、血小板和中性粒细胞减少。重症脓毒症的患犬和患猫，可在白细胞内见到沙门氏菌。感染某一特定器官时，可见中性粒细胞增多。生化反应异常多见于严重患病的动物，包括低蛋白血症(尤其是白蛋白减少)、低血糖和中度肾外性氮血症。

2)细菌分离鉴定。这是最可靠的方法。在疾病急性期，从分泌物、血、尿、滑液、脑脊液及骨髓中发现沙门氏菌可确定为全身感染。剖检时，应从肝、脾、肺、肠系膜淋巴结和肠道取病料，接种于普通培养基或麦康凯培养基上，观察菌落形态及培养特性。

3)粪便细胞学检验。通过检验粪便中白细胞数量的多少，可以判断肠道病变情况。粪便中大量白细胞的出现，是沙门氏菌肠炎及其他引起肠黏膜大面积破溃疾病的特征。否则，粪中缺乏白细胞，则应怀疑病毒性疾患或不需特殊治疗的轻度胃肠道炎症。

【防治】发现病猫或病犬，应立即隔离，加强管理，给予易消化的流质饲料。为了缓解脱水症状，可经非消化道途径补充等渗盐水。呕吐不太严重可经口灌服。抗菌药是较常用的治疗方法。氯霉素 20 mg/kg.BWL，内服，4 次/d，连用 6 d，肌内注射减半。心衰者可肌注 0.5% 强尔心 1~2 mL；肠道出血者可用安络血，5~10 mg/次，3 次/d。

(6)猫泛白细胞减少症。

【引导问题】请回答下列单项或多项选择题，并详细解析。

1)猫泛白细胞减少症又称为(　　)。

A. 猫瘟热　　　　　　B. 猫传染性肠炎　　　C. 猫肺炎　　　　　　D. 猫腹泻

2)感染猫泛白细胞减少症最易引起死亡的是(　　)。

A.1 岁以下的幼猫　　B. 成年猫　　　　　　C. 怀孕猫　　　　　　D. 老龄猫

3)猫泛白细胞减少症的发热类型是(　　)。

A. 稽留热　　　　　　B. 弛张热　　　　　　C. 双相热　　　　　　D. 不定型热

4)下列属于猫泛白细胞减少症特异性疗法的是(　　)。

A. 干扰素　　　　　　B. 猫瘟热高免血清　　C. 庆大霉素　　　　　D. 磺胺嘧啶钠

【相关知识】

猫泛白细胞减少症又称猫瘟热或猫传染性肠炎，是猫泛白细胞减少症病毒引起的猫及猫科动物的一种急性高度接触性传染病。临床表现以患猫突发高热、呕吐、腹泻、脱水及循环血液中白细胞减少为特征。

【病原】FPV 在分类上属细小病毒科，细小病毒属。病毒粒子呈二十面体立体对称，无囊膜，直径为 20 nm，核衣壳由 32 个壳粒组成，每个壳粒 3～4 nm，核酸类型为单股 DNA。对乙醚、氯仿、胰蛋白酶、0.5％石炭酸及 pH3.0 的酸性环境具有一定抵抗力。50 ℃1 h 即可灭活。

图片：猫泛白细胞减少症症状

【流行特点】FPV 除感染家猫外，还可感染其他猫科动物及鼬科（貂、雪豹）和浣熊科动物，各种年龄猫均可感染。多数情况下，1 岁以下的幼猫较易感，感染率可达 70％。死亡率为 50％～60％，最高达 90％。成年猫也可感染，但常无临床症状。自然条件下可通过直接接触及间接接触而传播。处于病毒血症期的感染动物，可从粪、尿、呕吐物及各种分泌物排出大量病毒，污染饮食、器具及周围环境而经口传播。康复猫和水貂可长期排毒达 1 年之久。除水平传播外，妊娠猫还可通过胎盘垂直传播给胎儿。

本病流行特点为冬末至春季多发，尤以 3 月发病率最高。

【症状】潜伏期为 2～9 d，最急性型，动物不显临床症状而立即死亡，往往误认为中毒。急性型 24 h 内死亡，亚急性型病程 7 d 左右。第 1 次发热体温 40 ℃左右，24 h 左右降至常温，2～3 d 后体温再次升高，呈双相热，体温达 40 ℃。精神不振，被毛粗乱，厌食，呕吐，出血性肠炎和脱水症状明显，眼鼻流出脓样分泌物。妊娠母猫感染 FPV，可造成流产和死胎，或所生小猫可能小脑发育不全。

【病理变化】以出血性肠炎为特征。胃肠道空虚，整个胃肠道的黏膜面均有程度不同的充血、出血、水肿及被纤维素性渗出物覆盖，其中空肠和回肠的病变尤为突出，肠壁严重充血、出血、水肿，致肠壁增厚似乳胶管样，肠腔内有灰红或黄绿色的纤维素性坏死性假膜或纤维素条索。肠系膜淋巴结肿大，切面多汁，呈红、灰、白相间的大理石花纹或呈一致的鲜红或暗红色。肝肿大呈红褐色。胆囊充盈，胆汁黏稠。脾脏出血，肺充血和水肿。长骨骨髓变成液状，完全失去正常硬度。

【实验室检验】典型血液学变化是第 2 次发热后白细胞迅速减少，由正常时血液白细胞 $12.5×10^9$ 个/L 降至 $5.0×10^9$ 个/L 以下，且以淋巴细胞和中性粒细胞减少为主。

【诊断】根据流行特点、临床双相热型、骨髓多脂状、胶冻状及小肠黏膜上皮内的病毒包涵体等病理变化及血液白细胞大量减少可以作出诊断。

现已有快速诊断试剂盒，采集病料为患病猫粪便，具体检测方法及结果判定同犬细小病毒病快速诊断试剂盒使用方法。

【治疗】可用抗生素或磺胺类药物结合对症疗法进行综合治疗，对防止细菌继发感染，降低死亡率有一定效果。近些年，应用高效价猫瘟热高免血清进行特异性治疗，同时配合对症治疗，取得了较好的治疗效果。

【预防】出生后 49～70 日龄的幼猫进行首次免疫接种，84 日龄时进行第 2 次，为加强效果，可在 112 d 时进行第 3 次免疫接种。以后每年 1 次。疫苗主要有 2 种，一种是灭活的细胞苗，另一种是弱毒活苗。对于未吃初乳的幼猫，28 日龄以下不宜用活苗接种。可先接种高免血清 2 mL/kg.BW，间隔一定时间后再按上述免疫程序进行预防接种。进口的猫

三联疫苗，预防猫泛白细胞减少症、猫病毒性鼻气管炎、猫杯状病毒病，幼猫9周龄注射1次，间隔3～4周再注射1次，以后每年注射1次。

(7)蛔虫病。

【引导问题】请回答下列单项或多项选择题，并详细解析。

1)犬蛔虫和狮弓蛔虫主要寄生于犬的(　　)。

 A. 胃内   B. 小肠内   C. 结肠   D. 肝脏

2)犬蛔虫的幼虫在发育过程中要在以下哪些器官内移行？(　　)

 A. 肠壁   B. 肠系膜淋巴结 C. 肝脏   D. 肺脏

3)犬蛔虫病常见的主要症状有(　　)。

 A. 消瘦   B. 异嗜   C. 癫痫样痉挛 D. 小肠阻塞

4)下列可用于驱杀犬蛔虫的药物是(　　)。

 A. 磺胺二甲嘧啶 B. 左旋咪唑 C. 庆大霉素 D. 吡喹酮

【相关知识】

本病是由犬蛔虫和狮弓蛔虫寄生于犬的小肠和胃内引起的，在我国分布较广，主要危害1～3月龄的仔犬，影响生长和发育，严重感染时可导致死亡。

犬蛔虫卵在适宜条件下发育为感染性虫卵，3月龄以内的仔犬吞食后，在肠内孵出幼虫，幼虫钻入犬肠壁，经淋巴系统到肠系膜淋巴结，再经血液进入肝脏、肺脏，幼虫经肺泡、气管到达咽，被咽入胃，重新进入小肠进一步发育为成虫，全部过程4～5周。幼虫也可经过胎盘传染给胎儿。

图片：蛔虫生活史、蛔虫随粪便排出、犬蛔虫卵

狮弓蛔虫虫卵在外界适宜的条件下发育为感染性虫卵，被犬吞食后幼虫在小肠内逸出，钻入肠壁内发育后返回肠腔，经3～4周发育为成虫。

【症状】犬蛔虫病的主要症状为逐渐消瘦，黏膜苍白，食欲不振，异嗜，消化障碍，先下痢而后便秘。偶见有癫痫性痉挛。幼犬腹部膨大，发育迟缓。感染严重时，其呕吐物和粪便中常带有蛔虫。有的腹部皮肤呈半透明黏膜状，大量虫体寄生于小肠时可引起肠阻塞、肠套叠，甚至肠穿孔而死亡。

【诊断】根据临床症状和粪便检查可作出诊断，做粪便检查时，可用直接涂片法或饱和盐水漂浮法检查虫卵或粪便中虫。

【防治】

1)定期检查与驱虫。幼犬每月检查1次，成年犬每季检查1次，发现病犬，立即进行驱虫。左旋咪唑10 mg/kg. BW一次口服；甲苯咪唑10 mg/kg. BW，2次/d，连服2 d；噻嘧啶(抗虫灵)5～10 mg/kg. BW口服；枸橼酸哌嗪(驱蛔灵)100 mg/kg. BW口服；虫克星(阿维菌素)0.2 mg/kg. BW，一次口服。

2)搞好清洁卫生。对环境、食槽、食物的清洁卫生要认真搞好，及时清除粪便，并进行发酵处理。

(8)绦虫病。

【引导问题】请回答下列单项或多项选择题，并详细解析。

1)犬绦虫的成虫寄生于犬的(　　)。

 A. 胃内   B. 小肠内   C. 结肠   D. 肝脏

2)犬绦虫的幼虫可寄生于中间宿主的以下哪些器官？（　　）

　　A. 肝脏　　　　　　　B. 肺脏　　　　　　　C. 心脏　　　　　　　D. 大脑

3)犬绦虫病常见的主要症状有（　　）。

　　A. 消瘦　　　　　　　B. 异嗜　　　　　　　C. 癫痫样痉挛　　　　D. 小肠阻塞

4)下列可用于驱杀犬绦虫的药物是（　　）。

　　A. 磺胺二甲嘧啶　　　B. 左旋咪唑　　　　　C. 庆大霉素　　　　　D. 吡喹酮

【相关知识】

绦虫病是犬常见的危害较大的寄生虫病之一。成虫寄生于犬小肠内，多种家畜和犬是其中间宿主。作为中间宿主的动物所受到的损害远较成虫期宿主严重。绦虫成虫期仅寄生于肠道，而其幼虫则可寄生于中间宿主的肝、肺、脑、肌肉、肠系膜、心、脾、骨及其他组织，当寄生于大脑时则会有生命危险。

图片：猫带状、复孔绦虫生活史，犬小肠内的复孔绦虫

【诊断】

1)主要症状。轻度感染症状不明显。在严重感染时呈现饮食反常（食欲不振、贪食或异嗜），呕吐，慢性肠炎，腹泻、便秘交替发生，可视黏膜苍白，渐进性消瘦。容易激动或精神沉郁，有时发生痉挛或四肢麻痹。虫体成团时，可堵塞肠管，导致肠梗阻、肠套叠、肠扭转和破裂等急腹症。

2)实验室检查。发现病犬肛门口夹着尚未落地的绦虫孕节，以及粪便夹杂短的绦虫片，可帮助确诊。

【防治】

1)治疗性驱虫。氢溴酸槟榔素 1.5～2 mg/kg.BW，口服。使病犬绝食 12～20 h 后给药。为了防止呕吐，应在服药前 15～20 min 给予稀碘酊液（水 10 mL、碘酊 2 滴）；吡喹酮 5～10 mg/kg.BW，一次口服；盐酸丁萘脒 25～50 mg/kg.BW，一次口服。

中药方剂：

处方1：槟榔 30 g，大蒜 30 g(拍碎)，水煎，空腹服用 2 次。

处方2：槟榔 15 g，南瓜子 25 g，水 300 mL。南瓜子炒熟捣碎，加槟榔片和水，煎至 30～50 mL 时滤过服用。

处方3：槟榔 1 g，烤干压成末，掺入食物中内服，3～4 h 内即见排虫。

2)预防措施。预防性驱虫：每年进行四次预防性驱虫，繁殖犬应在配种前 3～4 周进行。清洁卫生：消灭传染源经常用杀虫剂杀灭犬体上蚤、虱。

(9)钩虫病。

【引导问题】请回答下列单项或多项选择题，并详细解析。

1)犬钩虫寄生于犬的（　　）。

　　A. 胃内　　　　　　　B. 小肠内　　　　　　C. 结肠　　　　　　　D. 肝脏

2)犬钩虫病主要发生于（　　）。

　　A. 春季　　　　　　　B. 夏季　　　　　　　C. 秋季　　　　　　　D. 冬季

3)犬钩虫病常见的主要症状有（　　）。

　　A. 黏膜苍白，消瘦　　　　　　　　　　　　B. 异嗜

　　C. 粪便带血或呈黑色　　　　　　　　　　　D. 皮肤发炎

4)下列可用于驱杀犬钩虫的药物是(　　)。

　A. 二碘硝基酚液　　　B. 左旋咪唑　　　　C. 庆大霉素　　　　D. 吡喹酮

【相关知识】

　本病是犬比较多发而且危害严重的一种线虫病。钩虫寄生于小肠内，主要是十二指肠。本病多发于夏季，特别是狭小潮湿的犬窝更易发生。

【诊断】

　1)主要症状。严重感染时，黏膜苍白、消瘦、被毛粗刚、无光泽，易脱落。食欲减退、异嗜、呕吐、消化障碍，下痢和便秘交替发作。粪便带血或呈黑色，严重时如柏油状，并带有腐臭气味。如大量幼虫经皮肤侵入，皮肤会发炎、奇痒；有的四肢浮肿，后破溃；或出现口角糜烂等。经胎内或初乳感染犬钩虫的出生 3 周龄内的仔犬，可引起严重贫血，导致昏迷和死亡。

　2)实验室检查。采用饱和盐水漂浮法检查犬粪内的虫卵以进行确诊。

图片：钩虫生活史，钩虫幼虫、虫卵，钩虫引起的症状

【防治】

　1)驱虫。可选用如下药物：45 g/L 二碘硝基酚液，一次皮下注射，剂量为 0.22 mL(10 mg)/kg.BW，对犬的各种钩虫驱虫效果达 100%。此外，也可应用左旋咪唑、甲苯咪唑、甲苯嘧啶、虫克星等进行驱虫。严重贫血时，需对症治疗，口服或注射含铁的滋补剂或输血。

　2)卫生消毒。应保持犬舍清洁干燥，及时清理粪便，定期喷洒消毒药物。清除的粪便应堆放发酵。

(10)球虫病。

【引导问题】请回答下列单项或多项选择题，并详细解析。

1)犬、猫等孢子虫寄生于犬、猫的(　　)。

　A. 胃黏膜上皮细胞　　　　　　　　　　B. 小肠黏膜上皮细胞

　C. 大肠黏膜上皮细胞　　　　　　　　　D. 肝脏

2)犬球虫病主要危害(　　)。

　A. 幼犬　　　　　　　B. 青年犬　　　　　　C. 成年犬　　　　　D. 以上都是

3)犬球虫病常见的主要症状有(　　)。

　A. 黏膜苍白，消瘦　　　　　　　　　　B. 发热

　C. 粪便带血或呈黑色　　　　　　　　　D. 皮肤发炎

4)下列可用于驱杀犬球虫的药物是(　　)。

　A. 磺胺二甲嘧啶　　　B. 左旋咪唑　　　　C. 庆大霉素　　　　D. 吡喹酮

【病原】犬、猫等孢子虫病是由艾美耳科、等孢子属的犬等孢子球虫、二联等孢子球虫、芮氏等孢子球虫和猫等孢球虫，寄生于犬、猫小肠和大肠黏膜上皮细胞内而引起的。

【症状】严重感染时，幼犬和幼猫于感染后 3～6 d，开始水泻或排出泥状粪便或带黏液的血便。轻度发热，精神沉郁，食欲不振，消化不良，消瘦，贫血。感染 3 周以上，临床症状消失，大多数可自然康复。

图片：球虫卵囊

【病理变化】整个小肠可发生出血性肠炎，但多见于回肠段，特别是回肠下段最为严重，肠黏膜肥厚，黏膜上皮剥蚀。

【诊断】结合下痢症状，并在粪便中发现虫卵，可以作出诊断。

【治疗】用磺胺二甲嘧啶 20 mg/kg.BW，口服，用药 2～4 d，直到症状消失为止。

【预防】搞好犬、猫窝和食槽的清洁卫生，并结合药物预防，可用 1～2 大汤匙 9.7% 的氨丙啉溶液混于 4.5L 水中。在母犬下仔前 10 d 内饮用。

(四)表现腹痛宠物病防治

1. 表现腹痛宠物病类症诊断

见图 1-5。

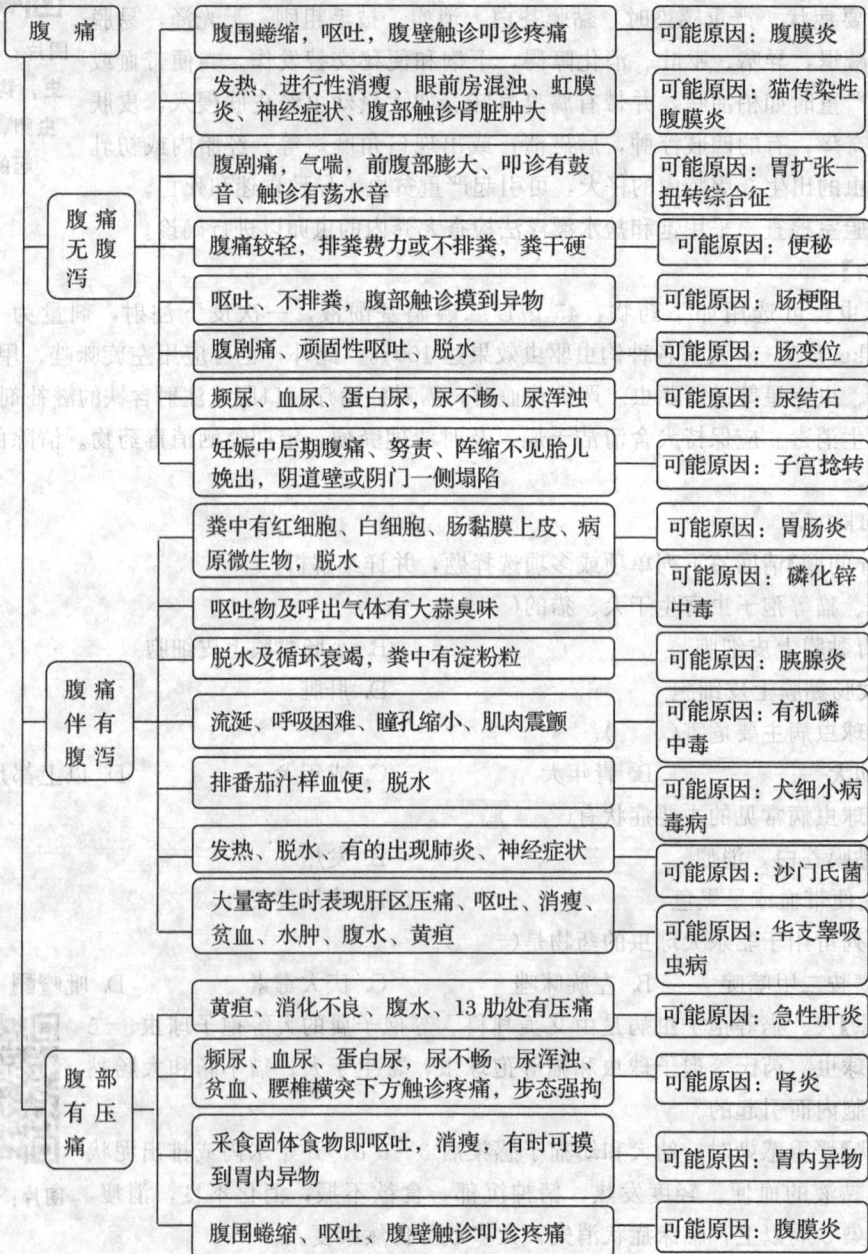

图 1-5　表现腹痛宠物病类症诊断

2. 表现腹痛宠物病

表现腹痛宠物疾病主要包括：胃扩张—扭转综合征、便秘、肠梗阻、肠套叠、腹膜炎、肝脏疾病、胰腺炎、华支睾吸虫病、猫传染性腹膜炎、胃内异物(见项目2)、胃肠炎(见项目2)、犬细小病毒病(见项目3)、犬冠状病毒病(见项目3)、沙门氏菌病(见项目3)、肾炎(见学习情境4)、尿结石(见学习情境4)、子宫捻转(见学习情境5)、磷化锌中毒(见项目2)、有机磷农药中毒(见学习情境7)等。

(1)胃扭转—扩张综合征。

【引导问题】请回答下列单项或多项选择题，并详细解析。

1)胃扭转—扩张综合征中胃的幽门和贲门呈纵轴从(　　)。

　A. 左向右顺时针扭转　　　　　　　B. 右向左顺时针扭转

　C. 左向右逆时针扭转　　　　　　　D. 右向左逆时针扭转

2)下列哪些因素易引发胃扭转—扩张综合征？(　　)

　A. 胃下垂　　　　　　　　　　　　B. 脾肿大

　C. 饱食后打滚、跳跃　　　　　　　D. 过度饥饿

3)胃扭转—扩张综合征常见的主要症状有(　　)。

　A. 腹痛　　　　　　B. 胃急剧扩张　　　　C. 呼吸困难　　　　D. 脉搏增数

4)下列哪个方法不用于胃扭转—扩张综合征的诊断？(　　)

　A. 胃管探诊　　　　B. X射线检查　　　　C. B超检查　　　　D. 腹部叩诊检查

【相关知识】

胃扭转—扩张综合征是一种急性的威胁生命的疾病，其特征为胃变位、胃内气体快速积聚、胃内压增加和休克等。胃扭转为一种胃幽门和贲门呈纵轴从右向左顺时针扭转，挤压于肝脏、食道的末端和胃底之间，导致胃内容物不能后送的疾病。本病多发于大型犬及胸部狭长品种的犬，雄犬比雌犬发病率高。猫较少发病。

图片：胃扭转模式图、胃部膨胀、X线片

动画：犬胃扭转—扩张综合征的发病机理

【病因】胃下垂，胃内食糜胀满，脾肿大，钙、磷比例失调，以及可使胃韧带松弛扭转的因素，如饱食后打滚、跳跃、迅速上下楼梯时旋转等，都可使犬发生胃扭转。

【症状】患犬突然表现腹痛，躺卧地下，口吐白沫。由于胃扭转时，胃贲门和幽门都闭塞，而发生急性胃扩张。腹部叩诊呈鼓音或金属音。腹部触诊，可摸到球状囊袋，急剧冲击胃下部，可听到拍水音。病犬呼吸困难，脉搏频数。患犬多于24～48 h内死亡。

【诊断】主要根据临床症状、X射线或插胃管检查即可诊断。

注意与单纯性胃扩张、肠扭转及脾扭转相鉴别，通常以插胃管来区分。单纯性胃扩张，胃管插到胃内，腹部胀满可减轻；胃扭转时，胃管插不到胃内，因而不能减轻腹部胀满；肠扭转及脾扭转时，胃管插到胃内，但腹部胀满仍得不到缓解，且即使胃内贮留的气体消失，患犬仍会逐渐虚弱。

【治疗】胃扩张—胃扭转综合征是一种急腹症，发病后应及时抢救，若贻误抢救时机，可能导致动物休克、死亡。抢救的重点是抗休克和胃减压，尽早手术整复。

1)纠正低血容量、抗休克。纠正低血容量，防止休克的发生，可于颈静脉或头静脉装

置留置针(16～18 号针头)快速、大剂量补液(输液速度每小时 90 mL/kg.BW),加用皮质激素类药物,同时应用氟尼辛葡胺(0.5～1.1 mg/kg.BW)减少前列腺素的合成。

对休克病犬要给予强心剂,呼吸兴奋剂,同时大量补给电解质。呼吸困难、缺氧的病犬,可给予吸氧。

2)胃减压。减缓胃扩张,可尝试插胃管,放气,并导出胃内容物进行胃减压。若胃扭转时胃管不能插入到胃内,此时可在胃部进行穿刺放气,减轻胃内压力。

3)手术整复。如胃内容物排不出来或胃内有大的肿物,应行胃切开术,除去全部内容物,清洗处理后,行双重伦勃特氏缝合。

为避免复发,可进行胃壁固定术。固定部位在距幽门 3～5 cm 胃大弯处,将浆膜肌层和正常腹壁的投影位置进行固定(11～13 肋的下 1/3 处),用丝线将浆膜肌层和腹壁的肌肉用扣状或结节缝合固定 2～3 针。

胃扭转必然继发脾扭转,所以在胃扭转整复后,应检查脾脏损伤情况,若脾脏出现坏死,必须进行脾摘除术。

4)术后护理。术后护理 5～7 d。为抗感染、保持水和电解质平衡,以林格氏液 20～50 mL/kg.BW、氨苄青霉素 25～50 mg/kg.BW,混合静脉滴注。

恢复胃肠功能。洗胃或胃切开 24 h 后,可饲喂少量牛奶、肉汁等易于消化的食物,或给予营养膏,饲喂量要逐渐增加,同时可给予健胃、助消化药物。

根据粪便形状或 X 射线检查确认胃不蠕动时,皮下注射甲基硫酸新斯的明 0.5～1 mg,3 次/d。复合维生素 B、三磷酸腺苷二钠(ATP)皮下注射,配合全身疗法有助于胃肠功能的恢复。

(2)便秘。

【引导问题】请回答下列单项或多项选择题,并详细解析。

1)便秘时粪便停滞的部位通常是(　　)。

A. 十二指肠　　　　B. 空肠　　　　　　C. 结肠　　　　　　D. 直肠

2)下列哪些因素易引发便秘?(　　)

A. 缺乏运动　　　　　　　　　　B. 前列腺增大

C. 老龄性肠蠕动功能减退　　　　D. 应用抗胆碱药

3)便秘常见的主要症状有(　　)。

A. 腹痛　　　　　B. 腹胀　　　　C. 积粪性腹泻　　　D. 腹部摸到结粪块

4)下列对便秘诊断价值不大的检查是(　　)。

A. 腹部触诊　　　B. X 射线检查　　　C. B 超检查　　　D. 血常规检查

【相关知识】

便秘是犬、猫的一种常见病。由于某种因素致使肠蠕动功能障碍,肠内容物不能及时后送滞留于大肠肠腔内,其水分进一步被吸收,内容物变得干固形成了肠便秘。犬、猫对便秘都有较强的耐受性,有的动物肠便秘虽已发生数天,但临床上并未见到明显症状。便秘时间越久,在治疗上也越加困难,严重的可自体中毒或继发其他疾病而使病情恶化。多数动物肠便秘为一过性的,也有个别动物肠便秘反复发作,其原因尚不清楚,治疗效果也不理想。

图片:便秘

【病因】

1)食物和环境因素。食入骨头、毛发和异物与粪便混合纠缠在一起，难以顺利地通过肠腔。一次食入大量的骨头、肉、肝等，使之消化不充分，易形成便秘。此外，由于环境突然改变，缺乏运动等，破坏动物正常排粪习惯，都可引起便秘。

2)直肠或肛门部位受到压迫或阻挡。如会阴疝、直肠息肉或肿瘤、肛门囊肿、直肠狭窄、骨折后盆骨变形、缺钙、骨盆发育不良、腹腔或盆腔新生物、前列腺增大、膀胱积尿等原因。

3)其他病因。诸如老龄性肠蠕动功能减退、腰荐神经损伤，致使肛门括约肌丧失排便反射，以及髋关节脱臼或四肢骨折时改变了排便姿势，也可招致肠便秘。另外，某些慢性疾病如机体脱水、衰弱或应用抗胆碱药或抗组胺药、硫酸钡、阿片等，都有可能发生便秘。老年猫多见直肠便秘。

【症状】患病动物常试图排便但却排不出来。初期精神、食欲方面多无变化，久之出现食欲不振甚至废绝。常因腹痛而鸣叫、不安，有的出现呕吐。直肠便秘时，进行肛门直检，常可触及干硬的粪便，或触诊腹部时发现在直肠内有长串粪块，有的可见腹围膨大、肠胀气。

结肠便秘时，由于不完全阻塞，可能发生积粪性腹泻，表现为褐色水样粪汤绕过干固的粪团排出。小型犬通过腹部触诊，常能触摸到粪结块。

【诊断】根据病史和临床症状，结合肛门内指检和腹部触诊，易于作出诊断。有条件的地方通过X射线照片，清晰可见肠管扩张状态，其中含有致密的粪块或骨头等异物。

【防治】对单纯性肠便秘，可采用温水、2‰小苏打水或肥皂水反复灌肠，并配合腹外适度地按压肠内便秘粪块，一般都能奏效。灌肠时用液量应视犬、猫体形大小，肠腔紧张度不同而增减，通常液体量一次为20～80 mL，切忌灌注量过多，防止肠腔过度扩张使肠壁受伤。灌注后不要让其立即流出，可对肛门稍加按压，必要时相隔1～2 h后再次灌肠。严重肠便秘时可行外科手术取出肠腔结粪，术后注意护理。肠便秘治疗应注意对症治疗，采取补充体液、强心等措施。

加强护理和预防。肠便秘解除后，为防止复发，可投以液体石蜡或蓖麻油5～60 mL，必要时投以果导片，促使肠内容物排出。平常饲喂注意定时定量，犬、猫适当运动，特别是老龄动物，注意每天的排便情况，只见吃不见排便时，要留意便秘征兆。不妨投服植物油10～30 mL 或肛门内注入甘油或开塞露5～10 mL，促其排粪。

(3)肠梗阻。

【引导问题】请回答下列单项或多项选择题，并详细解析。

1)肠梗阻常发生的部位通常是( )。

A. 小肠   B. 盲肠   C. 结肠   D. 直肠

2)下列哪些因素易引发肠梗阻？( )

A. 肠异物   B. 患细小病毒病   C. 寄生大量蛔虫   D. 肠肿瘤

3)肠梗阻常见的主要症状有( )。

A. 呕吐   B. 腹痛   C. 脱水   D. 休克

4)下列对肠梗阻诊断价值较高的检查是( )。

A. 腹部触诊   B. X射线造影检查   C. B超检查   D. 血常规检查

【相关知识】

肠梗阻是犬、猫的一种急腹症，常因小肠腔内发生机械性阻塞，或小肠正常位置发生不可逆变化（肠套叠、肠嵌闭及肠扭转），致使肠内容物不能顺利下行，局部血液循环严重障碍，出现剧烈腹痛、呕吐、脱水，甚至休克、死亡。

图片：肠梗阻示意图、症状、X射线片

【病因】多由果核、骨骼、橡皮、弹性玩具、破布、线团、毛球、大量寄生虫等突然阻塞肠腔所致。也可由于肠管手术后结缔组织增生或粘连，或肠内新生物、肿瘤、肉芽肿等致使肠腔狭窄所致。另外，肠套叠也可继发。

【症状】梗阻越接近胃，其临床症状越急剧，病程发展越迅速。最为显著的症状是剧烈腹痛，持续性呕吐，迅速消瘦，精神沉郁，废食等。

腹痛初期，表现腹部僵硬，抗拒触诊腹部。对于小型犬或猫多能触诊到阻塞物。梗阻发生于前部肠管时，呕吐可成为一种早期症状。初期呕吐物中含有不消化食物和黏液，随后在呕吐物中含有肠内容物。持续呕吐导致机体脱水、电解质紊乱和伴发碱中毒，晚期发生尿毒症，最终虚脱、休克而死亡。

慢性肠梗阻主要表现为患病动物逐渐消瘦，体重下降，粪便稀薄呈墨色或带有血丝，并有腹泻久治不愈病史。

【诊断】根据病史和临床症状易于诊断。

腹部触诊，常能在梗阻肠段的前方触及充满气体和液体扩张肠管。腹壁紧张而影响检查时，可施行麻醉或注射氯丙嗪使其镇静、松弛，以利诊断。肠套叠时，在中腹部可触及"香肠"状物体。必要时开腹探查，以便及时治疗。

有条件的地方应用X射线进行辅助诊断，最好投以造影剂，增加对比度。在直立侧位腹部X射线照片上，不论胃肠空虚，还是肠道液体水平面上积有气体病例，都可在梗阻部位前方见到扩张肠袢。肠套叠可在X射线片上见到光密度增加的"香肠"状物体，还可见到由于薄层气体使套叠肠管形成分层的图像。

【治疗】当肠梗阻确定后，应立即进行外科手术治疗，并相应补充体液和电解质，调整酸碱平衡，选用广谱抗生素控制感染等对症治疗措施。术后绝食5~6 d，然后投以流质食物，直至恢复常规饮食。

（4）肠套叠。

【引导问题】请回答下列单项或多项选择题，并详细解析。

1）肠套叠最常发生的部位通常是（　　）。

A. 空肠套入回肠　　B. 回肠套入盲肠　　C. 回肠套入结肠　　D. 结肠套入直肠

2）下列哪些因素易引发肠套叠？（　　）

A. 冬季暴饮冷水　　B. 肠道寄生虫感染　C. 肠管炎症刺激　　D. 饱食后剧烈运动

3）肠套叠常见的主要症状有（　　）。

A. 剧烈腹痛　　　　B. 粪中带血液　　　C. 呕吐　　　　　　D. 摸到香肠样肠段

4）下列对肠套叠诊断价值较大的检查是（　　）。

A. 腹部触诊　　　　B. X射线造影检查　C. B超检查　　　　D. 血常规检查

【相关知识】

肠套叠是由于肠管异常蠕动，致使一段肠管套入邻近肠管内，引起胃肠内容物不能后

送的一种急性腹痛病，临床上以顽固性呕吐、腹痛和排血样便为特征。

【病因】由于相邻肠管蠕动性或充盈度不一所致。如冬季暴饮冷水，或肠道寄生虫感染、肠管炎症刺激引起局部肠管痉挛性收缩，套入邻近肠管中；或饱食后剧烈运动(奔跑、跳跃、摔跤等)，因惯性作用使得充盈段肠管突入邻近空虚的肠管。

【症状】突然发生剧烈的腹痛，病犬高度不安，卧地打滚，用镇静剂也不能使之安静。病初排稀粪，常混有大量脱落的黏膜和血液，严重时可排出黑红色稀便；后期排粪停止，至发生肠管坏死时，病犬转为安静，腹痛似乎消失，但精神仍然委顿，出现虚脱症状。当小肠套叠时，常发生呕吐，触摸腹部，有时摸到套叠的肠管如香肠样，压迫该肠段，疼痛明显。如无并发症，体温一般正常，如继发肠炎、肠坏死或腹膜炎时，则体温升高。

图片：肠套叠症状图、治疗方法
动画：肠套叠的发生机理

【诊断】

1)症状诊断。根据呕吐、腹痛、血便及触诊的感觉可以初步诊断。

2)实验室诊断。X 射线检查及超声检查均有助于本病的确诊，必要时做剖腹检查。

【防治】

1)保守疗法。早发现、早诊断、早治疗；科学饲养管理；及时治疗肠炎等易引发本病的原发病。初期可试用温水或肥皂水深部灌肠，然后将其后肢抬高，同时用手按摩腹部，以促进肠管复位。有时用止痛药和麻醉药，也可以使初期肠套叠自然复位。对脱水的病例，要充分补液，有休克症状的可静注地塞米松。术后病犬感到手术部位不适，要注意看护，防止术部被撕咬，影响愈合。饮食方面，注意不要给骨头、肉及油水大的食物，要给一些易消化的流食。

2)手术疗法。保守疗法无效时应尽快进行手术整复，套叠部分肠管已坏死，应切除后做肠管吻合术。术后应特别注意抗菌消炎，减少肠管痉挛，以防套叠复发。

(5)腹膜炎。

【引导问题】请回答下列单项或多项选择题，并详细解析。

1)根据病因腹膜炎可分为(　　)。

A. 细菌性腹膜炎　　B. 非细菌性腹膜炎　C. 局限性腹膜炎　　D. 弥漫性腹膜炎

2)下列哪些因素易引发腹膜炎？(　　)

A. 消化道穿孔　　　B. 膀胱穿孔　　　　C. 生殖器穿孔　　　D. 腹壁穿透创

3)腹膜炎常见的主要症状有(　　)。

A. 腹痛　　　　　　B. 腹壁紧张性降低　C. 呕吐　　　　　　D. 体温升高

4)在腹膜炎治疗过程中下列具有制止渗出作用的药物是(　　)。

A. 氨苄青霉素　　　B. 葡萄糖酸钙　　　C. 654-2 注射液　　D. 碳酸氢钠注射液

【相关知识】

腹膜炎是由细菌感染或化学物质刺激所引起的腹膜的炎症。根据临床表现分为急性腹膜炎和继发性腹膜炎；根据病因分为细菌性腹膜炎和非细菌性腹膜炎；根据炎症的范围或程度又分为局限性腹膜炎和弥漫性腹膜炎。犬多为继发性腹膜炎。

图片：腹膜炎症状

【病因】

1)急性腹膜炎。主要继发于以下疾病：消化道穿孔，如消化道的异物、肠套叠、肠破裂及肠梗阻等，消化道内容物漏入腹腔，使腹膜受到刺激和感染；膀胱穿孔，主要发生于插入导尿管失误或尿道阻塞使膀胱破裂，尿液刺激腹膜；生殖器穿孔，常见于子宫蓄脓症及子宫捻转等；腹壁穿透创、腹部挫伤、腹部外科手术感染、脏器与腹膜粘连以及肿瘤破裂或腹膜内注入刺激性药物等。

2)慢性腹膜炎。多发生于腹腔脏器炎症的扩散，或急性腹膜炎的持续发展，逐步转为慢性弥漫性腹膜炎。

【症状】

1)急性腹膜炎。主要表现为剧烈的持续性腹痛，体温升高。犬呈弓背姿势，精神沉郁，食欲不振，反射性呕吐，呈胸式呼吸。触诊腹部紧张、蜷缩。压痛明显处有温热感。腹腔积液时，下腹部向两侧对称性膨大，叩诊呈水平浊音，浊音区上方呈鼓音。

2)慢性腹膜炎。常发生肠管粘连，阻碍肠蠕动，表现消化不良和腹痛。

【诊断】根据临床症状，结合腹腔穿刺，如穿刺液为渗出液可确诊。但要与肠变位、胃扭转、子宫蓄脓相区别。

【防治】治疗原则：抗菌消炎，制止渗出，纠正水盐代谢紊乱。

1)抗菌消炎。此为治疗腹膜炎的首要原则。腹膜炎常常是由多种病原菌引起的，所以临床上以应用广谱抗生素或多种抗生素联合使用效果较好，如氨苄青霉素、喹喏酮类药物、庆大霉素等肌注或静注。为消除腹膜炎的刺激症状，可腹腔注射 2.5 g/L 普鲁卡因溶液，或做肾脂肪囊及胸膜外交感神经干封闭。

2)制止渗出。可静注钙制剂，如氯化钙、葡萄糖酸钙等。

3)纠正电解质平衡。可静注复方氯化钠溶液、50 g/L 葡萄糖溶液或生理盐水等，同时可适当补充钾离子。对出现内中毒的病例，可选用地塞米松注射液、500 g/L 葡萄糖注射液、维生素 C、50 g/L 碳酸氢钠注射液等。

4)穿刺引流。渗出液蓄积过多、有明显的呼吸障碍时，可进行穿刺引流，但不要一次将液体都放掉。

5)中药疗法。槟榔 25 g，桑白皮 20 g，陈皮 10 g，茯苓 20 g，白术 20 g，葶苈子 25 g。用法：用水煎煮，至 50 mL，直肠深部灌入(2 mL/kg.BW)，1 次/d. 对渗出性腹膜炎引起的腹腔积液有良效。

(6)肝脏疾病。

1)肝炎。

【引导问题】请回答下列单项或多项选择题，并详细解析。

①根据病程肝炎可分为( )。

A. 细菌性肝炎　　　B. 病毒性肝炎　　　C. 急性肝炎　　　D. 慢性肝炎

②下列哪些因素易引发肝炎？( )

A. 腺病毒感染　　　B. 钩端螺旋体病　　　C. 巴贝斯虫病　　　D. 充血性心力衰竭

③肝炎常见的主要症状有( )。

A. 眼结膜黄染　　　　　　　　　　B. 粪便呈灰白色

C. 肝区触诊有疼痛反应　　　　　　D. 有出血倾向

④在肝炎的胆色素检查过程中，最常见的结果是（　　　）。

A. 直接胆红素升高　　　　　　　　　　B. 间接胆红素升高

C. 直接胆红素与间接胆红素均升高　　　D. 均不升高

【相关知识】

肝炎分为急性肝炎和慢性肝炎。急性肝炎是肝脏实质细胞的急性炎症，临床上常以黄疸、急性消化不良和神经症状为特征；慢性肝炎是由各种致病因素引起的肝脏慢性炎症性疾病。

【病因】急性肝炎的原因主要有传染性因素、中毒性因素及其他性因素。

图片：肝炎症
状、模式图
动画：犬猫肝腹
水的发生机理

①传染性因素。见于病毒、细菌及寄生虫感染，如腺病毒、疱疹病毒、细小病毒、结核杆菌、化脓性细菌、真菌、钩端螺旋体及巴贝斯虫病等，这些病原体侵入肝脏或其毒素作用于肝细胞而导致急性肝炎。

②中毒性因素。各种有毒物质和化学药品的中毒，如误食砷、汞、氯仿、鞣酸、黄曲霉毒素等，以及反复给予氯丙嗪、睾酮、氯噻嗪等，均可引起急性肝炎。

③其他因素。食物中蛋氨酸或胆碱成分缺乏时，可造成肝坏死；充血性心力衰竭、门静脉和肝脏淤血时，可因压迫肝实质而使肝细胞发生变性、坏死。

慢性肝炎多由急性肝炎转化而来；各种代谢性疾病、营养不良及内分泌障碍也可继发本病。

【症状】

①急性肝炎。精神沉郁、全身无力，初期消化功能紊乱，出现食欲减退，而后废绝，急剧消瘦；体温正常或稍高；眼结膜黄染，粪便呈灰白绿色、恶臭，不成形；肝区触诊有疼痛反应，腹壁紧张，于肋骨后缘可感知肝肿大，叩诊肝区浊音区扩大，病情严重时，表现肌肉震颤、痉挛、无力，感觉迟钝，昏睡或昏迷；肝细胞弥漫性坏死时，有出血倾向，血液凝固时间明显延长。

②慢性肝炎。精神沉郁、全身无力，呆滞，被毛焦枯，逐渐消瘦。腹泻，便秘，或腹泻与便秘交替发生，粪便色淡，偶有呕吐。有的出现轻度黄疸，触诊肝脏和脾脏中度肿大，有压痛。

【诊断】根据病史和临床症状，如黄疸、消化功能紊乱、粪色淡、肝肿大或肝区叩诊有疼痛反应，并参考肝功能和尿液检验结果，可诊断。

①传染性肝炎。有传染性，具有群发特点，并有特定的症状。

②中毒性肝炎。粪便恶臭，出血性腹泻，嗜中性粒细胞增加，核左移；胆汁严重淤滞，血清乳酸脱氢酶明显升高，谷丙转氨酶稍升高，血清胆固醇及游离脂肪酸升高，血清中磷脂质量，总蛋白及白蛋白降低。

③慢性肝炎。血清胶质反应阳性，碱性磷酸酶、谷丙转氨酶的活性均明显升高。溴酚酞磺酸钠试验滞留率阳性，凝血酶原时间明显延长。

【治疗】保肝利胆、控制感染、对症治疗、食饵疗法。

①氨苄青霉素 $10 \sim 40$ mg/kg.BW，生理盐水 100 mL。用法：混合一次静注。

②复合维生素 B_2 mL。用法：一次肌注。

③20%谷氨酰胺溶液，$5 \sim 20$ mL；鸟氨酸制剂，$0.5 \sim 2$ mL。用法：皮下注射。

④肝泰乐片，犬 0.1～0.2 g/次。用法：一次内服，每天 2 次或 3 次内服。

⑤硫酸镁 10 g。用法：常水 100 mL，一次内服。

2）脂肪肝。

【引导问题】请回答下列单项或多项选择题，并详细解析。

①脂肪肝是指（　　　）和（　　　）代谢紊乱引起的大量脂肪在肝脏内沉积的一种代谢性疾病。

　　A. 糖　　　　　　　　B. 脂肪　　　　　　　C. 蛋白质　　　　　　　D. 维生素

②下列哪些因素易引发脂肪肝？（　　　）

　　A. 摄入过量脂肪　　　　　　　　　　B. 胆碱缺乏

　　C. 突然减食或过度饥饿　　　　　　　D. 内分泌紊乱

③脂肪肝常见的主要症状有（　　　）。

　　A. 机体肥胖　　　　　　　　　　　　B. 长期消化不良

　　C. 体质虚弱　　　　　　　　　　　　D. 肝脏明显肿大，无压痛

④下列对脂肪肝诊断有意义的方法是（　　　）。

　　A. X 射线检查　　　　B. B 超检查　　　　C. 血液检查　　　　D. 肝区触诊

【相关知识】

脂肪肝是指糖和脂肪代谢紊乱引起的大量脂肪在肝脏内沉积的一种代谢性疾病。临床上常以皮下脂肪过度沉积、消化不良、易疲劳为特征。

【病因】机体摄入过量脂肪，引起脂肪组织过度蓄积；长期摄入高脂肪、高能量及低蛋白食物；胆碱缺乏；突然减食或过度饥饿等可引起本病；机体内分泌紊乱，尤其是垂体、肾上腺皮质激素以及胰岛素分泌不足，引起糖代谢紊乱，外周脂肪分解，导致脂肪向肝脏内沉积，发生脂肪肝。此外，四环素、糖皮质激素用量过大或时间过长，也可引起本病。

動畫：脂肪肝发生机理

【症状】机体肥胖，皮下脂肪增厚。长期消化不良，食欲减退，呕吐，腹胀。体质虚弱，易疲劳，稍微运动即可引起气喘、心跳加快。肝脏明显肿大，无压痛。机体抵抗力低下，极易发生感染。血液检查，多见血糖浓度升高，如继发糖尿病，则尿糖浓度升高。

【诊断】

①临床诊断。临床症状不典型，绝大多数脂肪肝病例体态肥胖，腹围较大。早期可见精神沉郁，嗜睡，全身无力，行动迟缓，食欲下降或突然废绝，体重减轻，脱水。体温略升高，尿颜色变暗变黄，并且常见间断性呕吐。发病后期可见黏膜、皮肤、内耳和齿龈黄染。在少数情况下，可出现神经症状。

②实验室诊断。X 射线检查可见肝脏形态正常或增大。超声检查显示肝普遍性增大，肝实质回声增强，呈弥漫性点状，肝脏内回声强度随深度而递减，肝内血管壁回声减弱或不清楚。结合血糖检查可得出诊断。

【防治】平时注意食物的搭配，防止机体过肥，可有效减少本病的发生。减少高脂肪、高糖食物的供给，提供高蛋白食物，但要限制食量，防止过胖。给予促进肝细胞内脂质分解或排泄的药物。

①硫丙酰甘氨酸，50 mg/d。用法：内服，3 次/d。

说明：蓄积脂肪的消除和肝的修复。

②氨基酸制剂，50～100 mL。用法：静注，1～3 次/d。

说明：血清谷丙转氨酶活性升高时使用。

③维生素 B₁，犬 10～25 mg，猫 5～15 mg。用法：肌注，1～3 次/d。

说明：血清乳酸酶活性升高和肝胆排泄障碍时，可使用利胆剂。

3)肝硬化。

【引导问题】请回答下列单项或多项选择题，并详细解析。

①肝硬化病程中因肝细胞(　　)，导致肝脏变硬。

A. 弥漫性变性　　　B. 坏死　　　　　C. 结缔组织增生　　D. 炎性渗出

②下列哪些因素易引发肝硬化？(　　　)

A. 长期采食霉变食物　　　　　　　　B. 犬传染性肝炎

C. 肝片吸虫病　　　　　　　　　　　D. 其他器官的炎症蔓延

③肝硬化早期常见的主要症状有(　　)。

A. 食欲不振　　　B. 消化不良　　　　C. 体质虚弱　　　D. 腹腔积液

④肝硬化血液检查常见的结果是(　　)。

A. 谷丙转氨酶活性升高　　　　　　　B. 谷草转氨酶活性升高

C. 白蛋白升高　　　　　　　　　　　D. 胆红素降低

【相关知识】

肝硬化是一种常见的慢性肝病，由一种或多种致病因素长期或反复损害肝脏所致。本病因肝细胞呈弥漫性变性、坏死、结缔组织增生，肝小叶结构被破坏和重建，导致肝脏变硬。

【病因】炎性增生见于中毒病(如砷、铜及长期采食霉变食物等)、传染病(如犬传染性肝炎、钩端螺旋体病)、寄生虫病(如肝片吸虫病、血吸虫病等)以及其他器官的炎症蔓延(如大叶性肺炎、坏疽性肺炎、胸膜炎等)。结节性肝脏肿瘤也可造成肝脏的硬变。

图片：肝硬化解剖图

【症状】早期主要表现为食欲不振，消化不良，长期便秘或腹泻，时有呕吐现象。逐渐消瘦，体质虚弱，倦怠、易疲劳，不喜运动。后期，可视黏膜黄染，腹腔积液，腹围明显增大，冲击有拍水音。严重病例，因肝功能衰竭而出现肝昏迷。腹部叩诊，早期可见肝浊音区扩大，后期则缩小。腹部触诊，在腹两侧肋弓下部可触及坚实的肝脏，并可见脾肿大。

【诊断】

①症状诊断。食欲不振，易疲劳；恶心、呕吐、消化不良或有腹泻。严重肝硬化时，有腹水，出血性素质，肝、脾肿大，低蛋白血症，门脉高压等现象。

②实验室诊断。血液检查，白蛋白减少，谷丙转氨酶、谷草转氨酶活性升高，凝血酶原活性降低。尿胆红素和尿蛋白阳性。超声检查，发现有腹水生成。

依据长期消化不良、消瘦、腹水、腹部触诊及血、尿检查可确诊。

【防治】防治原则：去除病因，积极治疗原发病，加强护理，喂给低蛋白、低脂肪的易消化食物。

①5%葡萄糖 500 mL，胰岛素 1 mg，ATP 40 mg，辅酶 A 100 IU，10%氯化钾 10 mL。用法：混合一次静注。

说明：促进肝细胞再生，提高血清蛋白水平。

②复合氨基酸 250～500 mL。用法：一次静注。

说明：促进肝细胞再生，提高血清蛋白水平。

③肌苷，100～150 mg；维生素 C，500～1 000 mg。用法：肌注，1～2 次/d。

说明：促进肝细胞再生，提高血清蛋白水平。

④泛酸，10～50 mg；巯丙酰甘氨酸，50～100 mg。用法：肌注，1～2 次/d。

说明：去除肝内脂肪。

⑤磺胺咪，1～3 g/d。用法：口服，分 3～4 次。

说明：抑菌、制酵。

(7)胰腺炎。

【引导问题】请回答下列单项或多项选择题，并详细解析。

1)胰腺炎的本质是（　　　）。

A. 感染性炎症　　　B. 化学损伤性炎症　C. 中毒　　　　　　D. 物理损伤

2)下列哪些因素易引发胰腺炎？（　　　）

A. 胆道蛔虫　　　　　　　　　　　B. 食入大量脂肪性食物

C. 车祸　　　　　　　　　　　　　D. 消瘦

3)急性胰腺炎常见的主要症状有（　　　）。

A. 突发腹部剧烈疼痛　　　　　　　B. 剧烈呕吐

C. 血清淀粉酶活性增强　　　　　　D. 血清脂肪酶活性增强

4)急性胰腺炎治疗的主要措施是（　　　）。

A. 禁食　　　　　B. 禁水　　　　　C. 抑制胰腺分泌　　D. 消除炎症

【相关知识】

　　胰腺炎的本质是由胰外分泌腺所分泌的消化酶对自身及周围组织进行
消化进而引发的胰腺的炎症变化。临床上分为急性胰腺炎和慢性胰腺炎。
急性胰腺炎主要发生于犬，以突发性腹部剧痛、休克和腹膜炎为特征。慢
性胰腺炎主要发生于猫，是指胰腺炎症的反复发作或持续性的炎症变化，
临床上以呕吐、腹痛、黄疸、脂肪痢及糖尿病为特征。

图片：胰腺炎
模式图、腹痛
症状图
动画：胰腺炎
发生机理

【病因】

　　1)急性胰腺炎。①胆总管梗阻：见于胆道蛔虫、胆结石、肿瘤压迫、
局部水肿、局部纤维化及黏液淤塞等。胆总管梗阻后，胆汁逆流入胰管并
激活胰蛋白酶原为胰蛋白酶，后者进入胰腺及其周围组织，引起自身消化。
②胰外分泌腺功能亢进：进食大量脂肪性食物，可产生明显食饵性高脂血症，改变胰腺细
胞内酶的含量，易诱发急性胰腺炎。③传染性疾病：如猫弓形虫病和猫传染性腹膜炎，犬
传染性肝炎、钩端螺旋体病等可损害肝脏诱发急性胰腺炎。④药物：如噻嗪类、门冬氨酸
酶和四环素等药物，胆碱酯酶抑制剂和胆碱能拮抗剂等，长期使用也可诱发胰腺炎。⑤其
他因素：车祸、高空摔落及外科手术导致胰腺创伤，可直接导致胰腺炎。

　　2)慢性胰腺炎。多由急性胰腺炎转化而来。胆囊、胆管、十二指肠等胰腺周围器官的
炎症蔓延，以及胰动脉硬化、血栓形成、胰石等也可引起。

【症状】

　　1)急性胰腺炎。临床特征为突发腹部剧烈疼痛、剧烈呕吐、昏迷或休克。病初厌食，
无精神，间有腹泻，粪中带血；后出现持续性顽固性呕吐，饮水和吃食后更加明显；生长
停滞，急剧消瘦；排粪量增加，粪便中含有大量脂肪和蛋白，严重时波及周围器官，形成
腹水。血清淀粉酶、脂肪酶活性增高。

　　2)慢性胰腺炎。腹痛反复发作，持续性呕吐。常见症状是不断地排出大量橘黄色或黏

色带酸臭味的粪便，粪中含有不消化食物。由于吸收不良或并发糖尿病，使动物表现贪食。慢性胰腺炎只偶见于家猫。

【诊断】临床诊断较困难，检验腹水中的淀粉酶较有意义。此外有显微镜检验粪便中含有未消化的肌纤维。现已有 cPL 犬胰腺炎快速检测试剂盒，检测犬胰腺脂肪酶水平。采集病料为病犬血清，10 min 可获得结果。如果样本斑点的颜色比参考颜色浓度更淡，犬类胰腺特异性脂肪酶水平为正常；如果样本斑点的颜色比参考颜色更深，犬类特异性脂肪酶水平为不正常，犬患有胰腺炎。

【防治】禁食、消炎。

1)禁食。在出现症状的 2～4 d 内应禁食，以防止食物刺激胰腺分泌。

2)维持营养。ATP 40 mg，辅酶 A 100 IU，维生素 B_6 2 mL，维生素 C 5 mL，50％葡萄糖注射液 20 mL，5％葡萄糖注射液 100 mL。用法：混合一次静注。

3)抑制胰腺分泌。硫酸阿托品 0.5 mg。用法：肌肉注射，3 次/d。

4)防止感染。氨苄西林钠 1 g，地塞米松 10 mg，0.9％氯化钠注射液 100 mL。用法：混合一次静注。

(8)华支睾吸虫。

【引导问题】请回答下列单项或多项选择题，并详细解析。

1)华支睾吸虫寄生于(　　)。

A. 肝脏　　　　　　　B. 胆囊　　　　　　C. 胆管　　　　　　D. 小肠

2)下列哪些行为易患华支睾吸虫病？(　　)

A. 生食鱼虾　　　　　B. 生食动物内脏　　C. 生食羊肉　　　　D. 采食变质动物肉

3)华支睾吸虫病常见的主要症状有(　　)。

A.下痢　　　　　　　B. 贫血　　　　　　C. 黄疸　　　　　　D. 水肿

4)下列可用于华支睾吸虫病驱虫治疗的药物是(　　)。

A. 吡喹酮　　　　　　B. 丙硫咪唑　　　　C. 六氯对二甲苯　　D. 溴米钠

【相关知识】

犬、猫华支睾吸虫病的病原体为华支睾吸虫，寄生于胆囊及胆管内。本病分布很广，有 24 个省市均已发现此病。

【诊断要点】

1)主要症状。在本病流行区，有以生鱼虾喂犬的习惯。初期患犬出现消化不良、下痢、消瘦、贫血、黄疸、水肿等临床症状，后期出现腹水，表现腹围增大，叩诊水平浊音，冲击触诊有震荡感。

图片：华支睾吸虫形态、吸虫虫卵

2)实验室检查。用水洗沉淀法或甲醛乙醚沉淀法进行粪便检验，发现虫卵即可确诊。

【防治】在流行地区，对犬进行全面检查和治疗。

1)吡喹酮 50～75 mg/kg.BW 。用法：一次口服。

2)六氯对二甲苯 50 mg/kg.BW 。用法：口服，1 次/d，连用 10 d。

3)丙硫咪唑 30 mg/kg.BW 。用法：口服，1 次/d，连用 12 d。

预防本病的主要措施是在疫区禁止以生的或未煮制的鱼虾喂养犬。

(9)猫传染性腹膜炎。

【引导问题】请回答下列单项或多项选择题，并详细解析。

1)猫传染性腹膜炎是猫的一种（　　）、（　　）传染病。

A. 急性　　　　　　B. 慢性　　　　　　C. 病毒性　　　　　　D. 细菌性

2)猫传染性腹膜炎的病原与下列哪些病毒抗原结构具有一定的相似性？（　　）

A. 猪传染性胃肠炎病毒　　　　　　　　B. 犬冠状病毒

C. 人冠状病毒　　　　　　　　　　　　D. 犬瘟热

3)猫传染性腹膜炎干性病例的主要侵害是（　　）。

A. 眼睛　　　　　　B. 中枢神经　　　　　　C. 肾　　　　　　D. 肝

4)确诊猫传染性腹膜炎的主要方法是（　　）。

A. 症状诊断　　　　　B. 流行病学调查　　　　C. 中和试验　　　　D. 免疫荧光试验

【相关知识】

　　猫传染性腹膜炎(FIP)是由猫传染性腹膜炎病毒(FIPV)引起的猫科动物的一种慢性进行性传染病，以腹膜炎、大量腹水聚积和致死率较高为特征。

　　【病原】FIPV 在分类上属冠状病毒科，冠状病毒属。核酸型为单股 RNA。病毒粒子呈多形性，大小为 90～100 nm，螺旋对称。有囊膜，囊膜表面有长 15～20 nm 的花瓣状纤突。FIPV 对乙醚等有机溶剂敏感，对外界环境抵抗力很差，室温下 1 d 失去活性，一般常用消毒剂可将其杀死。但对酚、低温和酸性环境抵抗力较强。病原学研究表明：FIPV 与猪传染性胃肠炎病毒(TGEV)、犬冠状病毒(CCV)和人冠状病毒 229E 株在致病性及抗原结构上均有不同程度的相似性。

图片：猫传染性腹膜炎凝冻样腹水、虹膜色素沉着过度

　　【流行特点】FIPV 可感染各种年龄的猫，但以 1～2 岁的猫及老龄猫(大于 11 岁)发病最多。不同品种、性别的猫对本病的易感性无明显差异，但纯种猫发病率高于一般家猫。该病呈地方流行性，首次发病的猫群发病率可达 25%，但从整体看，发病率较低。

　　本病可经消化道感染或经昆虫传播，猫的粪尿可排出病毒，也可经胎盘垂直传播。

　　【症状】该病的主要症状分为"湿性"(渗出性)和"干性"(非渗出性)两种。发病初期症状常不明显或不具特征性，表现为猫体重逐渐减轻、食欲减退或间歇性厌食、体况衰弱。随后，体温升高至 39.7～41.1 ℃，血液中白细胞数量增多。有些病猫可能出现温和的上呼吸道症状。持续 7～42 d 后，"湿性"病例腹水增多，可见腹部膨胀。母猫发病时，常可误认为是妊娠。腹部触诊，一般无痛感，但似有积液。病猫呼吸困难逐渐衰弱，并可能表现贫血症状，病程数天或数周，有些病猫则很快死亡。约 20% 的病猫还可见胸水及心包积液，从而导致部分病猫呼吸困难。某些"湿性"病例(尤其是晚期)可发生黄疸。

　　"干性"病例则主要侵害眼睛、中枢神经、肾和肝等组织器官，几乎不伴有腹水。眼部感染可见角膜水肿，角膜上有沉淀物，虹膜睫状体发炎，眼房液变红，眼前房内有纤维蛋白凝块，患病初期多见有火焰状网膜出血。中枢神经受损时表现为后躯运动障碍，行动失调，痉挛，背部感觉过敏；肝脏受害的病例，可能发生黄疸；肾受损害时，常能在腹壁触诊到肿大的肾脏，病猫出现进行性肾功能衰竭等症状。

　　【病理变化】"湿性"病例，病猫腹腔中积存大量液体，呈无色澄明或淡黄色，接触空气即发生凝固。腹膜混浊，覆有纤维蛋白样渗出物，肝、脾、肾等器官表面也见有纤维蛋白附着。肝表面还见有直径 1～3mm 的小坏死灶，切面可见坏死灶深入肝实质中。有的病例不伴有胸水增加。对于主要侵害眼、中枢神经系统等的病例，几乎见不到腹水增加的变化，剖检可见脑水肿；肾脏表面凹凸不平，有肉芽肿样变化；肝脏也见有坏死灶。

【诊断】根据流行特点、临床症状和病理变化可作出初步诊断。对于"干性"病例，由于常常缺乏必要的诊断依据，应结合实验室检查进行确诊。

1)渗出液检验。腹腔渗出液早期多呈无色澄明、淡黄液体，有黏性，含有纤维蛋白凝块，暴露空气中易发生凝固；比重一般较高(大于 1.017)，蛋白质含量较大(32～118 g/L)，并含有大量巨噬细胞、间皮细胞和嗜中性粒细胞。

2)血清学检验。常用的有中和试验、免疫荧光试验。

【治疗】尚无有效的特异性治疗药物。出现临床症状的猫一般预后不良。有人在疾病早期应用免疫抑制剂如皮质类固醇药物治疗取得了一定成效。

【预防】目前，国外已有疫苗供应，预防还应注重猫舍的环境卫生，消灭猫舍的吸血昆虫及啮齿类动物。对于污染的猫舍应用 0.2%甲醛或 0.5 g/L 洗必泰或其他消毒剂彻底消毒。

二、拓展阅读

学习党的二十大精神　　　　动物福利的核心是善待生命

●●●●● 作业单

学习情境 1	表现消化系统症状宠物病防治			
作业完成方式	以学习小组为单位，课余时间独立完成，在规定时间内提交作业。			
作业题 1	以流涎为主症宠物疾病的鉴别诊断要点。			
作业解答	请另附页。			
作业题 2	叙述出 5 种以流涎为主症宠物疾病的治疗原则与措施。			
作业解答	请另附页。			
作业题 3	案例介绍：德国牧羊犬 2 月龄，呕吐、腹痛、腹泻，脱水严重，喜饮冷水，粪便呈番茄汁样带血稀粪，腥臭难闻。 作业要求：根据病例的发病情况、症状及病变，提出初步诊断意见和确诊的方法，并按你的诊断结果提出治疗方案，给出该病的预防方法。			
作业解答	请另附页。			
作业评价	班级		第　　组	组长签字	
	学号		姓名		
	教师签字		教师评分		日期
	评语：				

●●●●● 学习反馈单

学习情境 1	表现消化系统症状宠物病防治
评价内容	评价方式及标准。
知识目标达成度	评价方式：学生自我评价。 评价标准：能说出表现消化系统症状宠物病的基本特征、发生发展规律、诊断与治疗方法。
技能目标达成度	评价方式：学生自我评价。 评价标准：会分析表现消化系统症状宠物病案例，对临床病例，能搜集症状、分析症状、建立诊断，确定防治方案。
素养目标达成度	评价方式：学生自我评价。 评价标准：能够关爱宠物，具有团结合作和严谨认真的意识，具有独立思考、爱岗敬业、安全工作的态度。
反馈及改进	
针对学习目标达成情况，提出改进建议和意见。	

学习情境 2

表现呼吸系统症状宠物病防治

●●●●● 学习任务单

学习情境 2	表现呼吸系统症状宠物病防治	学　时	14
布置任务			
学习目标	【知识目标】 1. 了解表现呼吸系统症状宠物病的基本特征。 2. 理解表现呼吸系统症状宠物病的发生、发展规律。 3. 掌握表现呼吸系统症状宠物病的诊断与防治方法。 【技能目标】 1. 能分析临床案例，获得临床诊治疾病的经验。 2. 对临床病例，能搜集症状、分析症状、建立诊断，确定防治方案。 【素养目标】 1. 通过宠物病基本特征的学习，激发学生关爱生命的使命感。 2. 通过案例分析，培养学生团结合作和严谨认真的意识。 3. 通过临床病例诊疗与分析，培养学生独立思考、爱岗敬业、安全工作的态度。		
任务描述	对临床实践中表现呼吸系统症状的患病宠物进行检查，分析症状，作出诊断，制定并实施治疗方案，提出预防措施。具体任务如下。 　1. 运用病史调查、临床症状检查、病理剖检等方法，搜集症状、资料，通过论证分析及类症鉴别等方法，建立初步诊断。 　2. 依据初步诊断结果，进行必要的实验室检验及特殊检查，并根据检验、检查结果，作出更确切的诊断。 　3. 对诊断出的疾病予以合理治疗，并提出预防措施。		
提供资料	1. 信息单。 2. 教材。 3. 相关网站。		
对学生 要求	1. 按任务资讯单内容，认真准备资讯问题。 2. 按各项工作任务的具体要求，认真设计及实施工作方案。 3. 以学习小组为单位，开展工作，提升团队协作能力。 4. 遵守工作场所的规章制度，注意个人防护与宠物安全。		

●●●●● 任务资讯单

学习情境 2	表现呼吸系统症状宠物病防治
资讯方式	阅读信息单及教材；进入本课程的精品课网站及相关网站，观看 PPT 课件、视频；到图书馆查询；向指导教师咨询。
资讯问题	1.1　呼吸系统的基本检查方法有哪些？ 1.2　常用镇咳、祛痰、平喘药有哪些？ 1.3　呼吸器官疾病的主要症状有哪些？各自的发生机理是什么？ 1.4　呼吸困难发生的原因有哪几个方面？ 1.5　犬、猫鼻炎、喉炎、扁桃体炎、气管支气管炎是如何发生的？诊断要点分别是什么？需分别采取哪些治疗措施？ 1.6　犬、猫感冒、支气管肺炎、异物性肺炎、胸膜炎、肺水肿是如何发生的？诊断要点分别是什么？需分别采取哪些治疗措施？ 1.7　犬瘟热是怎样发生的？犬瘟热的诊断要点有哪些？如何进行诊断？发生后应采取哪些预防和治疗措施？ 1.8　犬传染性肝炎的诊断要点有哪些？发生后应采取哪些防治措施？ 1.9　犬传染性喉头支气管炎、犬副流感病毒病、犬疱疹病毒病是怎样发生的？分别多发生于多少日龄的犬？诊断要点有哪些？ 1.10　犬、猫弓形体病分别是怎样发生的？主要症状是什么？如何进行预防和治疗？ 1.11　犬、猫表现为咳嗽、流鼻液但发热不明显的疾病有哪些？咳嗽、流鼻液伴有明显发热的疾病有哪些？分别归纳总结类症鉴别诊断。 1.12　犬、猫表现为呼吸困难，同时伴有重剧的全身症状的疾病有哪些？同时伴有黏膜和血液变化（发绀除外）的疾病有哪些？同时伴有心衰症状的疾病有哪些？分别归纳总结类症鉴别诊断。
资讯引导	1. 李玉冰，刘海．宠物疾病临床诊疗技术．北京：中国农业出版社，2017 2. 张磊，石冬梅．宠物内科病．北京：化学工业出版社，2016 3. 解秀梅．宠物传染病．北京：中国农业出版社，2021 4. 孙维平，王传锋．宠物寄生虫病．北京：中国农业出版社，2010 5. 李志．宠物疾病诊治．北京：中国农业出版社，2019 6. 韩博．犬猫疾病学，第 3 版．北京：中国农业大学出版社，2011 7. 周桂兰，高得仪，犬猫疾病实验室检验与诊断手册，第 2 版．北京：中国农业出版社，2015 8. 宠物疾病精品资源开放课： https：//www.xueyinonline.com/detail/232532809

●●●●● 案例单

学习情境 2	表现呼吸系统症状宠物病防治	案例训练学时	4
序号	案例内容	案例分析	
2.1	病史调查：杂种犬，3 月龄，雄性，体重 4 kg，买回 15 d，未打过疫苗，驱虫不详。主诉：最近几天偶尔咳嗽，类似干呕，但未见呕吐，无眼眵，少量清亮鼻液，在家里精神状态食欲尚好。 临床症状：患犬精神状态正常，皮肤弹性良好，可视黏膜苍白，喉镜检查咽部和喉部无异常，人工诱咳阳性。体温 38.5 ℃，心率 90 次/min，呼吸 28 次/min。 实验室检查：犬瘟热试纸阴性。粪便检查未见虫卵。血常规检查结果显示该犬嗜中性粒细胞偏高，红细胞及血红蛋白值均低于正常，X 射线正侧位检查未发现异常影像。 [任务]分析案例的病史、临床症状及实验室检查结果，建立初步诊断。给出本病的治疗原则与措施。	本案例的主要病史是咳嗽，流清鼻液，体温正常，人工诱咳阳性，提示咳嗽、流鼻液、发热不明显宠物疾病。对于 3 月龄幼犬，驱虫免疫不完全的情况下，首先考虑犬瘟热的可能性，经犬瘟热试纸检测结果为阴性。粪便检查可排除寄生虫导致的呼吸道疾病，结果未见虫卵。血常规结果显示机体存在炎症及贫血表现。X 射线检查结果提示病变部位在呼吸道。综合以上分析结果初步诊断为气管支气管炎伴有贫血。 治疗方案如下。 处方 1　抗菌消炎　阿莫西林克拉维酸钾（速诺 50 mg/片）。 用法：口服，2 次/d，1 片/次，连用 5～7 d。 处方 2　镇咳　果根素内服 4 mL。 用法：口服，2 次/d，连用 5～7 d。 处方 3　加强营养，改善贫血　科特壮（复方布他磷注射液）2 mL。 用法：皮下注射，2 次/d，连用 5～7 d。 说明：配合饲喂营养膏、全价犬粮，提高机体抗病力。	

	病史调查：泰迪犬，雄性，2月龄，体重0.89 kg。主诉该犬由外地经3 h汽车托运购入，发现犬精神不振，鼻头干燥，喘息明显，股内侧体温39.4 ℃。主人以为是运输过程中的应激反应，便没有在意，只是自行灌服小儿用头孢克肟1/2包，2次/d，3 d后，未见好转，咳嗽加重，且有脓性鼻液流出，遂来院诊治。
	临床检查：体温40.2 ℃、脉搏88次/min、呼吸83次/min。视诊可见该犬精神不振，咳喘明显；鼻流黏稠性分泌物，颜色略呈现铁锈色，其余无明显异常。听、叩诊肺部均有大面积浊音区，以双侧肺前、中叶最为明显。
2.2	实验室检查：血常规检查可见白细胞（WBC：28.68×10^9/L）升高；嗜中性粒细胞（NEU：19.67×10^9/L）升高；犬瘟热试纸检查呈阴性，其余无明显异常；X射线检查可见肺纹理增粗，肺野通透性降低，心脏轮廓模糊不可见，有大面积浊音区，侧位片显示尤为明显。
	[任务]分析案例的病史、临床症状及实验室检查结果，建立初步诊断。给出本病的治疗原则与措施。

本案例的主要病史是2月龄泰迪犬因长途运输后发生发热、咳喘、鼻流黏稠性分泌物，提示咳嗽、流鼻液且发热明显为主症宠物疾病。临床检查鼻流铁锈色黏稠性分泌物，叩诊肺部均有大面积浊音区，X射线检查可见有大面积高亮度密影。根据临床症状，结合实验室检查（白细胞总数和嗜中性粒细胞数升高，犬瘟热检查阴性），初步诊断为大叶性肺炎。

治疗方案如下。

处方1　镇痛、解热、抗炎　万贝宁（氟尼辛葡甲胺）注射液0.5 mL。

用法：肌肉注射，2次/d，连用3 d。

处方2　消除炎症　泰乐菌素5 mg/kg. BW。

用法：肌肉注射，2次/d。

处方3　消除炎症　速诺25 mg/kg. BW。

用法：口服，2次/d。

处方4　促进炎性产物排出　盐酸氨溴索2 mL（15 mg/2 mL）。

用法：混入30 mL生理盐水中，雾化15 min，2次/d，连用5 d。

处方5　促进炎性产物排出　盐酸氨溴索注射液4 mg/kg. BW。

用法：肌肉注射，2次/d。

按以上方案治疗3 d后，犬体温降至38.6 ℃，停止肌注万贝宁注射液；5 d后，鼻端分泌物减少，咳喘症状明显减轻。停止盐酸氨溴索雾化9 d后，犬精神、食欲正常，肺部听诊已无明显异常，已无咳嗽症状。改为仅口服速诺片，12 d后停止用药。15 d后回访，已完全康复。

●●●●● 工作任务单

学习情境 2	表现呼吸系统症状宠物病防治
项目 1	表现流鼻液、咳嗽且发热不明显宠物疾病防治

一杜宾犬因鼻孔流出大量红色脓样的鼻液，来宠物医院就诊。

任务 1　诊断

1. 临床诊断

【材料准备】听诊器、体温计、伊丽莎白圈、口笼等。

【工作过程】

(1)调查发病情况。通过询问、现场观察等，了解犬的发病时间、发病日龄、发病率、死亡率；了解病后的表现及用药情况；了解犬的免疫接种情况和驱虫情况。

[发病情况]主诉：该犬 2 岁，雄性。一月前发现该犬右侧鼻出血，已在别处治疗多次，使用多种抗生素(头孢曲松钠，拜有利等)，未见好转。

[发病情况分析]请分析发病情况调查结果，确定发病特点，初步判定疾病的类别。

(2)临床检查　对病犬进行一般检查及各系统的检查。重点对病犬的呼吸系统进行检查。

[临床症状]该犬精神沉郁，右侧鼻孔内流出大量红色脓样的鼻液，鼻液黏着的鼻面溃疡，色素丢失。其他检查未见明显异常。

[临床症状分析]请分析临床检查结果，确定主要症状，并结合发病情况分析，提出可疑疾病。论证分析可疑疾病，并通过鉴别诊断的方法，排除可能性小的疾病，建立诊断。

2. 实验室诊断

初步进行鼻分泌物细胞显微镜检测、X 射线检查、全血细胞计数(CBC)检查，结果如下。

(1)鼻分泌物细胞显微镜检测(观察 3 个视野)，见表 2-1。

表 2-1　鼻分泌物细胞显微镜检测

检测项目	1	2	3
红细胞(RBC)	－	＋＋	＋
白细胞(WBC)	＋＋	－	＋＋＋
脓细胞(Pustule Cell)	＋	＋＋＋＋	
其他细胞(Other Cell)	吞噬细胞		－
细菌(Bacteria)	＋		＋
真菌(Fungi)	－	－	0～2
其他(Other)	未见肿瘤细胞	－	－

(注：＋表示占镜检视野的 1/4；－ 表示镜检未见)

（2）X射线检查，见图2-1。

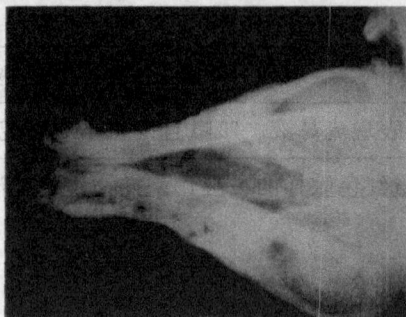

图2-1　患犬鼻部X射线片中显示右侧(上方)鼻甲处密度增高

（3）全血细胞计数（CBC）检查，见表2-2。

表2-2　全血细胞计数（CBC）检查

检查项目	数值	单位	参考值
白细胞 WBC	16.1	$\times 10^9/L$	6.00～17.00
叶状中性粒细胞	82	%	60～77
杆状中性粒细胞	4	%	0～3
淋巴细胞 LYM	6	%	12～30
单核细胞 MONO	—	%	3～10

（4）为进一步确诊，进行鼻分泌物真菌培养鉴定和鼻CT检查。

1）鼻分泌物真菌培养鉴定。采取鼻液4份，在北京大学第一医院做鼻分泌物真菌培养，其中1份培养出真菌。经北京大学第一医院鉴定为烟曲霉。再进一步对各种抗真菌进行药敏试验，对伊曲康唑、伏立康唑敏感。

2）鼻CT检查显示鼻甲骨被破坏，内有异常团块。

3. 建立诊断

依据病史、临床症状及实验室检查结果，本病例可诊断为何病？

任务2　治疗

你认为本病例的治疗原则与措施是什么？

任务3　预防

你认为本病例中疾病的预防措施有哪些？

（工作任务参考答案见附录）

项目2	表现流鼻液、咳嗽且发热明显宠物疾病防治

10月某犬主的4只巴吉度幼犬相继发生流鼻液、咳嗽，来宠物医院就诊。

任务1　诊断

1. 临床诊断

【材料准备】听诊器、体温计、伊丽莎白圈、口笼等。

【工作过程】

(1)调查发病情况。通过询问、现场观察等方法，了解患病宠物的发病时间、发病日龄、发病率、死亡率；了解发病后的表现及用药情况；了解宠物的免疫接种和驱虫情况；了解本场、本地及邻近地区是否发生过类似疾病，采取的控制措施及效果等。

[发病情况]主诉：幼犬 2 月龄，3 d 前发现有一只小狗流鼻液，其他 4 只幼犬相继发病。饮食欲和精神状态基本正常。四只幼犬均未接种疫苗。

[发病情况分析]请总结发病特点，并得出分析结论。

(2)临床检查。对病犬进行一般检查及各系统的检查。重点对病犬的呼吸系统进行检查。

[临床症状]4 只幼犬体重(4±0.2)kg，体温 39.7～40 ℃，心跳 120～160 次/min，呼吸数 40～60 次/min。肺部听诊，不同程度肺泡呼吸音增强，流浆液性或黏液性鼻液、咳嗽、气喘、眼眵多。

[临床症状分析]请分析临床检查结果，确定主要症状，并结合发病情况分析，提出可疑疾病。论证分析可疑疾病，并通过鉴别诊断的方法，排除可能性小的疾病，建立诊断。

2. 实验室诊断

近期来宠物医院的病例中，犬瘟热病例相对较多，因此，首先进行了犬瘟热的实验室诊断。

【材料准备】

器材：犬瘟热快速诊断试剂盒、注射器、抗凝管、血常规检测仪等。

【检查过程】

(1)血常规检验。

1)采血。用注射器对其中两只幼犬隐静脉(前肢头静脉也可)常规采血 1.5 mL，注入已加入 2～3 mg 乙二胺四乙酸二钠的抗凝管中，震荡混匀，血常规检测仪进行检测。

2)检测结果。其他指标正常，白细胞总数 $4.1×10^9$ 个/L，低于正常值。

(2)犬瘟热快速试剂盒诊断。金标记犬瘟热快速诊断试剂盒是目前临床常用的诊断犬瘟热的方法。对其中两只病犬进行试剂盒诊断。

1)采集病料。用棉签采集病犬的鼻液、眼屎、唾液或血液。病例中采取幼犬的眼屎。

2)检测方法。将采集病料的棉签和血液放入稀释液中 1 min，用小吸管将稀释液滴入加样孔 3～4 滴，任其自然扩散，5 min 内判定结果。

3)结果判定标准。C 线显色、T 线不显色为犬瘟热阴性；C 线显色、T 线显色为犬瘟热阳性；C 线不显色，无论 T 线是否显色需重新进行检验。

4)检验结果。两只幼犬试剂盒检验结果均为 C 线显色、T 线显色。

3. 建立诊断

依据病史、临床症状及实验室检查结果，本病例可诊断为何病？

任务 2　治疗

你认为本病例的治疗原则与措施是什么？

任务 3　预防

你认为本病例中疾病的预防措施有哪些？

(工作任务参考答案见附录)

必备知识

一、必备的专业知识和技能

（一）表现流鼻液、咳嗽且发热不明显宠物病防治

1. 表现流鼻液、咳嗽且发热不明显宠物病类症诊断

呼吸系统的主要症状有流鼻液、咳嗽、呼吸困难、结膜发绀及肺部听诊啰音等特征。流鼻液、咳嗽主要由上呼吸道和肺脏疾病引起。呼吸困难的原因主要有以下几个方面：上呼吸道狭窄性、肺源性、胸源性、腹源性、心源性、血源性、中枢性等。

表现流鼻液、咳嗽的宠物疾病类症诊断见图 2-2，表现呼吸困难的宠物病类症诊断见图 2-3。

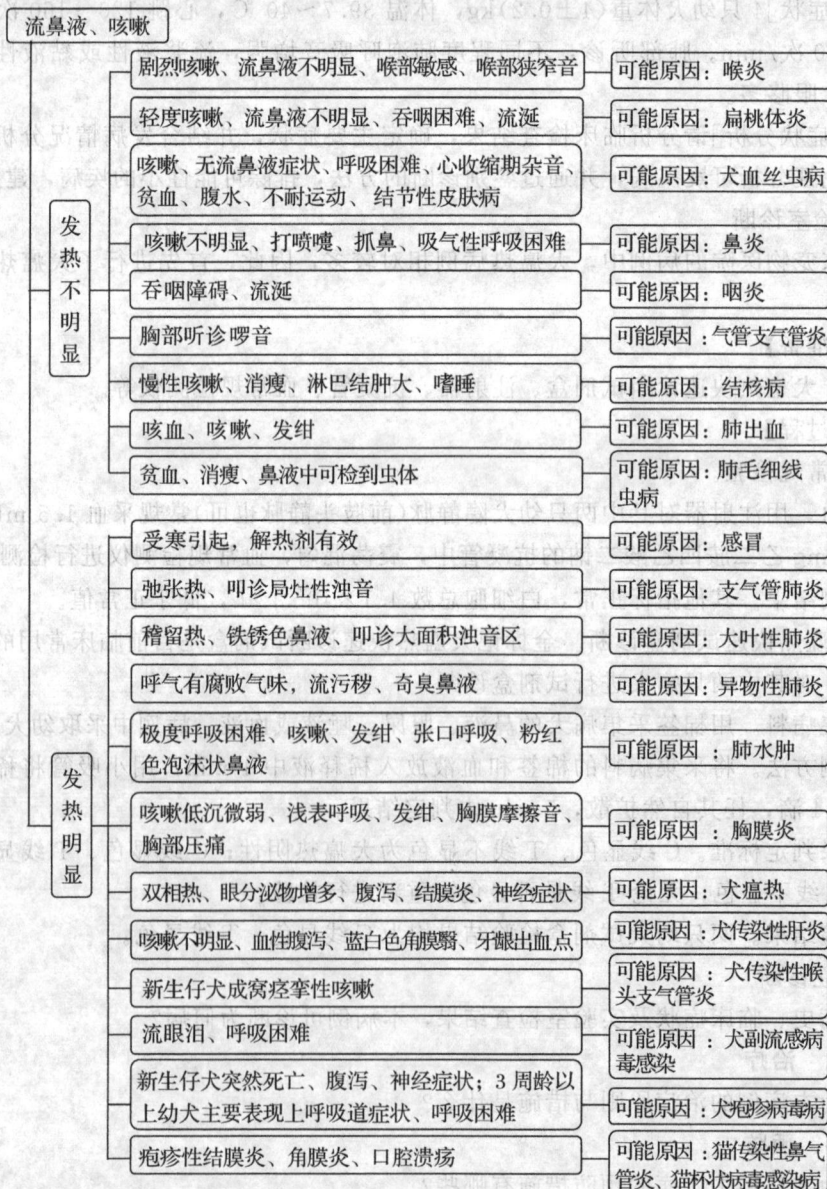

流鼻液、咳嗽		
发热不明显	剧烈咳嗽、流鼻液不明显、喉部敏感、喉部狭窄音	可能原因：喉炎
	轻度咳嗽、流鼻液不明显、吞咽困难、流涎	可能原因：扁桃体炎
	咳嗽、无流鼻液症状、呼吸困难、心收缩期杂音、贫血、腹水、不耐运动、结节性皮肤病	可能原因：犬血丝虫病
	咳嗽不明显、打喷嚏、抓鼻、吸气性呼吸困难	可能原因：鼻炎
	吞咽障碍、流涎	可能原因：咽炎
	胸部听诊啰音	可能原因：气管支气管炎
	慢性咳嗽、消瘦、淋巴结肿大、嗜睡	可能原因：结核病
	咳血、咳嗽、发绀	可能原因：肺出血
	贫血、消瘦、鼻液中可检到虫体	可能原因：肺毛细线虫病
发热明显	受寒引起，解热剂有效	可能原因：感冒
	弛张热、叩诊局灶性浊音	可能原因：支气管肺炎
	稽留热、铁锈色鼻液、叩诊大面积浊音区	可能原因：大叶性肺炎
	呼气有腐败气味，流污秽、奇臭鼻液	可能原因：异物性肺炎
	极度呼吸困难、咳嗽、发绀、张口呼吸、粉红色泡沫状鼻液	可能原因：肺水肿
	咳嗽低沉微弱、浅表呼吸、发绀、胸膜摩擦音、胸部压痛	可能原因：胸膜炎
	双相热、眼分泌物增多、腹泻、结膜炎、神经症状	可能原因：犬瘟热
	咳嗽不明显、血性腹泻、蓝白色角膜翳、牙龈出血点	可能原因：犬传染性肝炎
	新生仔犬成窝痉挛性咳嗽	可能原因：犬传染性喉头支气管炎
	流眼泪、呼吸困难	可能原因：犬副流感病毒感染
	新生仔犬突然死亡、腹泻、神经症状；3 周龄以上幼犬主要表现上呼吸道症状、呼吸困难	可能原因：犬疱疹病毒病
	疱疹性结膜炎、角膜炎、口腔溃疡	可能原因：猫传染性鼻气管炎、猫杯状病毒感染病

图 2-2 表现流鼻液、咳嗽的宠物病类症诊断

呼吸困难

- 肚腹膨大
  - 腹部有波动感、不耐运动、消瘦 → 腹水
  - 腹部叩诊鼓音或金属音 → 胃肠膨胀
  - 胸壁隆起、不耐运动、肺部鼓音 → 气胸
- 全身症状不明显，腹式呼吸 — 胸源性
  - 两侧胸廓运动，左右呼吸不对称的 → 胸部疼痛、肿胀、骨摩擦音 → 肋骨骨折
  - 胸廓运动左右呼吸对称
    - 断续性呼吸 → 胸膜炎初期
    - 单纯呼吸浅表、快速而用力 → 胸腔积液
- 全身症状明显，腹式呼吸
  - 胸源性
  - 肺源性
    - 呼吸节律异常（中枢性）
      - 神经症状明显 → 各种脑病
      - 全身症状重剧 → 体温异常升高、黏膜充血、瞳孔散大、痉挛、抽搐 → 中暑
    - 肺部症状明显
      - 伴有其他上呼吸道症状
        - 发病急、呕吐、腹痛、瞳孔缩小、流涎、肌肉震颤 → 有机磷中毒
        - 发病急、呕吐、口吐白沫、鼻孔流出泡沫状血色黏液、体温降低、共济失调、痉挛 → 安妥中毒
      - 肺炎或非炎性肺脏疾病 → 病程长、精神高度沉郁、呕吐、腹泻、体温降低、高酮血症、嗜睡、神经症状 → 尿毒症
  - 心源性
    - 伴有明显心衰体征
      - 微血管再充盈时间延迟、脉搏细弱，静脉怒张，皮下浮肿 → 心力衰竭
      - 发绀、虚脱、收缩期杂音、右侧2~3肋间震颤 → 法乐氏四联症
      - 不耐运动、心杂音、左前胸部震颤、红细胞增加 → 动脉导管未闭
      - 咳嗽、咳血、不耐运动、四肢浮肿、收缩期杂音、腹水 → 犬恶丝虫病
    - 伴有黏膜和血液颜色改变
      - 可视黏膜苍白 → 血色浅淡 → 贫血
      - 可视黏膜潮红 → 肌肉痉挛，瞳孔散大、病程短急 → 氰氢酸中毒或CO中毒
      - 可视黏膜发绀
        - 静脉血，抗凝，振荡后由暗变红 → 气喘
        - 静脉血暗褐色、不易凝固、急性病程、张口吐舌、体温下降 → 亚硝酸盐中毒

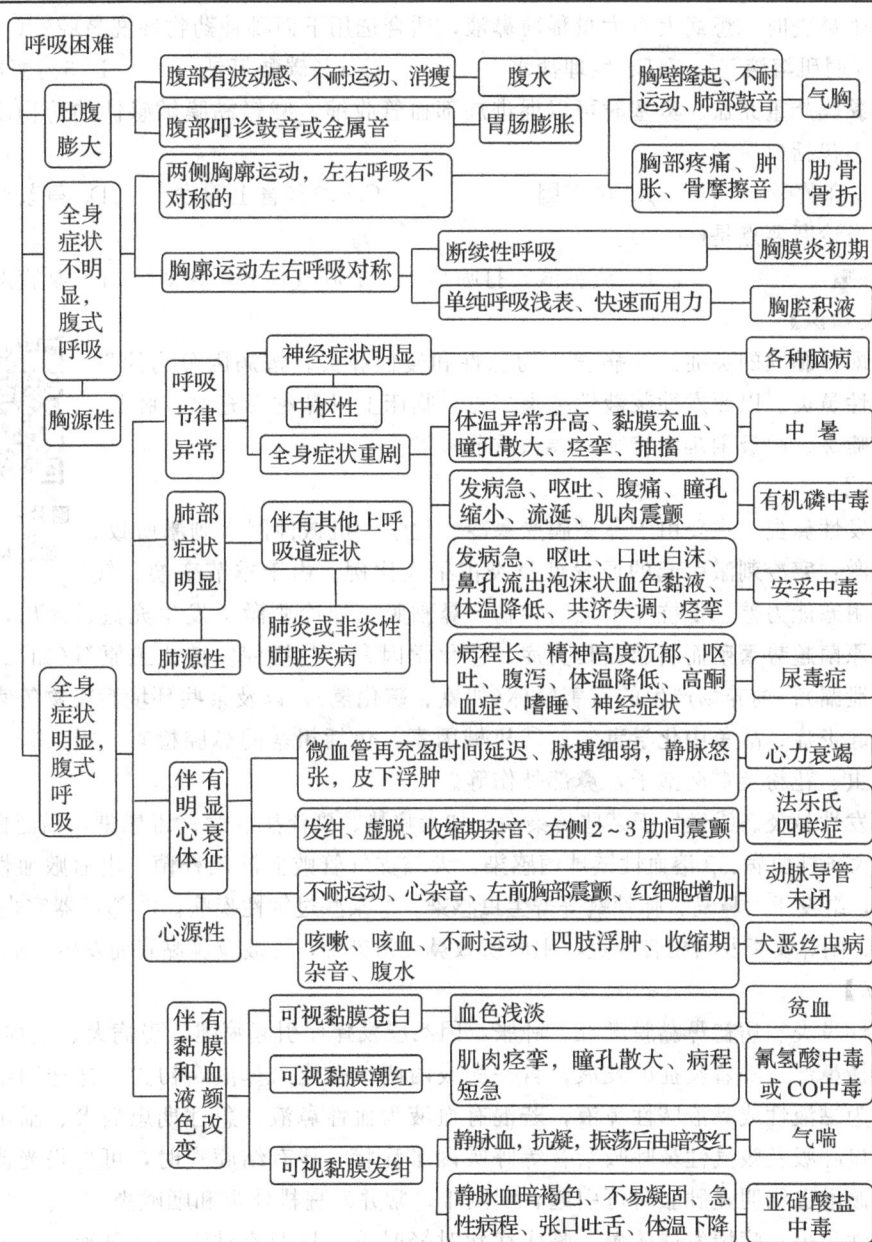

图 2-3　表现呼吸困难的宠物病类症诊断

2. 表现流鼻液、咳嗽且发热不明显宠物疾病

表现流鼻液、咳嗽且发热不明显宠物疾病中内科病主要有鼻炎、咽炎（见学习情境1）、喉炎、扁桃体炎、气管支气管炎；寄生虫病主要有肺丝虫病、犬恶丝虫病（见学习情境3）。

（1）鼻炎。

【引导问题】请回答下列单项或多项选择题，并详细解析。

1）鼻炎是指鼻腔黏膜炎症，临床表现不包括（　　）。

A. 鼻黏膜充血　　　　B. 流鼻液　　　　C. 高热　　　　D. 呼吸困难

2)发生鼻炎时，患病犬有大量稀薄鼻液，适合选用下面哪种药物冲洗鼻腔？（ ）

A.1％明矾溶液　　　　B. 生理盐水　　　　C.1％碳酸氢钠　　　　D.5％葡萄糖

3)鼻黏膜严重充血、鼻塞时可以促进局部血管收缩、减轻黏膜敏感性的药物滴鼻缓解症状，但不包括(　　)。

A.1％麻黄碱　　　　B. 可卡因　　　　C.0.1％肾上腺素　　　　D. 氨茶碱

4)鼻炎诊断要点是(　　)。

A. 咳嗽　　　　B. 流鼻液，打喷嚏　　　　C. 呼气性呼吸困难　　　　D. 黏膜发绀

【相关知识】

鼻炎即鼻黏膜的炎症。按病程分为急性和慢性鼻炎；按病因分为原发性和继发性鼻炎。以原发性浆液性鼻炎多见。临床上以鼻黏膜充血、肿胀、流鼻液、喷鼻、呼吸困难为特征，春秋季节多发。

图片：鼻炎流鼻涕、鼻腔冲洗

【病因】

1)原发性鼻炎。主要由于鼻黏膜受寒冷、化学、机械性因素刺激所致。①寒冷刺激：寒冷刺激引起的原发性鼻炎占很大比例。由于季节变换、气温骤降、耐寒能力差、抵抗力不强的动物，鼻黏膜在寒冷刺激下发生充血、渗出，鼻腔内条件性病原菌趁势繁殖而引起黏膜炎症。②化学因素：包括挥发性化工原料(如二氧化硫、氯化氢等泄漏)、饲养场产生的有害气体(如氨、硫化氢)，以及某些环境污染物等直接刺激鼻黏膜引起炎症；战争中化学毒气。③机械因素：包括粗暴的鼻腔检查，吸入粉尘、植物芒刺、昆虫、花粉及霉菌孢子，鼻部外伤等。

2)继发性鼻炎。①继发于某些传染病：如犬瘟热、副流感、腺病毒感染，猫泛白细胞减少症，猫大肠杆菌病、β-溶血性链球菌感染，犬猫支气管败血波氏杆菌、出血败血性巴氏杆菌感染等，继发于犬鼻螨、肺棘螨等寄生虫感染。②某些过敏性疾病。③邻近器官炎症蔓延：如咽喉炎、副鼻窦炎及齿槽骨膜炎、呕吐所致鼻腔污染等，可波及鼻黏膜而发生炎症。

【症状】

1)急性鼻炎。病初鼻黏膜潮红、肿胀，因黏膜发痒而引起喷嚏，患病犬、猫摇头后退，以前爪抓搔鼻部。随着炎症的发展，自一侧或两侧鼻孔流出鼻液，初为水样透明浆液性鼻液，后变为黏液性或黏液脓性鼻液，若混有血液为血性鼻液。急性期患病犬、猫出现呼吸迫促、张口呼吸及吸气性鼻呼吸杂音等呼吸困难症状。伴有结膜炎时，可见畏光流泪，有眼屎。下颌淋巴结明显肿胀时可引起吞咽困难，常并发扁桃体炎和咽喉炎。

2)慢性鼻炎。病情发展缓慢，临床症状时轻时重，长期流黏液脓性鼻液，鼻腔黏膜糜烂和溃疡。如伴有副鼻窦炎引起骨质坏死和组织崩解，鼻液有腐败气味并混有血丝。

【诊断】单纯鼻炎，可根据鼻黏膜充血、肿胀，流浆液至脓性鼻液，喷嚏，吸气性鼻呼吸杂音等症状和体温、脉搏等全身变化不明显确立诊断。但需首先排除可疑的传染病，并注意区别其原发性或继发性。

【治疗】

1)除去病因。将患病犬、猫移置温暖、通风良好的场所。

2)清洗鼻腔。鼻液黏稠时，可选用温热的生理盐水或1％碳酸氢钠溶液冲洗鼻腔；当有大量稀薄鼻液时，可先用1％明矾溶液、2％～3％硼酸溶液、0.1％高锰酸钾溶液、0.1％鞣酸溶液蒸气吸入或冲洗鼻腔。

3)局部给药。为消除局部炎症，可涂擦抗生素软膏，或鼻腔注入青霉素溶液（将 20～40 万 IU 青霉素溶于 5 mL 注射用水中）。鼻黏膜严重充血时，为促进局部血管收缩、减轻黏膜敏感性，可用 1% 麻黄碱滴鼻或用可卡因 0.1 g、0.1% 肾上腺素溶液 1 mL、蒸馏水 20 mL 混合滴鼻。

4)积极治疗原发病。①继发细菌感染可选用氨苄青霉素 20 mg/kg.BW 口服或肌注，2 次/d；亦可选用其他抗生素。②真菌感染时，首先清洗鼻腔，用 1% 复方碘甘油喷鼻，连用 10 d。③对特异性致病因素造成的鼻炎，口服或肌注地塞米松或口服扑尔敏 4～8 mg/次，或皮下注射去甲肾上腺素 0.15 mg/kg.BW，2 次/d。

（2）喉炎。

【引导问题】请回答下列单项或多项选择题，并详细解析。

1)喉炎的临床表现不包括（　　）。

A. 咳嗽　　　　　　　B. 喉部增温　　　　　C. 呼吸困难　　　　　D. 流鼻液

2)喉炎最明显症状是（　　）。

A. 呕吐　　　　　　　B. 咳嗽　　　　　　　C. 吞咽困难　　　　　D. 体温升高

3)下面哪些是可引起喉炎的病因？（　　）

A. 受寒感冒　　　　　B. 过度鸣叫　　　　　C. 扁桃体炎　　　　　D. 气管炎

4)喉炎的治疗原则包括（　　）。

A. 加强护理　　　　　B. 消除炎症　　　　　C. 祛痰止咳　　　　　D. 手术治疗

【相关知识】

喉炎是喉黏膜及黏膜下层组织的炎症。临床上以剧咳及喉部肿胀、升温和疼痛为特征。依病因和临床经过可分为原发性和继发性，急性与慢性。临床上则以急性卡他性喉炎为多见，且常与咽炎并发。

【病因】喉炎的病因与鼻炎相似。原发性喉炎主要因受寒感冒、化学、温热及机械的刺激所引起。继发性喉炎，常由邻近器官炎症蔓延所致。某些病毒性或细菌性传染病，如犬瘟热、流行性感冒、支原体病、犬腺病毒病等传染病经过中常并发喉炎。

图片：喉部解剖示意图、犬患喉炎喉部触诊敏感

【症状】咳嗽是本病的主要症状。初期，由于渗出物不多。发生干而痛性短咳，随着渗出物的增多，咳嗽声长而带湿性，疼痛也减轻。遇冷咳嗽加重，往往呈痉挛性咳嗽，咳嗽后常发生呕吐。喉部肿胀，头颈伸展，呈吸气性呼吸困难，严重者甚至引起窒息。喉部触诊，由于喉黏膜肿胀、敏感性增高，病犬疼痛、躲闪、摇头伸颈。喉部听诊，渗出物少而黏稠时，能听到干性啰音。渗出物稀薄时，能听到大水泡音。喉头严重肿胀而高度狭窄时，可听到喉头狭窄音。

轻症喉炎，全身症状一般无明显变化。重症喉炎，体温升高，脉搏增数，呼吸困难。继发性喉炎，另具原发病症状。慢性喉炎，长期钝咳、咳嗽音粗哑。喉部触诊稍敏感。鼻喉镜检查，可见黏膜肥厚肿胀，并呈颗粒状或结节状。

【诊断】原发性急性喉炎可根据咳嗽、喉部敏感性增高及听诊狭窄音或啰音，容易诊断。但须与急性支气管炎、咽炎相鉴别。急性支气管炎虽然亦伴有咳嗽，但胸部听诊有各种啰音，全身症状比较明显。咽炎病犬流涎，咽下障碍，饮水与食糜多由鼻孔逆出。

【治疗】治疗原则是加强护理、消除炎症、祛痰止咳。若有窒息危险时，应立即施行气

管切开。

1)加强护理。首先除去原发病因，将病犬置于温暖而通风良好的犬舍内，给予柔软而易消化的食物，多饮清水，以减少对喉黏膜的刺激。

2)消除炎症。为了促进炎症消散，加速渗出物的吸收，缓解疼痛，可用10%高渗盐水、硫酸镁溶液温敷喉部，2次/d；局部涂擦10%樟脑酒精、鱼石脂软膏等刺激剂。如炎症重剧时，可应用抗生素、磺胺制剂，亦可以向喉腔内滴入青霉素。

3)祛痰止咳。当频发咳嗽时，可用盐酸吗啡0.05 g，杏仁水、茴香水各20 mL，每次内服一食匙；或磷酸可待因溶液、0.5%硫酸阿托品溶液0.2~0.5 mL皮下注射。因阿托品与乙酰胆碱相拮抗，具有抑制副交感神经作用，通过对支气管平滑肌的解痉作用起到镇咳的功效。慢性喉炎时，可向喉腔内滴入收敛剂，如复方碘溶液以及1%明矾溶液等。

(3)扁桃体炎。

【引导问题】请回答下列单项或多项选择题，并详细解析。

1)下面哪些是扁桃体炎的症状？（　　　）

A. 咳嗽　　　　　　　B. 流涎　　　　　　C. 吞咽困难　　　　D. 呼吸困难

2)下面哪项不是引起扁桃体的可能病因？（　　　）

A. 病毒感染　　　　　B. 葡萄球菌感染　　C. 异物刺激　　　　D. 肺炎

3)下面哪项不是扁桃体炎的症状？（　　　）

A. 扁桃体红肿　　　　B. 咽部疼痛　　　　C. 吞咽困难　　　　D. 痉挛性咳嗽

4)扁桃体炎局部处理不包括（　　　）。

A. 可局部冷敷　　　　　　　　　　　　　B. 用0.1%高锰酸钾溶液冲洗咽腔

C. 热敷　　　　　　　　　　　　　　　　D. 涂擦复方碘甘油溶液

【相关知识】

扁桃体炎是扁桃体受感染或刺激而发生的炎症，可分为原发性和继发性、急性和慢性。慢性扁桃体炎多发生于短头犬种。

【病因】原发性扁桃体炎常因某些细菌(溶血性链球菌和葡萄球菌)、病毒(如犬传染性肝炎病毒)感染所致。物理或化学性刺激扁桃体窝，也可引起本病。邻近器官炎症的蔓延、慢性呕吐、幽门痉挛、支气管炎等，常可继发本病。

图片：扁桃体充血肿胀

【症状】

1)急性扁桃体炎。食欲不振、流涎、呕吐、吞咽困难，重症犬体温升高，颌下淋巴结肿胀，常有轻度的咳嗽。扁桃体潮红肿胀，表面有白色渗出物，有的可见坏死灶或形成溃疡。

2)慢性扁桃体炎。以反复发作为特征，隐窝上皮纤维组织增生，口径变窄或闭锁，扁桃体表面失去光泽，呈"泥样"。

【诊断】根据临床症状可作出初步诊断，开口拉出舌头可查明扁桃体肿胀及充血程度。犬的恶性淋巴瘤和鳞状细胞癌也可引起扁桃体肿大，应注意鉴别。

【治疗】

1)及时对因治疗。

2)抗菌消炎。可选用青霉素、氨苄青霉素、头孢类抗生素，肌注，2次/d。

3)局部处理。急性扁桃体炎初期，可在颈部冷敷。除去扁桃体黏膜上的渗出液，涂擦

复方碘甘油溶液。

4）支持疗法。对采食困难的犬、猫，静注 5％ 葡萄糖生理盐水溶液，肌注复合维生素B、维生素 C 等，每天 1 或 2 次。尽可能避免口腔投药以减少刺激。

5）手术疗法。对反复发作的慢性炎症，应在炎症缓和期手术摘除扁桃体。

（4）气管支气管炎。

【引导问题】请回答下列单项或多项选择题，并详细解析。

1）下列对细菌性气管支气管炎治疗无效的药物是（　　）。

　　A. 青霉素　　　　　B. 头孢氨苄　　　　　C. 链霉素　　　　　D. 两性霉素 B

2）下面哪项不是气管支气管炎的主要表现（　　）。

　　A. 咳嗽　　　　　B. 肺部叩诊破壶音　C. 呼吸困难　　D. 肺部听诊湿啰音

3）2 个月的泰迪因咳嗽前来就诊，需要做的检查哪一项不对？（　　）

　　A. 超声检查　　　　B. 血常规　　　　　C. X 射线检查　　　D. 犬瘟热抗原检查

4）患气管支气管炎的宠物，出现呼吸困难，宜选用（　　）方法治疗。

　　A. 静脉快速输液　　B. 气管插管　　　　C. 吸氧　　　　　D. 雾化吸入

5）过敏性气管支气管炎可采用特效药（　　）进行治疗。

　　A. 头孢氨苄　　　　B. 扑尔敏　　　　　C. 链霉素　　　　　D. 庆大霉素

【相关知识】

气管支气管炎是由于感染或物理、化学因素刺激所引起的气管、支气管的炎症，若蔓延至肺实质成为支气管肺炎。临床上以咳嗽、气喘、胸部听诊有啰音为特征。

图片：气管支气管示意图

【病因】

1）寒冷刺激、化学及机械因素的刺激（见"鼻炎"）。

2）生物性因素。可见于某些病毒性传染病（如犬瘟热，犬副流感病毒、猫鼻气管炎病毒感染）、细菌感染（肺炎双球菌、嗜血杆菌、链球菌、葡萄球菌等感染）、寄生虫感染（肺丝虫、蛔虫等感染）或由上呼吸道或肺部炎症蔓延所致。

3）其他因素。上呼吸道及肺部炎症的蔓延，心脏异常扩张，某些过敏性疾病（如花粉、粉尘等变应原所致的过敏）等。

【症状】

1）急性气管支气管炎。主要症状为剧烈咳嗽，病初为剧烈短而带痛的干咳，后转为湿咳，严重时为痉挛性咳嗽，在早晨尤为明显，人工诱咳阳性。随病程发展，两侧鼻孔流浆液性、黏液性乃至脓性鼻液。肺部听诊支气管呼吸音粗粝，发病 2～3 d 后可听到干、湿啰音。叩诊无明显变化。发病初期体温轻度升高。若炎症蔓延到细支气管（弥漫性支气管炎），则体温持续升高，脉搏增速，呼吸困难明显，并出现食欲减退、精神委顿等全身症状。

2）慢性气管支气管炎。在无并发症的情况下多无全身症状，且多数犬、猫表现肥胖。临床上多呈顽固咳嗽，可听到粗粝的、突然发作的痉挛性咳嗽，尤其在运动、采食、夜间和早晨更为严重。当支气管扩张时，咳嗽后有大量腐败鼻液外流，严重者呈现吸气性呼吸困难。

【诊断】

1）临床诊断。主要依据咳嗽的变化，肺部听诊有干、湿啰音，胸部叩诊无明显变化，可初步诊断。

2)实验室诊断。

①血液学检查。重症犬、猫白细胞总数增高，嗜中性粒细胞增加及核左移。病情缓解期可见单核细胞、淋巴细胞升高。若嗜酸性粒细胞增多，多见于寄生虫性或过敏性支气管炎。

②X 射线检查。无病灶性阴影，但有较粗纹理的支气管阴影。

③支气管镜检查。可见在支气管内有呈线状或充满管腔的黏液，黏膜粗糙增厚。

3)鉴别诊断。注意与鼻炎、喉炎、肺炎等的鉴别。

【治疗】治疗原则：除去病因，加强护理，清除炎症，祛痰止咳，抗过敏等。

1)除去病因。将患病犬、猫放在干燥、保温、通风、清洁的环境中，在过分干燥的圈舍内地面适当洒水，以提高空气湿度。

2)消除炎症。可用氨苄青霉素、新霉素、庆大霉素、头孢菌素或其他广谱抗生素。

3)祛痰、止咳、平喘。分泌物增多时，可用氯化铵 100 mg/kg. BW，口服，3 次/d。分泌物黏稠时，可用羧甲基半胱氨酸（化痰片）口服，急性病例，配合应用地塞米松，0.3 mg/kg. BW，肌注；也可用痰易净（乙酰半胱氨酸）喷雾，2~5 mL/次，2~3 次/d。气喘严重时肌注氨茶碱，每次 0.05~0.1 g/次，2 次/d。

4)抗过敏。对变态反应引起的气管及支气管炎，可肌注地塞米松 0.5 mg/kg. BW，1 次/d，连用 3~5 d；亦可用扑尔敏、苯海拉明等药物，抑制变态反应。

5)补液、强心。可用 5% 葡萄糖溶液或 5% 右旋糖酐生理盐水，10% 安钠咖注射液，适量静注。

(5)肺毛细线虫病。

【引导问题】请回答下列单项或多项选择题，并详细解析。

1)肺毛细线虫病寄生于犬的（　　　）。

A. 气管　　　　　　　B. 支气管　　　　　　C. 鼻腔　　　　　　D. 小肠

2)关于肺毛细线虫的生活史，阐述不正确的是（　　　）。

A. 肺毛细线虫发育不需中间宿主　　　B. 猫、犬为肺毛细线虫的终末宿主

C. 肺毛细线虫为间接发育　　　　　　D. 肺毛细线虫的卵可随粪便排出宿主体外

3)肺毛细线虫病可经（　　　）感染。

A. 消化道　　　　　　B. 呼吸道　　　　　　C. 泌尿道　　　　　　D. 蚊虫叮咬

4)肺毛细线虫病可选用的药物有（　　　）。

A. 左旋咪唑　　　　　B. 丙硫咪唑　　　　　C. 螺旋霉素　　　　　D. 磺胺嘧啶

【相关知识】

肺毛细线虫病是由肺毛细线虫寄生于犬的气管、支气管、鼻腔和额窦而引起的一种寄生虫病，临床上主要表现为鼻炎、气管炎和支气管炎，有时可出现鼻窦炎症状。

【病原】肺毛细线虫，呈黄白色，有横纹，雄虫长 1.5~2.5 cm，雄虫尾部有两尾翼，有一根纤细的交合刺。雌虫长 2~4 cm，阴门开口接近食道末端。虫卵呈腰鼓形，两端各有一卵塞，卵壳厚有明显的凹陷点，淡绿色，虫卵大小(59~74)μm×(32~36)μm。

图片：肺毛细线虫虫体、虫卵

【生活史】为直接发育，不需中间宿主。

1)终末宿主。狐狸、猫、犬，其他动物不易感染。

2)发育过程。肺毛细线虫在肺中发育成熟后产卵，卵随痰液上行到咽喉部，被咽下后经消化道，随粪便排出宿主体外。在外界适宜条件下，经 5～7 周发育为感染性虫卵。犬猫吞食感染性虫卵后，在小肠中孵出幼虫，幼虫钻入肠黏膜，进入肠系膜淋巴结，后经淋巴系统到心脏，随血液移行到肺，这段时间需 7～10 d。

3)发育时间。犬、猫吃入感染性虫卵到肺中发育为成虫约需 1 个月。

【流行特点】

1)感染途径。犬、猫可由于采食被感染性虫卵污染的食物和饮水经消化道感染。

2)虫卵抵抗力。虫卵卵壳较厚，对外界有较强的抵抗力。冬季冰点以下，感染性虫卵仍能生存。在潮湿的土壤中最多可存活 2 年。

【症状】犬、猫轻度感染不表现明显的临床症状，严重感染时，常引起鼻炎、慢性支气管炎、气管炎，病犬表现为流涕、咳嗽、呼吸困难、逐渐消瘦、贫血等。肺毛细线虫高度侵袭时，可引起气管炎或支气管肺炎。

【诊断】根据临床症状，结合鼻液、痰液、粪便检查发现虫卵或幼虫即可确诊。粪便检查采用漂浮法检查虫卵。

【治疗】因肺线虫的成虫一般可自然排出，所以轻者不治疗也可能恢复。对呼吸道及肺炎症状严重的患犬，配合应用抗生素治疗。驱虫可选用下列药物：

1)左旋咪唑 5～10 mg/kg.BW ，口服，1 次/d，连用 5 d。

2)甲苯咪唑 22 mg/kg.BW ，口服，1 次/d，连用 5 d。

3)丙硫咪唑 25～50 mg/kg.BW ，口服，1 次/d，连用 5 d。

(二)表现流鼻液、咳嗽且发热明显宠物病防治

1. 表现流鼻液、咳嗽且发热明显宠物病类症诊断

见图 2-2。

2. 表现流鼻液、咳嗽且发热明显宠物疾病

表现流鼻液、咳嗽且发热明显宠物疾病中内科病主要有感冒、支气管肺炎、异物性肺炎、胸膜炎；传染病主要有犬瘟热、犬传染性肝炎、犬传染性气管支气管炎、犬副流感病毒感染、犬疱疹病毒感染、猫传染性鼻气管炎、猫传染性腹膜炎(见学习情境 1)；寄生虫病主要有弓形体病。

(1)感冒。

【引导问题】请回答下列单项或多项选择题，并详细解析。

1)感冒的临床特征不包括(　　　)。

　　A. 体温突然升高　　　B. 打喷嚏　　　　　　C. 肺炎　　　　　　　D. 畏光流泪

2)下面不是感冒发生的病因是(　　　)。

　　A. 长途运输　　　　　B. 过度劳累　　　　　C. 营养不良　　　　　D. 天气炎热

3)下面不属于感冒初期症状的是(　　　)。

　　A. 鼻流浓稠鼻液　　　B. 畏光流泪　　　　　C. 体温升高　　　　　D. 结膜充血潮红

4)下列关于感冒治疗方面的论述错误的是(　　　)。

　　A. 为防止继发感染，可选用磺胺类药物

　　B. 解热镇痛剂无效

C. 治疗感冒时可适当配合维生素 C、地塞米松等

D. 控制病毒感染，可选用病毒唑、感冒冲剂等

【相关知识】

感冒是以上呼吸道黏膜炎症为主症的急性全身性疾病。临床特征是体温突然升高，打喷嚏、畏光流泪，伴发结膜炎和鼻炎。本病多发生在早春晚秋气候多变的季节，是呼吸器官的常发病，尤以幼龄犬、猫多发。

图片：犬感冒
流水样鼻液

【病因】

1)管理不当，突然遭受寒冷刺激是本病最常见的原因。如受贼风侵袭，潮湿阴冷，运动后被风吹、雨淋等。

2)长途运输，过度劳累，营养不良等，造成机体抵抗力下降，可促进本病的发生。

【症状】本病常在遭受寒冷作用后突然发病。精神沉郁，食欲减退或废绝；眼半闭，结膜充血潮红，轻度肿胀，畏光流泪，眼分泌物增多。体温升高，脉搏增数，呼吸加快，往往伴有咳嗽。初流水样鼻液，后变浓稠。鼻黏膜充血肿胀，发痒，患犬常用前肢抓鼻。严重时畏寒怕冷，拱腰颤栗。胸部听诊，肺泡呼吸音增强，心音增强，心跳加快。

【诊断】受寒冷作用后突然发病，呈现体温升高、咳嗽及流鼻液等上呼吸道轻度炎症症状。必要时进行治疗性诊断，应用解热剂迅速治愈，即可诊断为感冒。

【防治】治疗原则：解热镇痛、祛风散寒、防止继发感染。

解热镇痛可用托芬那酸注射液(痛立定)，每次剂量：犬猫 0.1 mL/kg. BW，皮下注射。

为防止继发感染，可适当配合应用抗生素或磺胺类药物。为控制病毒感染，可选用病毒唑、病毒灵及板蓝根冲剂、感冒冲剂等。可适当配合维生素 C、地塞米松等。

(2)支气管肺炎。

【引导问题】请回答下列单项或多项选择题，并详细解析。

1)支气管肺炎也称(   )。

A. 小叶性肺炎   B. 卡他性肺炎   C. 化脓性肺炎   D. 异物性肺炎

2)支气管肺炎可出现体温升高呈(   )型。

A. 双相热   B. 稽留热   C. 弛张热   D. 回归热

3)怀疑宠物患支气管肺炎，宜选用(   )进行确诊。

A. 超声检查   B. X 射线检查   C. 人工诱咳检查   D. 鼻液检查

4)下列对小叶性肺炎治疗哪项不正确？(   )

A. 吸氧   B. 雾化吸入

C. 祛痰止咳   D. 仅需用抗革兰氏阳性菌的抗生素

【相关知识】

支气管肺炎是支气管周围及个别小叶或几个肺小叶发生卡他性炎症，也称小叶性肺炎或卡他性肺炎。临床上以弛张热型，呼吸困难，叩诊有散在的局灶性浊音区，听诊有啰音和捻发音为特征。多见老龄及幼龄犬、猫，冬春秋季易发。

图片：支气管肺
炎 X 射线片
动画：犬支气管
肺炎的发病机理

【病因】受寒感冒是引起本病的主要原因。

1)物理性因素。如受凉、贼风侵袭、舍内潮湿、运动过度疲劳等引起本病，异物(如药物)、呕吐物或其他刺激性气体或液体的吸入致病。

2)生物性因素。由某些细菌、真菌、病毒、寄生虫和支原体感染所致。

3)其他因素。如一些化脓性疾病(子宫内膜炎、乳房炎、子宫蓄脓等),其病原可经血液途径入肺而致病;某些过敏原发生变态反应或异常的免疫反应等也可引起。

【症状】病初呈现支气管炎的症状,随着病情的发展,当多数肺泡群发生炎症时,则全身症状加重,体温升高呈弛张热型。机体衰弱,可能一时或很久不表现发热。脉搏增数,厌食,嗜睡。流鼻液,先为浆液性、后为黏液性或脓性。咳嗽,可视黏膜潮红或轻度发绀。呼吸增数,节律改变,以腹式呼吸为主。听诊:病初局部肺泡呼吸音增强,有湿啰音及捻发音。随病程发展,肺泡呼吸音减弱直至消失,消失区周围的肺泡呼吸音增强。肺泡呼吸音消失区叩诊出现浊音区。

【诊断】

1)临床诊断。根据病史调查和临床特征,体温升高呈弛张热型,咳嗽,叩诊呈局灶性或岛屿状浊音区,听诊有捻发音和啰音,可作出初步诊断。

2)实验室诊断。

①血液常规检查。白细胞总数升高,中性粒细胞增加,并伴有核左移现象,多见于细菌性肺炎。嗜酸性粒细胞增加,多见变态反应性肺炎以及寄生虫性肺炎。白细胞总数较少,伴有核右移,多提示预后不良。

②X 射线检查。是诊断肺部疾病的有效方法。通常取侧位和腹背位的两个方向拍摄。

③鉴别诊断。本病与支气管炎和大叶性肺炎有相似之处,应注意鉴别。

【治疗】

治疗原则:加强护理,抗菌消炎,祛痰止咳,制止渗出和促进渗出物吸收及对症治疗。

1)加强喂养管理。应将病犬、猫置于光线充足、空气清新、通风良好且温暖的环境中,给予营养丰富、易消化的流体食物和清洁的饮水。

2)抗菌消炎。肌注青霉素 2 万～3 万 IU/kg.BW、链霉素 10～25 mg/kg.BW，2 次/d;或肌注头孢拉啶,每次 0.5～1.0 g，2 次/d。也可选用甲硝唑注射液 10～100 mL 或盐酸四环素按 5～11 mg/kg.BW，1 次/d，静注。另外,还可选用庆大霉素、庆大—小诺霉素、丁胺卡那霉素等。如为久居空调房间导致的军团菌性肺炎,可以口服红霉素片,每次0.25～0.5 g，4 次/d。

3)祛痰止咳。可选用樟脑酊、吐根阿片散、复方甘草合剂、乙酰半胱氨酸等。对于刺激性咳嗽剧烈的犬、猫可肌注可待因,每次 5～10 mg，2～3 次/d。

4)制止渗出、促进渗出物吸收和排出。可用 5%葡萄糖酸钙溶液或 10%氯化钙溶液缓慢静脉滴注,每次 10～20 mL，1 次/d。可用利尿剂如速尿等,也可用 10%安钠咖溶液,10%水杨酸钠注射液和 40%乌洛托品溶液按 1：10：6 比例混合后适量静注。

5)对症疗法。体温升高时,可用解热药物,托芬那酸注射液(痛立定),每次剂量:犬猫 0.1 mL/kg.BW，皮下注射;出现气喘、紫绀等现象的缺氧犬猫,可使用人用便携式输氧袋,以鼻导管给氧。患病犬、猫一旦出现呼吸衰竭、肾功能衰竭等致病性并发症时,可施行安乐死。

(3)异物性肺炎。

【引导问题】请回答下列单项或多项选择题,并详细解析。

1)异物性肺炎的临床特征不包括( )。

A. 呼吸困难

B. 鼻流脓性恶臭的鼻液

C. 肺部出现明显啰音

D. 眼分泌物增多

2)异物性肺炎发生的最常见原因是( )。

A. 投药方法不当　　　B. 小叶性肺炎蔓延　　C. 中枢性疾病　　　D. 感冒

3)异物性肺炎实验室诊断可应用( )。

A. 痰液检查　　　　　B. CCD 试纸检查　　　C. 鼻液弹力纤维检查　D. 细菌培养

4)发现灌药不当时,宜采用( )。

A. 患犬站立,拍其背部,尽量将异物咳出

B. 患犬横卧,把后腿抬高,便于异物向外咳出

C. 患犬倒提,用力甩

D. 患犬横卧,拍打背部

【相关知识】

异物性肺炎是由于吸入异物到肺脏内而引起支气管和肺的炎症。临床上以呼吸困难、鼻流脓性恶臭的鼻液和肺部出现明显啰音为特征。

图片:异物性肺炎 X 射线片

【病因】投药方法不当是常见的病因。如灌药时太快,头位过高,犬、猫舌头伸出、咳嗽及鸣叫等,均可使犬、猫不能及时吞咽,将药物吸入呼吸道而发病。患有咽炎、咽麻痹、食道阻塞和伴有意识障碍的脑病的犬、猫,由于吞咽困难,容易发生吸入或误咽现象。或犬、猫因连续性呕吐也可将呕吐物吸入气管和肺脏,从而引起异物性肺炎。

【症状】如肺内灌入大量药液,动物瞬间即可死亡。异物进入肺内,最初是引起支气管和肺小叶的卡他性炎症,表现为呼吸急促,明显的腹式呼吸,体温升高至 40 ℃以上,精神沉郁,食欲下降或废绝,畏寒,心跳加快,脉搏快而弱,并出现湿性咳嗽。

随病理过程发展,发生肺坏疽,呼出带有腐败恶臭味的气体,鼻孔流出有奇臭的污秽鼻液,多以死亡转归。

肺部检查,触诊胸部疼痛明显,听诊有明显啰音。叩诊呈浊音,后期可能出现肺空洞而发出灶性鼓音。若空洞周围被致密组织包围,其中充满空气,叩诊呈金属音,如空洞与支气管相通则呈破壶音。

【诊断】根据病史和临床特征可作出初步诊断。X 射线检查,若见到透明的肺空洞及坏死灶的阴影即可确诊。发生肺坏疽时显微镜检查鼻液,可看到肺组织碎片、红细胞、白细胞、脂肪滴以及大量微生物等。如鼻液加 10％氢氧化钾溶液煮沸,离心获得的沉淀物,在显微镜下检查,可见到由肺组织分解出来的弹性纤维。

本病应与腐败性支气管炎相鉴别。

【治疗】治疗原则:本病应以缓解呼吸困难、排出异物、制止肺组织腐败分解、及时对症治疗为原则。

缓解呼吸困难应进行氧气吸入。排出异物时,让患犬、猫横卧,后腿抬高,有利于咳出异物。皮下注射毛果芸香碱注射液 0.5～1 mg/kg.BW,增加气管分泌,促使异物排出。为防止继发感染,可选用头孢菌素、氨苄青霉素、链霉素、大环内酯类、氟喹诺酮类等或磺胺类药物。

【预防】保持舍内清洁，空气新鲜，避免有刺激性的气体、污物对呼吸道的侵害，灌药时，要严格按操作规程进行，避免将药物灌到气管和肺内。同时，积极治疗可能引起本病的疾病。

(4)胸膜炎。

【引导问题】请回答下列单项或多项选择题，并详细解析。

1)下面哪一个不属于胸膜炎的症状？（　　）

A. 体温升高　　　　　B. 胸膜摩擦音　　　　　C. 胸部疼痛　　　　　D. 流铁锈色鼻液

2)胸膜炎有大量渗出液时，叩诊呈（　　）。

A. 水平浊音　　　　　B. 钢管音　　　　　C. 清音　　　　　D. 过清音

3)胸膜炎发生胸腔积液时，可穿刺抽出液体，关于穿刺排液操作叙述不正确的是（　　）。

A. 每次抽液量不宜过大，以免胸腔压力骤降而发生肺水肿和循环障碍

B. 化脓性胸膜炎，在穿刺抽液后，可用1%雷夫奴尔冲洗胸腔

C. 化脓性胸膜炎，在穿刺抽液冲洗后，可向胸腔中注入广谱抗生素

D. 胸腔穿刺排除积液不可重复操作

4)下列哪些是胸膜炎的症状？（　　）

A. 胸部疼痛　　　　　B. 咳嗽　　　　　C. 听诊有摩擦音　　　　　D. 穿刺液为漏出液

【相关知识】

胸膜炎是胸膜发生以纤维蛋白沉着和胸腔积聚大量炎性渗出物为特征的一种炎症性疾病。临床上以胸部疼痛、腹式呼吸，胸膜摩擦音，胸膜腔积液为特征。

图片：胸膜炎 X 射线片

【病因】

1)原发性胸膜炎。在犬、猫较少见，主要见于胸壁创伤或穿孔、肋骨或胸骨骨折、食道破裂、胸腔肿瘤等。剧烈运动、长途运输、外科手术及麻醉、寒冷侵袭及呼吸道病毒感染等应激因素可成为发病的诱因。

2)继发性胸膜炎。各种肺炎、肺脓肿、胸部食管穿孔、脓毒败血症等发病过程中，炎症蔓延或感染常可引起胸膜炎。某些传染病，如结核病、猫传染性腹膜炎、猫传染性鼻气管炎、犬传染性肝炎、钩端螺旋体病等经过中，也常继发胸膜炎。

胸膜炎的主要病原菌是巴氏杆菌、结核杆菌、化脓杆菌、霉形体和纤毛菌等。

【症状】精神沉郁，体温升高，可达40℃以上。呼吸浅表、频数，多呈断续性呼吸和明显的腹式呼吸，咳嗽短弱带痛。常取站立或犬坐姿势。发病初期，可听到胸膜摩擦音，以后随着液体的增多，胸膜摩擦音消失，出现胸腔拍水音，胸部叩诊呈水平浊音，其水平浊音可随患病体位变动而改变。浊音区内肺泡呼吸音减弱或消失，浊音区以上肺泡呼吸音增强。在恢复期，渗出液被吸收，又重新出现胸膜摩擦音。

当胸腔内积聚大量渗出液时，呈现呼吸困难，张口呼吸，胸前、胸下或腹下发生水肿。胸腔穿刺可流出多量黄色或红黄色易凝固的液体。出血性胸膜炎，穿刺液呈红色，内含多量红细胞。

慢性胸膜炎，多发生广泛的粘连，胸部叩诊出现浊音，听诊肺泡呼吸音减弱。全身症状往往不明显，仅出现呼吸促迫(尤以运动后明显)，或反复出现微热。

【诊断】根据腹式呼吸、胸部听诊有摩擦音、渗出液积聚时胸部叩诊呈水平浊音、超声

探查出液体平段、胸腔穿刺有多量渗出液，即可确诊。

血液检查，白细胞数增多，中性粒细胞百分比增高，核左移，淋巴细胞相对减少。X射线检查可发现积液阴影。

【治疗】治疗原则：消除炎症，制止渗出，促进渗出液吸收和防止自体中毒。

1）抗菌消炎。可参照肺炎的治疗用药。

2）镇痛。疼痛期可用杜冷丁肌注，必要时隔8～12 h重复1次。

3）制止渗出、促进渗出液吸收。可肌注强心剂（安钠咖）、利尿剂（速尿、双氢克尿噻），并用50％葡萄糖液20～60 mL、10％葡萄糖酸钙（犬5～20 mL，猫2～5 mL）、20％甘露醇1～2 g/kg.BW，静脉注射，1次/d。

4）激素疗法。为减少纤维蛋白的沉积，可肌注肾上腺皮质类药物，如地塞米松0.05～0.2 mg/kg.BW，1次/d，待症状缓解后逐渐减量停药。

5）穿刺排液。胸腔积液过多引起呼吸困难时，可进行胸腔穿刺以排除积液。必要时，可反复施行。如为化脓性胸膜炎，可采用套管针穿刺排液，排液后留针，再用静注针头于胸部侧上方刺入胸腔，注入0.1％雷夫奴尔、0.05％洗必泰等消毒液冲洗胸腔，至排出较透明的冲洗液后，再向胸腔内注入青霉素、链霉素等广谱抗生素。

（5）犬瘟热。

【引导问题】请回答下列单项或多项选择题，并详细解析。

1）引起犬瘟热的病原体为（　　）。

A. CDV　　　　　　B. CPV　　　　　　C. CHV　　　　　　D. CCV

2）下列哪项不是犬瘟热的传染途径？（　　）

A. 呼吸道感染　　　B. 消化道感染　　　C. 胎盘感染　　　D. 蚊虫叮咬

3）下列哪些是犬瘟热的症状？（　　）

A. 眼鼻分泌物增多　　B. 呼吸困难　　　C. 排柏油样便　　　D. 足掌皮肤过度增生

4）犬瘟热的治疗原则包括（　　）。

A. 抗病毒　　　　　B. 防止继发感染　　C. 对症治疗　　　D. 支持疗法

【相关知识】

犬瘟热是由犬瘟热病毒（CDV）引起的，可感染肉食兽中的犬科（尤其是幼犬）、鼬科以及一部分浣熊科动物，为高度接触性、致死性传染病，是危害犬及某些经济动物的重要传染病。临床特征：早期表现为双相热、急性鼻卡他，随后以支气管炎、卡他性肺炎、严重的胃肠炎和神经症状；少数病例出现鼻部和脚垫的高度角质化。

【病原】CDV属于副黏病毒科，麻疹病毒属，CDV与麻疹病毒和牛瘟病毒在抗原上密切相关，可引起交叉免疫保护。CDV对热敏感，在室温下可存活7～8 d，3％福尔马林、5％来苏儿、3％氢氧化钠溶液等具有良好消毒效果。

图片：犬瘟热患犬流鼻涕、硬脚掌、腹下脓疱、后肢麻痹

视频：犬瘟热神经症状、抽搐、后遗症

【流行特点】

1）传染源。病犬和带毒犬。病毒大量存在于鼻液、唾液、泪液中，血液、淋巴结、脑脊髓液、肝脏、脾脏、心包液、胸腹水中，可通过尿液长期排毒。

2）传播途径。主要通过病犬的眼、鼻分泌物和排泄物（尿液和粪便）经消化道感染以及

通过空气飞沫经呼吸道感染，另外还可经胎盘感染幼犬。

3）易感动物。在自然条件下，除犬以外，貂、狐、狼、熊、大熊猫等也可感染。不同年龄、性别和品种的犬均可感染。纯种犬、警犬比土种犬易感性高，且病情重，死亡率也高。未成年的幼犬最为易感。3～12月龄幼犬多发，死亡率可达80%～90%。

本病一年四季均可发生，但以冬春多发。

【症状】犬瘟热的潜伏期随病原来源的不同，长短差异较大。来源于同种动物的病原，潜伏期一般为3～6 d；来源于异种动物的病原，潜伏期可长达30～90 d。

1）双相热。多数病例初期体温变化呈双相热型，表现类似感冒。病初体温升高，咳嗽，眼、鼻有水样分泌物，1～2 d内转为黏液性、脓性。此后体温降至常温，此时病犬精神状态、食欲均恢复正常。经过2～3 d的无热期后，体温再度升高（温度可达40 ℃以上），并持续数周。体温再度升高后出现肺炎、肠炎、肾炎、膀胱炎和脑炎。

2）呼吸道症状。病犬出现黏液性、脓性鼻液，打喷嚏，咳嗽，病初有干咳，后转为湿咳。肺部听诊啰音和捻发音，出现严重的肺炎症状，明显腹式呼吸，呼吸急促。

3）消化道症状。病犬食欲不振、呕吐。呕吐物为食物、白色黏液或黄绿色黏液样物质。初期粪便正常或便秘，不久发生下痢，粪便中混有黏液或血液，有的排柏油样便；严重的发生肠套叠，最终以严重脱水和衰弱死亡。

4）神经症状。一般在感染后3～4周或全身症状好转后的10 d左右出现神经症状。经胎盘感染的幼犬可在4～6周龄时成窝发生神经症状。病初出现神经症状的病犬，多呈急性经过，病程短，死亡率高，常在2～3 d内死亡。咬肌群反复节律性痉挛为本病的常见症状。轻则口唇、眼睑局部抽动，重则空嚼、吐白沫。随病程发展，抽搐次数和抽搐时间都增加，出现转圈、冲撞等癫痫样发作，直至后躯摇摆、麻痹不能站立。多预后不良，留有不同程度的后遗症。

5）皮肤症状。在下腹部和腹内侧皮肤上出现米粒大小的红色丘疹或化脓性丘疹。少数病犬足掌皮肤过度增生、角化，形成"硬脚掌"。有的病犬出现鼻镜干燥，甚至龟裂。

6）其他症状。主要有牙齿损伤、眼睛损伤及嗅觉损伤，母犬感染发生流产、死胎和仔犬成活率低。

【病理变化】CDV为泛嗜性病毒，对上皮细胞有特殊的亲和力，因此病变分布非常广泛。新生幼犬感染CDV通常表现为胸腺萎缩。成年犬多表现为结膜炎、鼻炎、支气管肺炎和卡他性肠炎，肺组织出血，胃黏膜和小肠前段出血，有的病犬脾脏和膀胱黏膜出血，中枢神经系统的病变包括脑膜充血、出血。在各器官的上皮细胞、网状细胞、白细胞、神经胶质细胞和神经元等的胞浆内发现嗜酸性包涵体。

【诊断】

1）临床诊断。根据临床症状、病理变化和流行特点资料，可作出初步诊断，确诊需通过实验室诊断。

2）实验室诊断。

①血常规检验。白细胞数量减少，可减少到4×10^9 个/L[正常值(6.8～11.8)$\times 10^9$ 个/L]，若继发细菌感染可出现白细胞数量增多现象。

②目前，应用最多的是胶体金标记快速诊断试剂盒。

采集病料：用棉签采集犬眼、鼻分泌物，唾液，尿液，血液，放到专用的稀释液中。

加样：用小吸管将稀释后的病料滴加到诊断试剂盒的检测孔中，任其自然扩散，3~5 min 判定结果。

结果判定：C 线显色、T 线不显色为阴性；C 线显色、T 线显色为阳性；C 线不显色，无论 T 线是否显色需重做。

③包涵体检查。生前可刮取鼻、舌、瞬膜和阴道黏膜等，死后则刮膀胱、肾盂、胆囊或胆管等黏膜，做成涂片，苏木素和伊红染色，镜检。包涵体呈红色，见于胞浆内，大小为 $1~2\mu m$，圆形或椭圆形，边缘清晰。也可直接采血涂片，姬姆萨染色，在白细胞中可检出同样的包涵体。

④血清学诊断。酶联免疫吸附试验具有灵敏度和特异性高的优点，已用于临床诊断。其他还有荧光抗体法、补体结合试验等。

【治疗】治疗原则：抗病毒、控制细菌继发感染、对症治疗和支持疗法。

1)抗病毒。病犬及早大剂量应用犬瘟热高免血清，一般用 $1~2$ mL/kg.BW，连用 3~4 d。配合应用抗病毒注射剂或口服液，如病毒唑、病毒灵以及犬瘟灵、板蓝根、大青叶、鱼腥草、清开灵等，也可应用干扰素、丙种球蛋白或转移因子。

2)控制细菌继发感染。犬感染 CDV 后，常继发细菌感染。因此，发病后配合使用抗生素及磺胺类药物进行抗菌消炎。病初应用糖皮质激素(如地塞米松、氢化可的松等)，具有抗过敏、抗炎和解热作用，可缓解病情，但不可长期使用。

3)对症治疗。采取强心、补液、解毒、退热、收敛、镇痛等措施，具有一定的治疗作用。对早期出现消化道症状如呕吐、腹泻、脱水的病犬，要注意补液。对呕吐、腹泻者可用阿托品、爱茂尔、维生素 B_6，严重呕吐者可用氯丙嗪进行解痉止呕。对有出血者可用止血敏、止血芳酸、维生素 C 等进行治疗。对发热的病犬，可给予双黄连、清开灵、柴胡等。对肺功能差和呼吸困难的病犬，应减少输液量以防止医源性水肿，应给予平喘、镇咳药物，如氨茶碱、安定等。

4)支持疗法。加强饲养管理和注意饮食，补充 ATP、辅酶 A、肌苷、多种氨基酸等。同时，可静脉输注犬血白蛋白，以增加营养。

【防治】犬瘟热是目前危害养犬业的主要疫病之一。一旦发生犬瘟热，为防止疫病蔓延，必须迅速将病犬隔离，用火碱、漂白粉或来苏儿彻底消毒。对尚未发病的假定健康动物和受威胁的其他动物，可考虑用犬瘟热高免血清或小儿麻疹疫苗做紧急预防注射，待疫情稳定后，再注射犬瘟热疫苗。

平时严格执行兽医卫生防疫措施，坚持进行免疫注射，犬瘟热是可以预防的。目前，国内广泛使用的除国产联苗外，还有美国、荷兰等国生产的疫苗，可按厂家说明书使用。一般母源抗体不明的幼犬初免为 6~8 周龄，每次间隔 3 周，加强免疫 2 次，以后每半年加强免疫 1 次。在疫区，对刚断奶的易感犬，先注射 2~3 人份的人用麻疹弱毒冻干苗，半个月后再以 2~3 周的间隔注射 2~3 次犬瘟热弱毒苗，可获得较好的免疫效果。

(6)犬传染性肝炎。

【引导问题】请回答下列单项或多项选择题，并详细解析。

1)初生犬及 1 岁内的犬发生犬传染性肝炎时多为(　　　)。

A. 最急性型　　　　B. 急性型　　　　C. 慢性型　　　　D. 亚临床型

2)传染性肝炎病犬在康复期可能出现的眼部病变是( )。

A. 结膜炎 　　　　B. 角膜炎 　　　　C. 全眼球炎 　　　　D. 眼部肿胀

3)引起犬传染性肝炎的病毒属于腺病毒( )。

A. Ⅰ型 　　　　B. Ⅱ型 　　　　C. Ⅲ型 　　　　D. Ⅳ型

4)关于犬传染性肝炎的说法不正确的是( )。

A. 犬传染性肝炎又称"蓝眼病"

B. 犬传染性肝炎出现肝炎症状的犬,可使用肝泰乐帮助肝脏解毒

C. 犬患传染性肝炎出现角膜混浊,多可自然恢复

D. 犬传染性肝炎病毒与犬瘟热病毒两者在免疫上可交叉保护

【相关知识】

犬传染性肝炎(ICH)是由传染性肝炎病毒即犬腺病毒Ⅰ型(CAV-Ⅰ)引起的一种急性、高度接触性败血性传染病,俗称为犬"蓝眼病"。临床上以"马鞍形"高热、肝脏损伤、角膜混浊、严重血凝不良、贫血、黄疸为特征。犬主要表现肝炎和眼睛疾患。

图片:犬传染性肝炎患犬眼部出现蓝白色角膜翳

【病原】犬传染性肝炎病毒(ICHV)为犬腺病毒Ⅰ型(CAV-Ⅰ),在分类上属腺病毒科,哺乳动物腺病毒属。犬腺病毒Ⅱ型(CAV-Ⅱ)主要引起犬科动物传染性喉气管炎。CAV-Ⅰ与CAV-Ⅱ两者具有70%的基因亲缘关系,在免疫上能交叉保护。

CAV-Ⅰ病毒抵抗力相当强。病犬肝、血清和尿液中的病毒,冻干后能长期存活;对乙醚、氯仿有抵抗力;在室温下能抵抗95%的酒精达24 h。如果注射器和针头仅依赖酒精消毒,仍有可能传播本病。氢氧化钠可用于消毒。

犬传染性肝炎病毒能凝集人"O"型、豚鼠和鸡的红细胞,不凝集大鼠、小鼠、猪、犬、羊、马、牛、兔的红细胞。利用这种特性可进行血凝抑制试验。

【流行特点】

1)传染源。病犬和康复犬。康复犬尿中排毒可达6～9个月,是造成其他犬感染的重要疫源。

2)传播途径。主要是易感动物通过直接接触病犬的唾液、呼吸道分泌物、尿、粪,以及接触被污染的用具,经消化道传染;也可发生胎内感染造成新生幼犬死亡。

3)易感动物。犬和狐狸对本病的易感性最高,山狗、狼、熊等也有感染的报道。不分季节、性别和品种。虽然各种年龄的犬都有发生,但以1岁以下的幼犬常见,刚断奶的仔犬最易发病,其死亡率高达25%～40%。成年犬一般呈隐性感染。此病毒与人的病毒性肝炎无关。本病也可感染人,但不引起临床症状。

【症状】自然感染潜伏期6～9 d,大约在两周内恢复或死亡。根据临床症状和经过本病可分为四种病型。

1)最急性型。多见于初生仔犬至1岁的幼犬。病犬突然出现严重腹痛、体温明显升高,有时呕血或血性腹泻,发病后12～24 h内死亡。如耐过48 h,多能康复。

2)急性型(重症型)。此型病犬呈现本病的典型症状,多能耐过而康复。病初似急性感冒,食欲废绝,渴欲增加,流水样鼻汁,畏光流泪,但无咳嗽症状。体温升高(39.4～41.1 ℃)持续1～2 d,然后降至接近常温,持续1 d,体温第二次升高,体温变化呈"马鞍形"

的双相热型。随后呕吐、腹泻，大多数病例表现为剑状软骨部位的腹痛；血性腹泻是本病的主要症状。齿龈上有出血点或出血斑是本病重要症状。很多患病犬腹部膨大。胸腹腔穿刺可排出多量清亮、淡红色液体。扁桃体和全身淋巴结急性发炎并肿大，心搏动增强，呼吸加快，很多病例出现蛋白尿。也有的出现步态跟跄、过敏等神经症状。黄染较轻。病犬血凝时间延长，如有出血，往往流血不止。此类病例往往预后不良。

恢复期的病犬最常见单侧性角膜炎和角膜水肿，甚至呈现蓝白色或角膜翳，有人称之为"蓝眼病"。在1～2 d内可迅速出现混浊，持续2～8 d后逐渐恢复。也有严重者由于角膜损伤造成犬永久视力障碍。病犬重症期持续4～14 d后，大多在2周内很快治愈或死亡。成年犬多能耐过，产生坚强的免疫力。

3)亚急性型（轻症型）。症状较轻微，咽炎和喉炎可致扁桃体肿大；颈淋巴结发炎可致头颈部水肿。可见患犬食欲不振，精神沉郁，水样鼻汁及流泪，体温约39.0 ℃。有的病犬狂躁不安，边叫边跑，可持续2～3 d。

4)不明显型（无症状型）。无临床症状，但血清中有特异抗体。

【病理变化】肝脏不肿大或仅中度肿大，呈淡棕色至红色，表面呈颗粒状，小叶界限明显，易碎。约有半数病例脾脏表现轻度充血性肿胀。常见皮下水肿；在实质器官、浆膜、黏膜内充满清亮、浅红色液体，暴露空气后常可凝固。肠管表面上有纤维蛋白渗出物覆盖。胆囊壁水肿增厚，水肿出血，整个胆囊呈黑红色，胆囊浆膜被覆纤维素性渗出物，胆囊的变化具有诊断意义。肠系膜淋巴结肿大，充血。肾出血，皮质区坏死。中脑和脑干后部可见出血，常呈两侧对称性。

组织学检查，肝细胞及窦状隙内皮细胞核内，有包涵体，且一个核内只有一个，有包涵体的核核膜肥厚、浓染，包涵体和核膜之间存有狭小的轮状透明带。

【诊断】犬传染性肝炎早期症状与犬瘟热等疾病相似，因此，根据流行特点、临床症状和病理变化仅可作出初步诊断。确诊还需进行实验室检查。

1)血常规检查。发病早期白细胞减少，包括淋巴细胞减少和中性粒细胞减少，随后无并发症的康复犬可发生中性粒细胞减少和淋巴细胞增多。在病毒感染期间可见弥散性血管内凝血，血小板数量明显减少。

2)肝功生化检查。当肝实质广泛损伤时，血液中的谷丙转氨酶（ALT）、谷草转氨酶（AST）、碱性磷酸酶（ALP）、乳酸脱氢酶（LDH）及其同工酶（LDH5）等肝性血清酶活性依肝细胞的损害程度而相应增高。

3)尿常规检查。呈现胆红素尿及蛋白尿。

4)特异性诊断。必须进行病毒分离鉴定和血清学诊断（血凝和血凝抑制试验、荧光抗体技术、ELISA等）。

【治疗】无特效药物，主要采取对症治疗和加强饲养管理等综合性措施。

1)发现病犬立即隔离饲养和护理，消杀已污染的环境和用具等。在病初发热期，可大量注射犬传染性肝炎病毒的高免血清，但对特急性病例无效。

2)对贫血严重的犬，可输全血，17 mL/kg.BW，间隔2 d，连续输血3次。

3)为防止继发感染，应用抗生素等抗菌药物防止继发感染以及配合使用大青叶、板蓝根、抗毒灵、维生素 B_{12} 和维生素 C 等制剂。

4)出现角膜混浊，多可自然恢复。若病变发展使前眼房出血时，用3%～5%碘制剂

（碘化钾、碘化钠）、水杨酸制剂和钙制剂以 3∶3∶1 的比例混合静注，每天 1 次，每次 5～10 mL，3～7 d 为 1 个疗程。或肌注水杨酸钠，并配合使用抗生素滴眼液。注意防止紫外线刺激，不能使用糖皮质激素，否则可造成角膜剥离。

5）对于表现肝炎症状的犬，可按急性肝炎进行治疗。葡醛内酯（肝泰乐）5～8 mg/kg.BW 肌注，每天 1 次，肝泰乐可与肝脏及肠内毒物结合为无毒的结合物排出，起解毒作用。辅酶 A25～50 IU/次，稀释后静滴。肌苷 25～50 mg/次，口服，每天 2 次。

【预防】加强饲养管理和环境卫生消毒，防止病毒传入。坚持自繁自养，外地购入宠物必须隔离检疫，方可混群。应特别注意康复病犬仍可向外排毒，不能与健康犬合群。目前多采用多价联苗进行免疫，免疫程序同犬瘟热。

（7）犬传染性气管支气管炎。

【引导问题】请回答下列单项或多项选择题，并详细解析。

1）犬传染性气管支气管炎多发生于（　　　）。

A. 4 月龄以下幼犬　　B. 6 月龄以上犬　　　C. 12 月龄以内犬　　　D. 12 月龄以上犬

2）犬传染性喉气管炎的主要传播途径是（　　　）。

A. 胎盘感染　　　　B. 消化道感染　　　C. 呼吸道感染　　　D. 伤口感染

3）犬腺病毒Ⅱ型与下面哪种病毒有交叉免疫保护作用（　　　）。

A. 犬冠状病毒　　　B. 犬细小病毒　　　C. 犬瘟热病毒　　　D. 犬传染性肝炎病毒

4）关于犬腺病毒Ⅱ型病毒感染的说法错误的是（　　　）。

A. 可采用镇咳药进行对症治疗　　　　B. 幼犬可以造成全窝或全群咳嗽

C. 听诊可出现气管啰音　　　　　　　D. 可出现严重腹泻症状

【病原】犬传染性气管支气管炎病毒，属于腺病毒科，哺乳动物腺病毒属，犬腺病毒Ⅱ型（CAV−Ⅱ）。该病毒在形态、结构和理化特性方面与犬传染性肝炎病毒（CAV−Ⅰ）基本一致，且两者具有 70% 的基因亲缘关系，在免疫上能交叉保护。

图片：**传染性气管支气管炎流鼻液**

【流行特点】本病主要通过空气飞沫经呼吸道传染。犬、狐、狼易感，多见于 4 个月以下的幼犬。

【症状】潜伏期一般为 5～6 d。持续性发热（体温在 39.5 ℃左右），流浆液性鼻液，随呼吸向外喷水样鼻液。6～7 d 阵发性干咳，后表现湿咳，呼吸急促，人工压迫气管即可出现咳嗽。气管听诊有啰音。口腔咽部检查可见扁桃体肿大，咽部红肿。继续发展可引起坏死性肺炎。病犬可表现精神沉郁、食欲废绝。该病往往易和犬瘟热、犬副流感病毒及败血波氏杆菌混合感染，混合感染的犬大多预后不良。

【病变】本病无特征性病理变化，主要表现为咽部肿大，扁桃体炎、喉气管炎和肺炎等病变。鼻腔和气管有多量黏液性和脓性分泌物，咽喉部黏膜肿胀并有出血点，扁桃体肿大，肺脏膨胀不全，并有与正常肺组织界限分明的肝变区，部分肺组织实变，有的支气管内积有脓性分泌物和血样分泌物，肺门淋巴结肿大。

【诊断】可根据病史和临床症状进行初步诊断，确诊则依赖于病毒分离和鉴定，也可通过双份血清中特异性抗体升高的程度确定。

【防治】

1)发病后应马上隔离。犬舍及环境用2%氢氧化钠、3%来苏水及氧化消毒剂消毒。

2)预防接种。目前多采用多价苗联合进行免疫,其免疫程序同犬瘟热。

【治疗】目前,我国还没有CAV-Ⅱ高免血清,所以发现本病一般均采用对症疗法,一般用镇咳药、祛痰剂、补充电解质、葡萄糖和抗生素防止继发感染。如抗病毒可选用病毒唑、鱼腥草、胸腺肽、转移因子、黄芪多糖等;止咳、化痰可选用药物溴己新、糜蛋白酶进行雾化吸入;防止继发感染可选用丁胺卡那霉素、头孢曲松钠、红霉素等。

(8)犬副流感病毒感染。

【引导问题】请回答下列单项或多项选择题,并详细解析。

1)犬副流感病毒主要存在于病犬的(   )系统。

A. 消化　　　　　　　　B. 呼吸　　　　　　　　C. 生殖　　　　　　　　D. 泌尿

2)犬副流感病毒常与(   )合并感染。

A. 犬传染性肝炎病毒　　　　　　　　B. 衣原体

C. 支气管败血波氏菌　　　　　　　　D. 犬瘟热病毒

3)(   )病犬是犬副流感最主要的传染源。

A. 潜伏期　　　　　　　B. 前驱期　　　　　　　C. 恢复期　　　　　　　D. 急性期

4)关于犬副流感病毒感染治疗措施说法正确的是(   )。

A. 犬五联血清治疗　　　　　　　　B. 抗生素防止继发感染

C. 镇咳、平喘药对症治疗　　　　　　　　D. 止吐、止泻药物对症治疗

【相关知识】

犬副流感病毒感染(CPI)是由副流感病毒5型引起犬的一种呼吸道传染病,临床以发热、流涕和咳嗽为特征,病理变化以卡他性鼻炎和支气管炎为特征。患犬也可因急性脑脊髓炎和脑内积水,表现为后躯麻痹和运动失调。

图片:犬副流感早期出现眼鼻分泌物增多类似感冒

【病原】副流感病毒5型为副黏病毒科副黏病毒属成员。本病毒只有一个血清型,但毒力有所差异;在4℃和24℃条件下可凝集人"O"型、鸡、豚鼠、大鼠、兔、犬、猫和羊的红细胞;对热、乙醚、酸、碱敏感。病毒存在于患犬的鼻黏膜、气管黏膜和肺中,咽和扁桃体含病毒量较少。

【流行特点】急性期病犬是主要传染源。病毒主要存在于呼吸系统,通过呼吸道而感染。本病毒感染各种年龄犬,幼龄犬病情较重。本病传播迅速、呈突然暴发,常见与支气管败血波氏菌合并感染。犬特别是幼犬多在长途运输、环境突变、卫生条件差、过度拥挤、受凉时发病。

【症状】潜伏期5~6 d。病犬突然发热,精神沉郁,厌食。眼、鼻腔有大量黏液性、脓性分泌物。咳嗽和呼吸困难。若与支气管败血波氏菌混合感染,则临床表现更严重,成窝犬发生咳嗽、肺炎,病程3周以上。3月龄左右幼犬死亡率较高。成年犬病症较轻,死亡率较低。有的患犬表现为后躯麻痹和运动失调等神经症状。

【病理变化】剖检可见鼻孔周围有浆液性或黏液脓性鼻漏,结膜炎,扁桃体炎,气管支气管炎,有时肺部有点状出血。神经型主要表现为急性脑脊髓炎和脑内积水。

【诊断】根据流行特点、临床症状和病理变化可作出初步诊断。特征为突然发热、卡他

性鼻炎和支气管炎。确诊可采用血清中和试验和 HI 试验等实验室诊断。

【防治】目前多采用多价苗联合进行免疫，其免疫程序同犬瘟热。加强饲养管理，注意防寒保暖和周围环境卫生，避免环境突然改变等应激因素的刺激。新购入犬应进行检疫，隔离和预防接种。犬群一旦发病，立即隔离、消毒，重症病犬及时淘汰。

【治疗】抗病毒治疗可使用犬五联血清 2 mL/kg.BW 皮下注射，每天 1 次，连用 3 d；利巴韦林 20～50 mg/kg.BW，口服，每天 1 次；或 5～7 mg/kg.BW，皮下或肌注，每天 2 次，连用 5 d。犬感染 CPIV 时，常常继发感染支气管败血波氏杆菌、支原体等。因此，应用抗生素(如头孢菌素类)或喹诺酮类药物、磺胺类药物可防止继发感染。同时，结合对症治疗(如镇咳、平喘药)可减轻病情，促使病犬早日恢复。

(9)犬疱疹病毒感染。

【引导问题】请回答下列单项或多项选择题，并详细解析。

1)犬疱疹病毒病可引起(　　)呈致死性感染。

A.2 周龄以内新生幼犬　　　　　　　　B.12 月龄以上犬

C.5 周龄以上犬　　　　　　　　　　　D.2 岁以上犬

2)(　　)是犬疱疹病毒病的主要传染源。

A. 患病仔犬　　　　　B. 康复带毒犬　　　C. 潜伏期病犬　　　D. 前驱期病犬

3)2 周龄以内的仔犬发生犬疱疹病毒病，症状不包括(　　)。

A. 呼吸困难　　　　　　　　　　　　　B. 腹痛呕吐

C. 粪便呈黄绿色　　　　　　　　　　　D. 阴道黏膜弥漫性疱疹

4)犬疱疹病毒感染可采取的治疗和预防措施包括(　　)。

A. 给幼犬腹腔注射 1～2 mL 高免血清　　B. 对症治疗

C. 注意保暖　　　　　　　　　　　　　D. 防止与外来病犬接触

【相关知识】

犬疱疹病毒感染是由犬疱疹病毒(CHV)引起犬的一种接触性传染病。本病毒感染可引起多种病型。新生幼犬多呈致死性感染，发病急，死亡率高；3 周龄以上的仔犬及成年犬症状轻微，主要表现上呼吸道症状；同时可造成母犬不育、流产、死亡以及公犬的阴茎炎和包皮炎。

图片：幼犬疱疹病毒病患犬流鼻液、咳嗽

【病原】犬疱疹病毒属疱疹病毒科，甲型疱疹病毒亚科，水痘病毒属，只有一个血清型，增殖适宜温度为 33.5～37 ℃。3 周龄以下幼犬体温偏低，恰好处于病毒增殖的适宜温度，也是 3 周龄以下幼犬易感的主要原因。本病毒对温热的抵抗力较弱。

【流行特点】患病仔犬和康复带毒犬是本病的主要传染源。CHV 主要通过唾液、鼻液、尿液向外排毒。传播途径主要是呼吸道、消化道和生殖道，新生幼犬也可经胎盘感染。CHV 只能感染犬。

【症状】自然感染潜伏期 4～6 d。2 周龄以内的仔犬可发生致死性感染，病程多为 4～7 d。初期病犬精神沉郁，停止吮乳，体温常不升高，呼吸困难，腹痛呕吐，粪便呈黄绿色。病犬常连续嘶叫，多在出现症状后 1～2 d 内死亡。个别存活的仔犬，常出现共济失调、向一侧圆周运动等神经症状和失明。

3 周龄以上的仔犬及成年犬感染后，常无全身症状，只引起轻度鼻炎和咽炎，主要表

现为流鼻涕、打喷嚏、干咳等上呼吸道症状。大约持续 2 周，症状较轻，可以自愈。如发生混合感染，则可引起致死性肺炎。

母犬的生殖道感染以阴道黏膜弥漫性疱疹为特征。妊娠母犬可造成流产、死胎、弱胎，或可导致母犬屡配不孕，本身无明显症状。公犬可见阴茎和包皮病变，分泌物增多。

【病理变化】新生幼犬的致死性感染的典型剖检变化为实质器官表面散在多量粟粒大小的灰白色坏死灶和小出血点，尤其是肝、肾、肺更为显著。肾脏被膜下以坏死灶为中心形成出血斑是本病特征性病理变化。此外，还表现在肺充血、水肿，脾充血、肿大，肠黏膜表面点状出血。

【诊断】本病无特征性临床症状，新生 2 周龄以内幼犬出现上述症状并突然死亡的，可怀疑是否是本病感染。实质器官，尤其是肾的局灶性出血具有一定诊断意义。确诊还需进行实验室检查。

1)病毒抗原检测。病毒抗原检测采取病犬肾、脾、肝和肾上腺组织，或用棉拭子蘸擦取成年犬或康复犬口腔、呼吸道和阴道的黏膜，制成切片或组织涂片，用荧光抗体染色检测。这种方法可发现大量病毒特异性抗原，是一种既准确又快速的诊断方法。

2)其他检测方法。其他的检测方法还包括中和实验和蚀斑减数试验等。

【治疗】对新生幼犬急性全身性感染治疗无效。在流行期间给幼犬腹腔注射 $1\sim2~mL$ 高免血清，对幼犬有一定的保护作用，可减少死亡。对出现上呼吸道症状的病犬可用广谱抗生素防止继发感染。病犬注意保暖，可帮助犬早日康复。

【预防】由于 CHV 感染率低，且免疫原性较差，因此疫苗研制进展不大。加强饲养管理，定期消毒，防止与外来病犬接触是预防本病的主要措施。

(10)猫传染性鼻气管炎。

【引导问题】请回答下列单项或多项选择题，并详细解析。

1)引起猫传染性鼻气管炎的病原体是(　　　)。

A. CDV　　　　　　B. FPV　　　　　　C. FHV　　　　　　D. CPV

2)猫传染性鼻气管炎的主要症状包括(　　　)。

A. 发热　　　　　B. 角膜结膜炎　　　　C. 打喷嚏　　　　D. 眼鼻分泌物增多

3)猫传染性鼻气管炎主要通过(　　　)感染。

A. 消化道　　　　B. 泌尿道　　　　C. 蚊虫叮咬　　　　D. 呼吸道

4)关于猫传染性鼻气管炎的治疗和预防措施正确的是(　　　)。

A. 抗病毒　　　　B. 防止继发感染　　　C. 对症治疗　　　D. 猫三联苗预防免疫

【相关知识】

猫传染性鼻气管炎是由猫疱疹病毒Ⅰ型(FHV-Ⅰ)引起的猫的一种急性、高度接触性上呼吸道疾病，病毒主要侵害仔猫，发病率可达 100%，死亡率约 50%。成年猫不发生死亡。临床上以发热、角膜结膜炎、打喷嚏、眼鼻分泌物增多以及流产为特征。

图片：猫传染性鼻气管炎口舌溃疡、结膜炎

【病原】FHV-Ⅰ在分类上属于疱疹病毒科，甲型疱疹病毒亚科，具有疱疹病毒的一般特征，仅有 1 个血清型。病毒能在猫的鼻、咽、喉、气管、黏膜、舌的上皮细胞内增殖，形成核内包涵体和多核巨细胞。FHV-Ⅰ可引起急性的上呼吸道炎症。该病毒可吸附和凝集猫的红细胞，因此，可以采取血凝和血凝抑

制试验来检测抗原或抗体。该病毒对外界环境抵抗力较弱，对甲醛和酚等消毒剂敏感。

【流行特点】病猫和带毒的猫是主要的传染来源。自然康复的猫，能长期带毒和排毒，成为危险的传染源，而且是目前此病能够大面积流行且愈演愈烈的主要原因。猫传染性鼻气管炎病毒主要经鼻、眼、咽的分泌物排出，易感猫主要通过飞沫经呼吸道感染。本病主要感染猫，尤其是侵害仔猫，发病率可达 100%。猫场的纯种猫和野外的流浪猫最易发病，家猫很少感染。家猫的感染一般有和流浪猫接触的经历。

【症状】本病潜伏期为 2~6 d，仔猫较成年猫易感且症状严重。病初患猫体温升高，可达 40 ℃以上，精神沉郁，食欲减退，体重下降，中性粒细胞减少。上呼吸道感染症状明显，表现为突然发作，阵发性喷嚏和咳嗽，畏光流泪，鼻腔分泌物增多，鼻液和泪液初期为浆液性，后变为黏脓性。

结膜炎，结膜充血，水肿；疱疹性角膜炎为本病示病症状；角膜上血管呈树枝状充血。继发细菌感染时可导致溃疡加深，甚至出现角膜穿孔。溃疡修复过程中，结缔组织形成，甚至可导致角膜和结膜粘连。感染进一步扩散，导致全眼球炎，造成永久失明。局部使用皮质类固醇时，可致角膜剥离。由于分泌物的刺激，眼、鼻周围被毛脱落。急性病例通常持续 10~14 d。

有的造成鼻甲损害，表现为鼻甲及黏膜充血、溃疡甚至扭曲变形。成年猫感染后一般舌、硬腭、软腭发生溃疡，眼、鼻有典型的炎性反应。但成年猫死亡率较低。

耐过病猫 7 d 后症状逐渐缓和并痊愈。部分病猫则转为慢性，表现持续咳嗽、呼吸困难和鼻窦炎等症状。个别的病例有肺炎症状。

生殖系统感染时，可致阴道炎和子宫颈炎，并发生短期不孕。孕猫感染时，缺乏典型的上呼吸道症状，但可能造成死胎或流产，即使顺利生产，幼仔多伴有呼吸道症状，且体质衰弱，极易死亡。

【病理变化】主要病变在上呼吸道。轻型病例，鼻腔和鼻甲骨黏膜呈弥漫性充血，喉头和气管也可出现类似病理变化。较严重病猫，鼻腔、鼻甲骨黏膜坏死，扁桃体肿大、眼结膜、会厌软骨、喉头、气管、支气管以及细支气管的部分黏膜上皮也发生局灶性坏死，坏死区上皮细胞中可见大量的嗜酸性核内包涵体，若继发细菌感染可见肺炎病变。慢性病例可见鼻窦炎。

表现为下呼吸道症状的病猫，可见间质性肺炎及支气管和细支气管周围组织坏死。

【诊断】从临床症状看，猫传染性鼻气管炎与猫杯状病毒感染、猫瘟、猫衣原体肺炎初期症状很难区分，确诊还需进行实验室诊断。

1）包涵体检查。取病猫上呼吸道黏膜上皮细胞，进行包涵体染色，可见典型的嗜酸性核内包涵体，具有一定的诊断价值。

2）血清学实验。荧光抗体检查时取病猫结膜和上呼吸道黏膜做成涂片或切片标本，特异荧光抗体染色镜检。该法准确迅速。中和实验及血凝抑制试验也具有诊断意义。

【治疗】目前缺乏特效药。主要采取抗病毒、防止继发感染、对症治疗等综合性措施进行治疗。

治疗鼻炎症状可用庆大霉素 4 万 IU、利多卡因 20 mg、林可霉素 0.3g、聚肌胞 0.5 mg、地塞米松 2.5 mg 加生理盐水配成 10 mL 的滴鼻液滴鼻，每天 4~6 次。也可用麻黄素 1 mL、氢化可的松 2 mL、青霉素 80 万 IU 的混合液滴鼻，每天 4～6 次。

角膜炎可使用阿昔洛韦眼药水、贝复舒或速高捷滴眼，每天 3～4 次。溃疡性角膜炎可使用 5—碘脱氢尿嘧啶核苷进行治疗。结膜炎可每天用 10%磺醋酰钠、1%氯霉素或 0.5%新霉素眼膏涂擦，但不宜使用含皮质类固醇的眼膏。

【防治】预防本病的主要措施是及时进行预防接种。目前有进口猫三联苗，预防猫泛白细胞减少症、猫传染性鼻炎、猫杯状病毒病，幼犬 9 周龄注射 1 次，间隔 3～4 周再注射 1 次，以后每年注射 1 次。加强饲养管理、注意通风换气、减少应激是预防本病的根本措施。发病后及时隔离治疗，对污染的环境和用具进行彻底消毒。

(11)弓形虫病。

【引导问题】请回答下列单项或多项选择题，并详细解析。

1)弓形虫病的终末宿主是(　　)。

A. 犬　　　　　　　　B. 猫及猫科动物　　　　C. 人类　　　　　　　D. 鸟类

2)弓形虫病的中间宿主包括(　　)。

A、鸟类　　　　　　　B. 人　　　　　　　　　C. 犬　　　　　　　　D. 爬虫

3)猫弓形虫病的检查可采取(　　)方法进行检查确诊。

A. B超检查　　　　　　　　　　　　　　　B. X 射线检查

C. 饱和盐水漂浮法，发现卵囊　　　　　　　D. 血液涂片

4)弓形虫病为原虫病，治疗可选用(　　)。

A. 磺胺嘧啶　　　　　　B. 乙胺嘧啶　　　　　C. 螺旋霉素　　　　　D. 头孢拉定

【相关知识】

弓形虫病又称为弓形体病或弓浆虫病，是由弓形虫科弓形虫属的龚地弓形虫寄生于动物和人的有核细胞内引起的多宿主原虫病，是重要的人畜共患病。

终末宿主为猫及猫科动物，中间宿主包括 45 种哺乳动物、70 种鸟类、5 种爬虫类和人。龚地弓形虫对中间宿主的选择不严格，对组织亦无选择性。终末宿主之间、中间宿主之间、中间宿主与终末宿主之间均可互相传播。

图片：弓形虫滋养体、包囊、假囊、卵囊

【病原】龚地弓形虫为本病的病原体。根据虫体发育阶段的不同，其形态和结构分为 5 型，即滋养体、包囊、裂殖体、配子体和卵囊。前两型出现在中间宿主(人和犬等各种动物)体内，后三型出现在终末宿主(猫和猫科动物)体内。

1)滋养体一端稍尖、另一端钝圆状，其核位于中心偏钝圆的一端。游离于细胞外的虫体呈弓形、新月形或香蕉形；在细胞内的虫体则呈纺锤状，长 $3.3～8.0\ \mu m$，宽 $1.5～4\ \mu m$。滋养体多见于急性病例的肝、脾、肺和淋巴结等有核细胞内以及血液和腹水中。

2)包囊呈卵圆形，有较厚的囊膜，直径为 $30～50\ \mu m$，最大可达 $100\ \mu m$。囊内含数十个至数千个形似滋养体的包囊子(缓殖子)。包囊出现于慢性病例或无症状(隐性)病例的各种组织中，主要寄生在脑、骨骼肌、视网膜，以及心、肺、肝、肾等处。

3)裂殖体是寄生在猫的肠上皮细胞内，并进行无性繁殖的虫体。早期裂殖体内含多个细胞核，成熟后变圆，直径为 $12～15\ \mu m$。每个裂殖体内含有 $10～14$ 个香蕉形裂殖子，呈扇形排列，裂殖子长 $7～10\ \mu m$，宽 $2.5～3.5\ \mu m$。

4)配子体是寄生在猫的肠上皮细胞内，并进行有性繁殖的虫体。它有雄性配子体和雌性配子体，呈圆形或卵圆形，结合形成合子，后发育为卵囊。

5)卵囊随猫粪排出体外，呈卵圆形，有双层光滑的透明囊膜，大小为$(10\sim16)\,\mu m\times(7.5\sim11)\,\mu m$，内充满均匀小颗粒，淡绿色。卵囊的抵抗力很强，在外界环境中可存活 100 多天，在潮湿土壤或水中能存活数月至 1 年以上；酸、碱和一般消毒处理无效；对氨敏感；干燥、加热至 55 ℃ 即可杀灭。

【生活史】弓形虫在猫体内完成有性世代，在肠上皮细胞内循环，包括有性及无性生殖两个阶段。猫是弓形虫的终末宿主。在其他动物和人体内只能完成无性繁殖，为中间宿主，在中间宿主体内为肠外或组织内循环，属无性生殖。

【流行特点】

1)感染来源。患病动物和带虫动物(包括终末宿主)均为感染来源。病猫排出的卵囊及污染的土壤、食物、饮水也是重要的传染源。

2)感染途径。猫多因食入感染弓形虫的鼠和患病动物的肉而感染；犬等中间宿主多因食入含弓形虫的乳、肉和脏器，以及被卵囊污染的食物、饲料和饮水而感染。此外，犬等中间宿主可以通过受损的皮肤、呼吸道、眼以及胎盘等途径感染。输血也可传播弓形体病。

3)易感动物。各种动物均可感染，一般以幼龄动物易感性最高，其次为免疫功能低下或体况不良的动物。

流行季节不明显，但以春、秋季节多发。

[临床症状]

1)犬。临床症状与犬瘟热、犬传染性肝炎相类似，根据其病的发生和发展情况，可分为急性、慢性和隐性三个类型。

急性型：多见于幼龄犬。临床上呈现体温升高到 40～42 ℃，稽留 3～4 d；精神沉郁，食欲废绝，可视黏膜苍白或黄染。眼有脓性分泌物，流鼻液，咳嗽，呼吸浅而快，常呈腹式呼吸，听诊有湿啰音。患犬呕吐、便秘或下痢，严重者呈现出血性腹泻，呼吸极度困难，痉挛或麻痹、卧地不起等症状。发病 7～10 d 后，病的后期有的幼犬出现视网膜、脉络膜发炎，眼前房出血等眼损伤症状。有的在耳翼、颈、背、腹下等处皮肤可见紫红色出血斑或出血点。幼龄病犬死亡率可达 35％～40％，妊娠母犬可发生早产或流产。

慢性型：急性型耐过后转为慢性型。发病后 10～14 d，病犬体温正常，食欲逐渐恢复，但生长发育缓慢。有的表现运动障碍、后躯麻痹、痉挛、斜颈和视力障碍等症状。

隐性型：多见于成年犬。患犬无明显的症状。

2)猫。肠内寄生不显症状；作为中间宿主时，主要表现肺炎，出现发热，黄疸，呼吸急促，咳嗽，贫血，运动失调，后肢麻痹，肠梗阻等症状。也有的出现脑炎症状、早产或流产。

【病理变化】

1)犬。肝脏肿胀充血，质脆；肺脏充血水肿，有大小不等的灰白色结节；胃肠黏膜出血；胸腹腔积液。

2)猫。脑膜出血；肺脏水肿，有散在的结节；淋巴结肿胀、出血或坏死；胸腹腔积液。

【诊断】根据流行特点、临床症状和病理剖检可作出初步诊断。通过实验室诊断查出病原性虫体和检出特异性抗体方可确诊。

1)寄生虫学检查。犬弓形虫病可进行病原检查，急性型病例取肺、肝、脑、肾、心、淋巴结、腹水、血液等做涂片检查，其中以肺脏的抹片因背景清楚，检出率较高。涂片自然干燥后甲醇固定，用瑞氏或姬姆萨氏染色，镜检有无新月形滋养体。

猫弓形虫病的检查可采取饱和盐水漂浮法进行粪便检查，发现卵囊即可确诊。

2)皮内变态反应诊断。可用于犬群中的弓形虫病的普查。此法虽然简单易行，但由于灵敏性较差，检出率较低。此外，部分阳性反应结果常在弓形虫病晚期才呈现。

3)血清学诊断。可采用色素试验，间接血凝试验，间接免疫荧光抗体试验、酶联免疫吸附试验等。

4)动物接种。取虫体寄生组织处理后接种小鼠，抽取腹腔液镜检，如发现增殖型虫体即可确诊。

【治疗】无理想的特效药物，磺胺类药物有很好的治疗效果。在发病初期及时用药，否则不能抑制虫体进入组织形成包囊，结果使动物成为带虫者。可选用下列药物：磺胺嘧啶（SD），80 mg/kg. BW，每天 2 次，首次倍量，15 d 为一疗程；磺胺－6－甲氧嘧啶（SMM），以 60～80 mg/kg. BW 剂量单独口服或配合甲氧苄氨嘧啶（TMP）14 mg/kg. BW 剂量口服，每天 1 次，连用 4 次，首次倍量；乙胺嘧啶，0.5～1 mg/kg. BW，每天 1 次，首次倍量，15 d 为一疗程。此外，还可选用螺旋霉素、阿奇霉素、克林霉素。为提高治疗效果，可同时进行对症治疗和支持疗法。乙胺嘧啶对犬副作用大，且有使胎儿畸形的可能，勿用于妊娠母犬。

【预防】犬场禁止养猫或防止猫、犬接触，处理好猫粪，可疑污染的环境可用氨水消毒；不用生肉、生乳、生蛋喂犬、猫；控制或消灭鼠类；儿童及孕妇不养猫，不食生乳和生蛋及未熟的肉类。密切接触人群，注意个人防护。

二、拓展阅读

学习党的二十大精神　　　　动物防疫：一场关乎人与动物健康的持久战

●●●●● 作业单

学习情境 2	表现呼吸系统症状宠物病防治
作业完成方式	以学习小组为单位，课余时间独立完成，在规定时间内提交作业。
作业题 1	表现呼吸系统症状宠物病鉴别诊断。
作业解答	请另附页。
作业题 2	案例介绍：新购于宠物店的猫，4 月龄，未免疫。精神沉郁，阵发性喷嚏鼻涕，且鼻液黏脓偶有血丝，进食困难，口腔不断流出黏性分泌物。临床检查：体温 40 ℃，口腔黏膜溃疡，眼睛暂无明显症状。 作业要求：根据病例的发病情况、症状及病变，提出初步诊断意见和确诊的方法，并按你的诊断结果提出治疗方案。
作业解答	请另附页。
作业题 3	案例介绍：某年 8 月，我院接诊 1 只 3 岁大丹犬。据犬主反映，该犬从外地购入，用汽车长途运输 2 d 多。犬喘得很严重，自己按感冒治疗 1 d 后无效，来宠物医院就治。犬表现惊恐不安，眼结膜发绀，眼球外突，两前肢叉开站立，头颈前伸，张口喘气，并伴有湿咳，呼吸数 70 次/min，两侧鼻孔流出大量泡沫状液体。听诊，胸部可听到大小不等的水泡音。叩诊，胸下部有广泛性半浊音。胸部 X 射线检查，肺纹理增粗。 作业要求：根据病例的发病情况、症状及病变，提出初步诊断意见和确诊的方法，并按你的诊断结果提出治疗方案。
作业解答	请另附页。

作业评价	班级		第　　　组	组长签字		
	学号		姓名			
	教师签字		教师评分		日期	
	评语：					

●●●●● 学习反馈单

学习情境 2	表现呼吸系统症状宠物病防治
评价内容	评价方式及标准。

知识目标 达成度	评价方式：学生自我评价。 评价标准：能说出表现呼吸系统症状宠物病的基本特征、发生发展规律、诊断与治疗方法。
技能目标 达成度	评价方式：学生自我评价。 评价标准：会分析表现呼吸系统症状宠物病案例，对临床病例，能搜集症状、分析症状、建立诊断，确定防治方案。
素养目标 达成度	评价方式：学生自我评价。 评价标准：能够关爱宠物，具有团结合作和严谨认真的意识，具有独立思考、爱岗敬业、安全工作的态度。
反馈及改进	
针对学习目标达成情况，提出改进建议和意见。	

学习情境 3

表现心血管系统症状宠物病防治

●●●● 学习任务单

学习情境 3	表现心血管系统症状宠物病防治	学　时	10
布置任务			
学习目标	【知识目标】 1. 了解表现心血管系统症状宠物病的基本特征。 2. 理解表现心血管系统症状宠物病的发生、发展规律。 3. 掌握表现心血管系统症状宠物病的诊断与防治方法。 【技能目标】 1. 能分析临床案例，获得临床诊治疾病的经验。 2. 对临床病例，能搜集症状、分析症状、建立诊断，确定防治方案。 【素养目标】 1. 通过宠物病基本特征的学习，激发学生关爱生命的使命感。 2. 通过案例分析，培养学生团结合作和严谨认真的意识。 3. 通过临床病例诊疗与分析，培养学生独立思考、爱岗敬业、安全工作的态度。		
任务描述	对临床实践中表现心血管系统症状的患病宠物进行检查，分析症状，作出诊断，制定并实施治疗方案，提出预防措施。具体任务如下。 1. 运用病史调查、临床症状检查等方法，搜集症状、资料，通过论证分析及类症鉴别等方法，建立初步诊断。 2. 依据初步诊断结果，进行必要的实验室检验及特殊检查并根据检验、检查结果，作出更确切的诊断。 3. 对诊断出的疾病予以合理治疗，并提出预防措施。		
提供资料	1. 信息单。 2. 教材。 3. 宠物疾病防治精品开放课程网站。		
对学生要求	1. 按任务资讯单内容，认真准备资讯问题。 2. 按各项工作任务的具体要求，认真实施工作方案。 3. 以学习小组为单位，开展工作，提升团队协作能力。 4. 遵守工作场所的规章制度，注意个人防护与生物安全。		

●●●●● 任务资讯单

学习情境3	表现心血管系统症状宠物病防治
资讯方式	阅读信息单与教材；进入本课程网站及相关网站，观看 PPT 课件、教学视频、动画、专业图片等；到图书馆查询；向指导教师咨询。
资讯问题	1.1　宠物心力衰竭、心包炎、心肌炎、心内膜炎、犬恶丝虫病主要病因。 1.2　能引起宠物心音异常的常见疾病有哪些，它们之间的主要区别是什么？ 1.3　心力衰竭、心包炎、心肌炎、心内膜炎、犬恶丝虫病的诊断要点。 1.4　心力衰竭、心包炎、犬恶丝虫病的治疗措施。 1.5　心音听诊的异常听诊音及鉴别诊断。 2.1　可视黏膜苍白无黄染的疾病主要有哪些？如何进行鉴别诊断？ 2.2　可视黏膜苍白且黄染，体温升高的常见疾病有哪些？如何进行鉴别诊断？ 2.3　可视黏膜苍白且黄染，体温变化不明显的疾病有哪些？如何进行鉴别诊断？ 2.4　贫血、钩端螺旋体病、附红细胞体病、犬巴贝斯虫病、抗凝血杀鼠药中毒、洋葱（大葱）中毒的诊断要点及治疗措施有哪些？
资讯引导	1. 李玉冰，刘海. 宠物疾病临床诊疗技术. 北京：中国农业出版社，2017 2. 张磊，石冬梅. 宠物内科病. 北京：化学工业出版社，2016 3. 解秀梅. 宠物传染病. 北京：中国农业出版社，2021 4. 孙维平，王传锋. 宠物寄生虫病. 北京：中国农业出版社，2010 5. 李志. 宠物疾病诊治. 北京：中国农业出版社，2019 6. 韩博. 犬猫疾病学，第3版. 北京：中国农业大学出版社，2011 7. 谢富强. 犬猫X线与B超诊断技术. 沈阳：辽宁科学技术出版社，2006 8. 周桂兰，高得仪. 犬猫疾病实验室检验与诊断手册，第2版. 北京：中国农业出版社，2015 9. 宠物疾病精品资源开放课： https：//www.xueyinonline.com/detail/232532809

●●●●● 案例单

学习情境 3	表现心血管系统症状宠物病防治	案例训练学时	4
序号	案例内容	案例分析	

序号	案例内容	案例分析
3.1	病史调查：京巴串，雄性，10岁，体重 8.44 kg，免疫完全，驱虫不完全。近两个月腹围增大，食欲下降，消瘦。 　　临床检查：体温 38.5 ℃，呼吸 90 次/min，心率 120 次/min，节律不齐，胸壁听诊有重度反流性杂音，右侧明显。腹围大，触诊波动感。吸氧 1 h，待体况稳定后做其他检查。 　　特殊检查如下。 　　X 射线检查：胸片显示全心增大，以右心增大为主，VHS＝13.5，腹片显示腹腔呈近球形，腹内脏器细节丢失。 　　血压：160 mmHg。 　　血常规检查：贫血表现。 　　腹水穿刺：血性腹水，改性漏出液。 　　［任务］分析案例的病史、临床症状及实验室检查结果，建立初步诊断。给出本病的治疗原则与措施。	本案例主要根据患犬呼吸困难，腹围大，触诊波动感，腹片显示腹腔呈近球形，腹内脏器细节丢失，提示有腹水造成脏器浆膜细节消失。右侧胸壁听诊重度反流性杂音，胸片显示全心增大，以右心增大为主，VHS＝13.5，血压升高。以上信息均提示右心衰竭。根据 X 射线结果全心增大，所以本病可初步诊断为：全心增大，右心衰竭。 　　此病例已表现出明显的右心衰征象（如大量腹水，肝肿大），故使用匹莫苯丹增强心肌收缩力，扩张外周血管减轻后负荷，配合利尿剂排 Na$^+$，降低血管壁张力，进一步减轻后负荷，增加心输出量，从而改善心功能。 　　治疗方案如下。 　　1. 穿刺放液 　　因腹腔积液量较多导致呼吸窘迫，进行穿刺放液。 　　处方 1　抽腹水约 400 mL。 　　方法：抽取腹水可分几次放，以免压力突然降低对心血管及消化道产生不利影响。 　　2. 减少积液 　　处方 2　速尿片 2 mg/kg.BW。 　　用法：口服，2 次/d。 　　3. 增强心肌收缩力 　　处方 3　匹莫苯丹 0.3 mg/kg.BW。 　　用法：口服，2 次/d。 　　4. 降压，减少心脏负担 　　处方 4　心安（血管紧张素转化酶抑制剂口服溶液）0.35 mg/kg.BW。 　　用法：口服，1 次/d。 　　以上药物连用一周后复查，根据病情调整用药方案及药量。

3.2	病史调查：卡奇，2岁，雌性大高加索雪橇犬，体重35 kg，免疫正常，未驱虫，近期发生呕吐，呕吐物量少，略带红色，食欲低下，脱毛，未在其他医院就诊，也未自行尝试治疗。 临床检查：该犬精神状态良好，未出现精神沉郁；被毛粗乱，脱毛，无光泽，皮肤弹性差；眼结膜颜色略红，其余可视黏膜颜色尚好；体温39.7 ℃，脉搏100次/min，呼吸25次/min，肛门括约肌略紧张。 实验室检查： 使用韩国安捷病原检查试剂盒进行犬瘟热病毒病（CDV Ag）、犬细小病毒病（CPV Ag）和犬冠状病毒病（CCV Ag）的检测，结果均呈阴性。血涂片检查，镜下可见大量齿轮状红细胞，大部分红细胞膨胀、变形。 ［任务］分析案例的病史、临床症状及实验室检查结果，建立初步诊断。给出本病的治疗原则与措施。	本案例的主要病史是体温升高、呕吐、脱毛等症状，不具有典型性，实验室检查中排查犬瘟热病毒病、犬细小病毒病和犬冠状病毒病均呈阴性。血涂片检查，镜下可见大量齿轮状红细胞，大部分红细胞膨胀、变形，结合临床症状及发热表现，本病可初步诊断为犬附红细胞体病。 治疗原则：消灭病原体，加强饲养管理，增强体质，止吐健胃，防止继发感染。治疗方案如下。 1. 消灭病原体 处方1　附弓康2 mL×3支。 用法：肌肉注射，每天1次，连用3 d。 2. 防止继发感染 处方2　速诺2 mL。 用法：肌肉注射，每天1次，连用3 d。 3. 止吐健胃 处方3　西咪替丁2 mL×3支。 用法：肌肉注射，每天1次，连用3 d。 处方4　盐酸消旋山莨菪碱注射液（654-2）1 mL。 用法：肌肉注射，每天1次，连用3 d。 处方5　益生菌。 用法：口服，每天3次。 4. 保持宠物生活环境清洁卫生，定期消毒杀虫；应对宠物定期进行驱虫。

●●●●● **工作任务单**

学习情境3	表现心血管系统症状宠物病防治
项目1	表现心音异常宠物病防治

　　7月，一只4岁雄性金毛猎犬，不愿活动、气喘。来动物医院就诊。

任务1　诊断

1. 临床诊断

【材料准备】　听诊器、体温计、秤、伊丽沙白圈、口笼等。

【工作过程】

（1）调查发病情况。通过询问、交谈等方式，了解病犬的发病时间，病后的主要表现；了解病后诊治情况等。

[发病情况]主诉：近日犬表现精神不振，食欲减退，有时咳嗽，整天趴在家里，不愿意活动，强行驱赶时气喘明显，咳嗽加剧。

[发病情况分析]请分析发病情况调查结果，确定发病特点，初步判定疾病的类别。

（2）临床检查。对病犬进行一般检查及各系统的检查。重点检查病犬的心血管系统及呼吸系统。

[临床症状]病犬体重 30.8 kg，体温 38.5 ℃。气喘明显，呼吸数 40 次/min，偶尔咳嗽，无鼻液。牙龈、舌苔略发绀。心脏听诊，心率达 140 次/min，心室收缩期可听到杂音。胸肺部听诊，肺泡呼吸音增强。其他未见明显异常。

[临床症状分析]确定主要症状，并结合发病情况分析，提出可疑疾病。论证分析可疑疾病，并通过鉴别诊断的方法，排除可能性小的疾病，建立诊断。

2. 实验室诊断

【材料准备】

器材：灭菌离心管、显微镜、离心机、载玻片、盖玻片等。

药品：0.1% 美蓝染色液、2% 甲醛。

【检查过程】改良 Knott 氏试验：取全血 1 mL 加 2% 甲醛 9 mL，混合后 1 500 r/min 离心 5 min，倾去上清液，取 1 滴沉渣和 1 滴 0.1% 美蓝溶液混合，显微镜下进行观察。

【检查结果】镜下观察到线形小虫体，体长约 300 μm。

3. 建立诊断

依据病史、临床症状及实验室检查结果，本病例可诊断为何病？

任务 2　治疗

你认为本病例的治疗原则与措施是什么？

任务 3　预防

你认为本病例的预防措施是什么？

（工作任务参考答案见附录）

项目 2	表现贫血、黄疸宠物病防治

某肉犬场半月内相继有 67 只犬发病，犬主人按传染性肝炎治疗，但疫情未能得到控制。特来动物医院求诊。

任务 1　诊断

1. 临床诊断

【材料准备】听诊器、体温计、伊丽莎白圈、口笼等。

【工作过程】

（1）调查发病情况。深入现场，通过询问、现场观察等，了解犬群的发病时间、发病日龄、发病率、死亡率；了解病后的表现及用药情况；了解犬群的免疫接种情况；了解本场、本地及邻近地区是否发生过类似疾病，采取的控制措施及效果等。

[发病情况]犬场存栏共 119 只，9 月 15 日开始发病，每天发病 2～5 只，至月底共发病 67 只，发病率 56.3%；死亡 10 只，病死率 15%。病犬大多为 2～8 月龄幼犬、青年犬，公犬发病率高。病犬表现呕吐、拒食、发热、腹泻、黄疸等症状。用药情况：发病后按传染性肝炎治疗，不见好转。犬群接种过五联苗。近期没有从外地输入犬、饲料及动物产品。

[发病情况分析]请分析获得的发病情况调查结果，请总结发病特点并得出分析结论。

（2）临床检查。对病犬进行一般检查及各系统的检查。重点检查病犬的消化系统、心血管系统、泌尿系统，注意分析黄疸产生的原因。必要时对血、粪、尿等进行常规实验室检查。

[临床症状]病犬突然发病，精神呆滞，体温 39.5～41 ℃，持续 2～3 d 后降至常温。多数病犬厌食、饮欲增强、呕吐、腹泻，有的呕血、便血或鼻出血。可视黏膜甚至皮肤黄染，眼有分泌物排出。尿液混浊呈棕黄色，尿蛋白检查（煮沸法）阳性。严重者，口腔恶臭、不愿活动，触诊腰区或背腹部前区，有疼痛感，2～3 d 死亡。

[临床症状分析]请分析临床检查结果，确定主要症状，并结合发病情况分析，提出可疑疾病。

（3）病理剖检。选择症状典型的病死犬进行剖检。依据剖检结果，对具有特征性眼观病理变化的病例结合特征临床症状可以作出诊断，对没有特征性眼观病理变化的提示可疑疾病及提供下一步诊断线索。有些疾病需进行病理组织学检查。

[病理变化]病死犬全身性脱水，眼球下陷。扁桃体出血、肿胀，全身淋巴结肿胀。胸膜、腹膜、肠系膜、肠黏膜和膀胱黏膜出血、黄染。胃黏膜充血、水肿，并有出血斑点。肺充血、淤血。肝肿胀呈土黄色，胆囊扩张，胆汁充盈。肾肿胀，肾皮质出血。

[病理变化分析]分析病理变化特点，并结合临床症状分析，提出可疑疾病。

（4）综合分析。论证分析可疑疾病，并通过鉴别诊断的方法，排除可能性小的疾病，建立诊断。

2. 实验室诊断

【材料准备】
器材：灭菌离心管、显微镜、离心机、载玻片、盖玻片、注射器、PCR 仪器等。
药品：姬姆萨染色液、PCR 检测试剂。

【检查过程】
（1）病原学检查。取病犬尿液 100 mL，以 1 500r/min 离心 5 min，取沉淀物在低倍显微镜下暗视野观察，可见呈带钩状"C"形或"?"形等能翻转、屈曲和快速旋转运动的菌体。
（2）PCR 检测。钩端螺旋体呈阳性。

3. 建立诊断
依据病史、临床症状及实验室检查结果，本病例可诊断为何病？

任务 2　治疗
你认为本病例的治疗原则与措施是什么？

任务 3　预防
你认为本病例的预防措施是什么？

（工作任务参考答案见附录）

必备知识

一、必备的专业知识和技能

(一)表现心音异常宠物病防治

1. 表现心音异常宠物病类症诊断

见图 3-1。

```
心跳增数 ┬ 伴有心内杂音 ┬ 可视黏膜发绀，呼吸困难，泡沫样鼻液，甚至倒地痉挛、抽搐 ── 可能原因：急性心力衰竭
         │              ├ 稍加运动即呈现疲劳、气喘，体表静脉怒张，腹下、四肢末梢水肿 ── 可能原因：慢性心力衰竭
         │              ├ 体温升高与心跳加快不相适应，心音高朗，脉快而充实，稍有运动，心率骤然加速，心律不齐 ── 可能原因：心肌炎
         │              ├ 虚弱无力，第一或第二心音微弱、混浊，伴发心内器质性杂音 ── 可能原因：心内膜炎
         │              ├ 咳嗽，虚弱无力，心悸亢进，心脏有杂音，后期继发心力衰竭。常伴发结节性皮肤病 ── 可能原因：犬恶丝虫病
         │              └ 虚弱无力，可视黏膜苍白，伴有贫血性杂音 ── 可能原因：贫血
         └ 伴有心外杂音 ┬ 心区疼痛，心包摩擦音，心包积液时有心包拍水音，心浊音区扩大。后期静脉怒张，皮下水肿，发绀 ── 可能原因：心包炎
                        └ 体温升高，呼吸困难，触诊胸壁疼痛，听诊出现胸膜摩擦音，叩诊出现水平浊音 ── 可能原因：胸膜炎
```

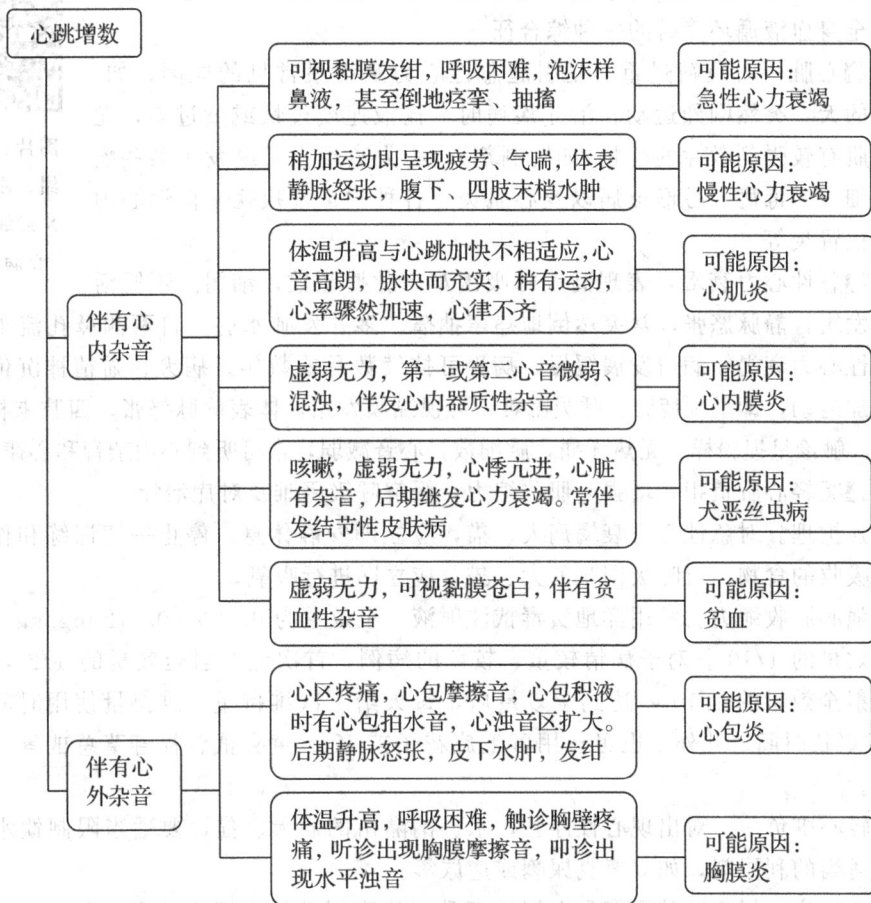

图 3-1　表现心音异常宠物病类症诊断

2. 表现心音异常宠物病

表现心音异常宠物疾病主要有心力衰竭、心包炎、心肌炎、心内膜炎、犬恶丝虫病、胸膜炎(见学习情境 2)、贫血(见项目 2)。

(1)心力衰竭。

【引导问题】请回答下列单项或多项选择题，并详细解析。

1)在临床上犬、猫心力衰竭的表现是(　　)。

A. 心脏收缩力减弱　　　　　　　　B. 心脏泵血功能下降

C. 心输出量减少　　　　　　　　　D. 心脏收缩力增强

2)下列能引发心力衰竭的因素是(　　)。

A. 心脏病后期　　B. 休闲后剧烈运动　　C. 快速大量的输液　　D. 细小病毒病

3）下列不是心力衰竭症状的是（　　）。

A. 鼻流泡沫样鼻液　　B. 不耐运动　　C. 水肿　　D. 呕吐

4）对于心力衰竭宠物的照顾，下面哪几项不对？（　　）。

A. 减少运动　　B. 高盐饮食　　C. 增加运动　　D. 减少食盐摄入

【相关知识】

心力衰竭是因心肌收缩力减弱，使心脏泵血功能降低，心血输出量减少，导致全身血液循环障碍的一种综合征。

【病因】心脏一时负荷过重，是引起急性心力衰竭最常见的原因，如：长期休闲的犬，突然剧烈运动；治疗疾病时，输液速度过快或量过多，尤其是对心肌有较强刺激性的药物（如钙制剂）；心力衰竭也常继发于某些疾病，如犬细小病毒病、弓形虫病以及心肌炎、各种中毒性疾病、慢性心内膜炎、慢性肾炎等。

图片：结膜发绀、右心衰竭X射线片、冠心病模式图

【症状】急性心力衰竭，表现高度呼吸困难，脉搏频数，细弱。不愿活动，黏膜发绀，静脉怒张，常突然倒地痉挛抽搐。多并发肺水肿，自两侧鼻孔流出泡沫样鼻液。慢性心力衰竭，病情发展缓慢，病程可持续数月或数年。病犬、猫精神沉郁，不愿运动，稍加运动，即呈现疲劳、呼吸困难。可视黏膜发绀，体表静脉怒张，四肢末梢常发对称性水肿，触诊呈捏粉样，无热无痛，脉细数，心音减弱，常可听到心内杂音和心律失常。

【防治】减轻心脏负担，增强心肌收缩力，缓解呼吸困难及对症治疗。

1）加强护理。对急性心力衰竭病犬、猫，应立即安静休息，停止一切训练和作业。给予易消化吸收的食物。对呼吸困难的犬、猫，应立即进行吸氧。

2）增强心肌收缩力。常用洋地黄毒甙注射液，全效量为 $0.006\sim0.012$ mg/kg.BW，维持量为全效量的 $1/10$。对于病情较重、较急的病例，首次应注射全效量的 $1/2$，以后每隔 2 h 注射全效量的 $1/10$，达到全效量后，每天给 1 次维持量。维持量使用时间，一般 $1\sim2$ 周或更长时间。此外，也可选用毒毛旋花子甙 K、黄夹甙、福寿草总甙等，都有较好的疗效。

3）减轻心脏负荷。对出现心性浮肿，水、钠潴留的病犬、猫，要适当限制饮水和给盐量，选用适当的利尿剂，如双氢克尿噻或速尿等。

4）对症治疗。纠正酸碱平衡和电解质紊乱，注意纠正低血钾症，用能量合剂进行辅助治疗。

（2）心包炎。

【引导问题】请回答下列单项或多项选择题，并详细解析。

1）心包炎是指心包（　　）的炎症。

A. 壁层　　B. 脏层　　C. 周围组织　　D. 周围器官

2）下列哪种病因不能引起心包炎？（　　）

A. 某些病毒性疾病　　B. 外伤　　C. 过快的输液　　D. 剧烈运动

3）下列哪个症状不能出现在心包炎的病程中？（　　）

A. X 射线检查心影增大　　B. 听诊心音遥远　　C. 腹泻　　D. 浅表静脉怒张

4）下列哪项不是心包炎的治疗措施？（　　）

A. 利尿剂以消除水肿　　B. 心包穿刺　　C. 加强运动　　D. 抗菌消炎

【相关知识】

心包炎是指心包壁层和脏层的炎症。在犬和猫中，临床上最常见的是引起心包纤维化的缩窄性心包炎。

【病因】多数继发于病毒性疾病（猫传染性腹膜炎、流行性感冒、传染性单核细胞增多症等）、细菌性疾病（结核病、放线菌病、脑膜炎双球菌感染等）、真菌性疾病（球孢子菌病）、免疫性疾病（系统性红斑狼疮）以及外伤、异物等。

【症状】患病犬、猫精神沉郁，食欲减退或废绝，拱背，肘头外展，结膜潮红或发绀。多数表现发热，脉搏细弱，触诊心区敏感，患病犬、猫往往躲避检查，若强行检查，则可见狂吠或呻吟。病初心搏动亢进，而后出现心包摩擦音。当心包内渗出液增加时，心音遥远。后期出现右心衰竭的症状，如浅表静脉怒张，皮下水肿，发绀，肝肿大，腹水等。X 线检查，有心包液时心影增大。

图片：心脏切面模式图、纤维素性心包炎、心包积液 X 射线图
动画：心包炎的发生机理

【防治】治疗原发病，改善症状，解除循环障碍。

将患病犬、猫置于安静舒适的环境中，避免兴奋和运动。给予抗生素和磺胺类药物，积极治疗原发病，同时采用利尿剂以消除水肿。对于心包内有大量积液的患病犬、猫，应进行心包穿刺排液，穿刺部位在左侧第 4～第 5 肋间，肘关节后方，躯体下 1/3 处。心包穿刺放液时，应注意防止并发气胸。

（3）心肌炎。

【引导问题】请回答下列单项或多项选择题，并详细解析。

1）心肌炎是指心肌兴奋性增高而（　　）的心脏肌肉炎症。

A. 收缩功能升高　　　　B. 收缩功能减弱　　　　C. 心律不齐　　　　D. 心跳加速

2）心肌炎经常继发于下列哪种疾病？（　　）

A. 犬细小病毒感染　　　B. 中毒　　　　C. 心包炎　　　　D. 食道阻塞

3）下列哪个症状不出现在心肌炎的病程中？（　　）

A. 出现心力衰竭的表现

B. 稍有运动，心率骤然加速

C. 吞咽障碍

D. 运动停止后，甚至经 2～3 min 后心率仍持续加快

4）心肌炎的治疗措施正确的是（　　）。

A. 增强心肌收缩功能　　　　　　　　B. 减轻心脏负担

C. 积极治疗原发病　　　　　　　　　D. 改善心肌营养

【相关知识】

心肌炎是以心肌兴奋性增强而收缩功能减弱为特征的心脏肌肉炎症，临床上以急性非化脓性心肌炎比较常见。

【病因】通常继发或并发于某些传染病（细小病毒感染、犬瘟热、病毒性肝炎、伪狂犬病、钩端螺旋体病、链球菌感染等）、寄生虫病（锥虫病、犬恶丝虫病、弓形虫感染等）和中毒病（汞、砷、磷、锑、四氯乙烯等的中毒）的经过中。某些血清制剂、青霉素和磺胺类药物过敏，高血钾等可引发该病。心肌炎也可由心包炎或心内膜炎蔓延而来。

图片：非化脓性心肌炎

【症状】由急性传染病引起的心肌炎，绝大多数发热，精神沉郁，食欲减退或废绝。最突出的临床表现是心率加快与体温升高程度不相适应。心率快，心音高朗，脉快而充实，心律不齐。患病犬、猫稍有运动，心率骤然加速，运动停止后，甚至经 2~3 min 后心率仍持续加快，经较长时间休息才能恢复到运动前的心率。当心脏代偿能力下降时，出现第一心音高朗、第二心音微弱，脉搏细弱，发绀，水肿，体表静脉怒张等心力衰竭的表现。此外，患病犬、猫多数伴有原发病的症状，最终因心力衰竭而死亡。

【防治】治疗原发病，增强心肌收缩功能，减轻心脏负担和改善心肌营养。

1)应用抗生素、磺胺类药物，或特效解毒剂、高免血清等治疗原发病。

2)病初不宜使用强心剂，以免心肌过度兴奋而迅速心力衰竭，可进行心区冷敷。病至后期，心肌收缩功能减退时，应使用 20% 安钠咖注射液（禁用洋地黄制剂）皮下或肌注，犬的剂量为 0.5~1.0 mL。

3)参照心力衰竭，使用利尿剂和改善心肌营养的制剂，如速尿、葡萄糖、ATP 等。

4)加强护理，给予易消化而含丰富营养的日粮，并限制钠盐的摄入。

(4)心内膜炎。

【引导问题】请回答下列单项或多项选择题，并详细解析。

1)心内膜炎是指心内膜及其(   )的炎症。

A. 表层组织   B. 心脏瓣膜   C. 周围组织   D. 周围器官

2)下列关于心内膜炎的病因不正确的是(   )。

A. 多数急性心内膜炎由感染引起

B. 心包炎、心肌炎等炎症蔓延

C. 慢性心内膜炎多由急性心内膜炎转化而来

D. 剧烈运动

3)下列哪个症状能出现在心内膜炎的病程中？(   )

A. 运动中咳嗽   B. 运动中气喘   C. 可能有心杂音   D. 心率加快

4)对于心内膜炎伴发慢性心力衰竭的犬、猫应(   )。

A. 不能剧烈运动   B. 多牵遛   C. 限制钠的摄入   D. 饮食正常

【相关知识】

心内膜炎是指心内膜及心脏瓣膜的炎症。按病程可分急性和慢性两种。

【病因】大多数急性心内膜炎由感染引起，如溶血性链球菌感染、葡萄球菌感染、大肠杆菌病、假单胞菌感染、犬瘟热以及败血病和脓毒血症，也可由心包炎、心肌炎、胸膜炎蔓延而来。慢性心内膜炎多由急性心内膜炎转化而来，常伴有心脏瓣膜和瓣孔形态与结构变化。

图片：心内膜炎

【症状】急性心内膜炎的病初出现持久性或周期性发热。患病犬、猫精神沉郁或嗜睡，食欲减退，极易疲劳，运动中出现咳嗽、气喘。心脏检查可见心搏动增强，心率加快，心区震颤，继而出现心内器质性杂音。脉搏增快，出现间歇脉。疣状心内膜炎时，在心收缩期出现吹风样杂音。疣状物碎片脱落可引起某些血管栓塞。溃疡性心内膜炎，常伴有发热和转移性病灶。

【防治】加强护理，消除病因，抑菌消炎，对症治疗。

1)护理。参照心力衰竭。

2)抑菌消炎。首选药物是青霉素制剂，如氨苄青霉素 $10\sim20$ mg/kg.BW，肌注，每天 2 次，连用 $5\sim7$ d；也可应用头孢噻呋或头孢氨苄等。有条件时应根据药敏试验结果选用高敏的抗菌药物。

3)对于伴发慢性心力衰竭的犬、猫。应限制钠盐摄入，并参照心力衰竭的治疗方法治疗。慢性心内膜炎的瓣膜或瓣孔形态与结构变化一般是不可逆的。对于名贵品种犬、猫，可根据具体情况采用手术治疗。

(5)犬恶丝虫病。

【引导问题】请回答下列单项或多项选择题，并详细解析。

1)犬恶丝虫寄生于犬心脏的右心室及(　　　)内。

A. 肺动脉　　　　　　　B. 主动脉　　　　　　　C. 肺静脉　　　　　　　D. 前腔静脉

2)下列关于犬恶丝虫病哪项不正确？(　　　)

A. 微丝蚴存在于血液中循环　　　　　　　B. 由蚊子传播

C. 可经胎盘传播　　　　　　　D. 成虫寄生于肺静脉

3)下列哪些症状会出现在犬恶丝虫病的病程中？(　　　)

A. 不耐运动　　　　B. 结节性皮肤病　　　　C. 心脏有杂音　　　　D. 咳嗽

4)下面的药物不能用于预防犬恶丝虫病的是(　　　)。

A. 米尔贝肟　　　　B. 伊维菌素　　　　C. 塞拉菌素　　　　D. 美拉索明

【相关知识】

犬恶丝虫病(也称犬心丝虫病)是由双瓣科恶丝虫属的犬恶丝虫寄生于犬心脏的右心室及肺动脉所引起的疾病。

【病原与流行特点】犬恶丝虫的成虫为黄白色细长粉丝状，雄虫长 $12\sim$ 16 cm，雌虫长 $25\sim30$ cm，寄生于犬、猫的右心室与肺动脉处，成虫会产下幼虫(微丝蚴，体长 $307\sim322$ μm)，于血液中循环。蚊子叮咬患犬恶丝虫病的犬、猫后即携带犬恶丝虫的幼虫，幼虫在蚊子唾液腺蜕变成为具感染力的幼丝虫，再经由蚊子叮咬致其他犬、猫感染。此病发生与蚊子的活动季节有关，幼虫可经胎盘感染胎儿。

图片：犬恶丝虫生活史、心脏内的犬恶丝虫成虫、血液中的微丝蚴

动画：犬恶丝虫生活史

【症状】感染初期症状不明显，感染一段时间后，逐渐出现不耐运动、咳嗽、呼吸急促，心悸亢进，心脏有杂音，脉细小而弱并有间歇。后期则出现心肺衰竭、贫血、肺积水、腹水、黄疸、肝肾衰竭至死亡。常伴发结节性皮肤病，以瘙痒和倾向破溃的多发性灶状结节为特征。病理剖检可见虫体除寄生于肺动脉和右心室外，还可移行到脑、腹腔、胸腔、眼前房、气管、食管和肾脏等，并造成相关器官的功能障碍。

【诊断】根据临床症状结合外周血液内发现微丝蚴即可确诊。检查微丝蚴的方法有：改良 Knott 氏试验、毛细管离心法、直接涂片法。

改良 Knott 氏试验：取全血 1 mL 加 2％甲醛 9 mL，混合后 1 500r/min，离心 5 min，倾去上清液，取 1 滴沉渣和 1 滴 0.1％美蓝溶液混合，显微镜下检验微丝蚴(微丝蚴，体长 $307\sim322$ μm)。

【治疗】早期治疗主要是驱杀成虫和微丝蚴及对症治疗。感染晚期病例预后不良。

1)驱除成虫。硫乙砷胺钠，硫乙砷胺钠 0.22 mL/kg.BW，静注，每天 2 次，间隔 $6\sim$ 8 h，连用 2 d。也可选用菲拉辛、海群生、酒石酸锑钾等药物。

　　2)驱除微丝蚴。碘化噻唑氰胺 6～11 mg/kg. BW，口服，每天 1 次，连用 7 d。如微丝蚴检验仍为阳性，可加大剂量至 13.2～15.4 mg/kg. BW，直至微丝蚴检查转阴性。也可选用左咪唑、伊维菌素等进行治疗。对症治疗主要是强心、利尿、保肝等。

　　【预防】搞好环境及犬体卫生，防蚊。在蚊子繁殖季节，亦可用驱虫药进行预防，海群生 2.5～3 mg/kg. BW，每天或隔天投药，也可选用左咪唑、伊维菌素等。此外，对流行地区的犬，应定期进行血检，有微丝蚴的犬应及时治疗。

　　(二)表现贫血、黄疸宠物病防治

　　1. 表现贫血、黄疸宠物病类症诊断

　　见图 3-2。

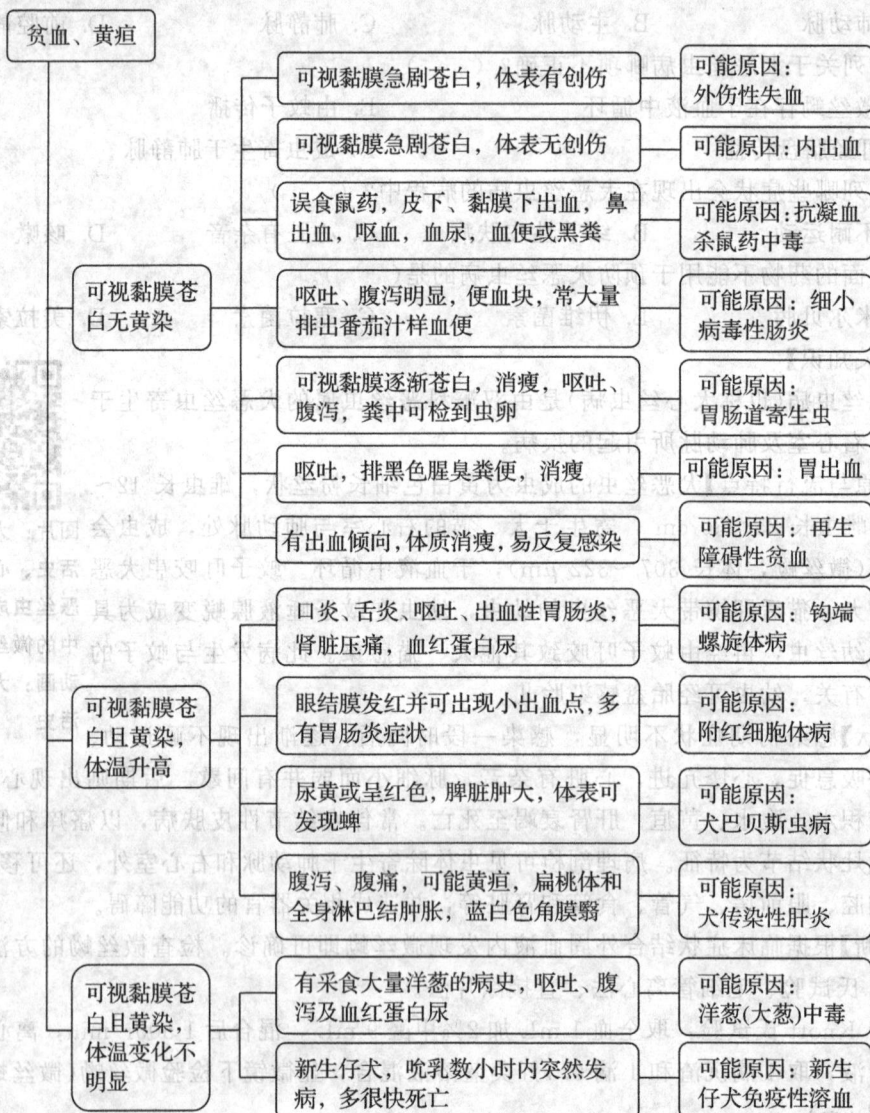

图 3-2　表现贫血、黄疸宠物病类症诊断

2. 表现贫血、黄疸宠物病

表现贫血、黄疸宠物疾病主要有贫血、钩端螺旋体病、附红细胞体病、犬巴贝斯虫病、抗凝血杀鼠药中毒、洋葱(大葱)中毒、细小病毒病(见学习情境 1)、犬传染性肝炎(见学习情境 2)、钩虫病(见学习情境 1)、球虫病(见学习情境 1)、胃出血(见学习情境 1)、新生仔犬免疫性溶血(见资讯引导)等。

(1)贫血。

【引导问题】请回答下列单项或多项选择题，并详细解析。

1)在临床上犬、猫贫血是指(　　)低于正常值。

A. 单位容积的血液中红细胞数　　　　B. 血红蛋白含量

C. 红细胞压积(比容)　　　　　　　　D. 白细胞总数

2)贫血可分为(　　)。

A. 失血性贫血　　　B. 溶血性贫血　　　C. 营养性贫血　　　D. 再生障碍性贫血

3)下列是贫血症状的是(　　)。

A. 可视黏膜、皮肤苍白　　　　　　　B、心跳加快

C. 全身无力　　　　　　　　　　　　D. 不会排红色尿液

4)对于贫血的治疗措施，下面哪项不对？(　　)

A. 补充促红细胞生成素　　　　　　　B. 高蛋白饮食

C. 输血　　　　　　　　　　　　　　D. 补充造血原料

【相关知识】

贫血是指单位容积的血液中红细胞数、血红蛋白含量及红细胞压积(比容)低于正常值，临床表现为黏膜苍白、心率和呼吸加快、全身无力等特征。

贫血可分为出血性贫血、溶血性贫血、营养性贫血和再生障碍性贫血。

1)出血性贫血。

图片：贫血的鉴别诊断、口腔黏膜苍白

【病因】急性出血性贫血，由于外伤或手术引起内脏器官(如肝、脾、腔动脉及腔静脉等)及体外血管破裂造成大出血，使机体血容量突然降低。

慢性出血性贫血，主要由于慢性胃、肠炎症，肺、肾、膀胱、子宫出血性炎症，造成长期反复出血所致。另外，犬钩虫感染也可造成慢性出血性贫血。

【症状】常见症状，可视黏膜、皮肤苍白，心跳加快，全身肌肉无力。出血量多可表现虚脱、不安、血压下降、四肢和耳鼻部发凉、步态不稳、肌肉震颤，后期可见有嗜睡、昏迷、休克状态。出血量少及慢性出血的犬，初期症状不明显，但病犬可见逐渐消瘦，可视黏膜由淡红色逐渐发展到白色，精神不振、全身无力、嗜睡、不爱活动、脉搏快而弱、呼吸浅表。经常见下颌、四肢末梢水肿。重者可导致休克、心力衰竭死亡。

【治疗】止血、恢复血容量。

①外伤性出血。可结扎止血、压迫止血、止血带止血。对于四肢末端出血，主人可用止血带止血，后立即送往兽医院治疗。

②注射止血药。止血敏 25 mg/kg.BW；维生素 K_3 0.4 mg/kg.BW；维生素 K_1 1 mg/kg.BW；凝血质 1.5 mg/kg.BW。

③补充血容量。可静脉滴注右旋糖酐、葡萄糖、复方生理盐水、氨基酸制剂。有条件

的应进行输血疗法。

2）溶血性贫血。

因各种原因引起红细胞大量破坏导致的贫血，称为溶血性贫血。

【病因】

①传染病因素引起。如钩端螺旋体病、疱疹病毒感染、锥虫病、溶血性链球菌感染等。

②中毒性疾病。重金属中毒，如铅、铜、砷、汞等；化学药物中毒，如苯、酚、磺胺等。警犬在执行任务时吸入 TNT 炸药也可导致溶血性贫血。

③抗原—抗体反应。新生犬的溶血性贫血，因新生犬的血型和母犬的血型不同，吃入母乳后发生抗原—抗体反应而导致仔犬溶血性贫血。异型血型输血也可导致溶血性贫血。

④其他因素。如高热性疾病、淋巴肉瘤、骨髓性白血病、血浆血红蛋白增多症、红细胞丙酮酸激酶缺乏等因素，均可造成溶血性贫血。

【症状】主要症状是可视黏膜黄染、皮肤和口角发黄、精神沉郁、运动无力、体重减轻，后期可视黏膜苍白发黄、昏睡、血红蛋白尿、体重下降。

【治疗】扩充血容量，除去病因，对症治疗，补液、输血疗法。中毒性疾病，给予解毒药；寄生虫感染，给予杀虫药治疗。同时，结合激素疗法，如可的松、波尼松、地塞米松。

3）营养性贫血。

缺乏某些造血物质，影响红细胞和血红蛋白的生成而发生的贫血为营养性贫血。

【病因】主要由于蛋白质、铁、铜、钴、维生素类缺乏引起。

①蛋白质缺乏。由于动物摄入的蛋白不足或慢性消化功能障碍引起。

②微量元素缺乏。铁、铜、钴缺乏，临床上以缺铁性贫血常见。铁是血红蛋白合成必需的成分；铜缺乏也可导致血红蛋白合成减少。

③维生素缺乏。维生素 B_1、维生素 B_{12}、维生素 B_6、叶酸、烟酸等缺乏均会导致红细胞的生成和血红蛋白合成发生障碍，造成营养性贫血。

以上因素大多因为犬的食物单一、慢性消化道疾病及肠道寄生虫性疾病引起肠道吸收功能紊乱，久而久之造成营养性贫血。

【症状】营养性贫血发展较慢，主要表现为进行性消瘦、营养不良。体质衰弱无力、腹部蜷缩、被毛粗糙、可视黏膜苍白，后期运动高度无力、摇晃、倒地起立困难，直至卧地不起、全身衰竭。

【治疗】加强饲养，补充造血物质，给予蛋白丰富、含有维生素多的食物。

硫酸亚铁 50 mg/kg. BW，口服 2～3 次/d。0.3% 氯化钴溶液，口服 3～5 mL/d。维生素 B_1 5～10 mg/kg. BW，维生素 B_{12} 5～10 mL/kg. BW，混合肌肉注射，1 次/d。叶酸 1～3 mg/kg. BW，口服，1 次/d。另外，可补充葡萄糖和多种氨基酸制剂，有助于机体功能恢复。

4）再生障碍性贫血。

再生障碍性贫血是指骨髓造血功能发生障碍引起的贫血。

【病因】

①中毒。某些重金属，如金、砷、铋等；某些有机化合物，如苯、酚、三氯乙烯等；某些过量的治疗性药物，如氯霉素、磺胺类药物，均可引起再生障碍性贫血。

②放射性损伤。大量接受 X 射线及某些放射性元素，可破坏骨髓细胞、红细胞、骨样

细胞及巨核细胞，使这些细胞遭受不可逆性损伤，导致造血功能丧失。

③某些疾病。如慢性肾脏疾病、白血病、造血器官肿瘤等，均可导致再生障碍性贫血。

【症状】再生障碍性贫血临床症状的发展比较缓慢，除有以上三种的贫血症状外，主要表现在血象变化、红细胞及血红蛋白含量低、血液中网状红细胞消失。

【治疗】提高造血功能，补充血量。

①输血疗法。经配血试验后进行输血，输血速度要缓慢，一般为每小时 10 ～ 15 mL/kg.BW。可根据患犬的体重给予输血量。

②同化激素疗法。如睾丸酮(可刺激红细胞生成)1～2 mg/kg.BW，肌肉注射，每周 1～3 次；康力龙 0.4～0.6 mg/kg.BW，口服，2～3 d 一次。

(2)钩端螺旋体病。

【引导问题】请回答下列单项或多项选择题，并详细解析。

1)钩端螺旋体病的主要特征是(　　　)。

A. 短期发热　　　　　B. 溶血性黄疸　　　　　C. 血红蛋白尿　　　　　D. 母犬流产

2)下列关于钩端螺旋体病的病原和流行病学叙述错误的是(　　　)。

A. 菌体纤细，呈螺旋状弯曲　　　　　B. 多通过污染的水传播

C. 多发生于 3～4 月　　　　　D. 病犬通过尿液大量向外排出病原体

3)下列哪项是钩端螺旋体病的症状(　　　)。

A. 鼻流泡沫样鼻液　　　B. 不耐运动　　　　　C. 水肿　　　　　D. 黄疸

4)对于钩端螺旋体病的治疗措施，下面哪项不对？(　　　)

A. 大剂量抗生素进行治疗　　　　　B. 保肝治疗

C. 强心、利尿治疗　　　　　D. 干扰素治疗

【相关知识】

钩端螺旋体病是由致病性的钩端螺旋体引起的一种人畜共患病。犬主要表现为短期发热、溶血性黄疸、血红蛋白尿、母犬流产等症状。

【病原】对人和动物致病的主要为"?"形钩端螺旋体，共有 270 多个血清型。引起犬发病的钩端螺旋体主要是黄疸出血型和犬型。

钩端螺旋体菌体纤细，呈螺旋状弯曲，一端或两端弯曲呈钩状；运动非常活泼，在暗视野显微镜下观察，活菌沿体长轴方向旋转或屈曲前进；对外界环境抵抗力较强，在污染的河水、池水和湿土中可存活数月。

图片：钩端螺旋体镜检形态、黏膜黄染

【流行特点】该病一年四季都可发生，但多发于温暖潮湿的夏、秋季节，特别是多雨的 7～9 月。该病多通过污染的水传播，地面积水是促成该病流行的主要条件。病原体主要通过损伤的皮肤或黏膜及消化道侵入机体而感染，最后定位于肾脏，病犬又通过尿液大量向外排出病原体。钩端螺旋体在尿液中并不能久存，多在地面积水中增殖，再进一步污染土壤、饲料或食物等，人和动物接触含有该病原的粪尿、污水、泥土和食入被其污染的食物或饲料等便易感染发病。动物通过交配感染的可能性也很大，因为有许多雄性动物在交配前有嗅舔自己和雌性生殖器的习性。各种品种、年龄和性别的犬都可感染该病，但通常公犬发病较多(比母犬可多出 3～5 倍)，幼龄犬比老龄犬多发。正常情况下该病多为散发。

【症状】各种年龄的犬均可感染。发病率雄犬高于雌犬。潜伏期 5～15 d。

1）急性病例可突然发生，机体衰弱，不食、呕吐，体温升高（39.5～40℃）、精神沉郁，后躯肌肉僵硬和疼痛、不愿起立走动，呼吸困难、可视黏膜出现不同程度的黄染或出血。一般2 d内机体衰竭，体温下降死亡。

2）亚急性症状以发热、呕吐、厌食、脱水、黄疸及黏膜坏死为特征，病犬口腔黏膜可见有不规则的出血斑和黄染；眼部可见有结膜炎症状，眼角可见有黏液性分泌物。同时可见有咳嗽气喘及呼吸困难，有的表现烦渴、多尿等症状。

3）慢性症状多由急性或亚急性转化而来，常出现慢性肝、肾及胃肠道症状，少数出现尿毒症、肝硬化腹水、机体衰竭死亡。

【病理变化】通常以黄疸、各脏器出血、消化道黏膜坏死和肝、肾不同程度受损为特征。腹水增多且常混有血液，胸膜、腹膜、肠黏膜出血，肝、脾充血肿大，胆囊充满胆汁，肾肿大，表现凹凸不平，有点状出血，皮质部散在有粟粒大而且坚硬的灰白色坏死灶。某些慢性病例，肾间质增生呈灰白色，表面凹凸不平，发生纤维变性，形成萎缩肾，全身淋巴结尤其是肾淋巴结肿大。死于尿毒症的犬剖检时全身有强烈的尿臭味。

【诊断】依据流行特点、临床症状及病理变化可初步诊断该病，确诊需进行病原学检查。

1）病原学检查。取病犬尿液100 mL，以1 500r/min离心5 min，取沉淀物在低倍显微镜下暗视野观察，可见呈带钩状"C"形或"?"形等能翻转、屈曲和快速旋转运动的菌体，根据形态特征确定为钩端螺旋体。

2）动物接种试验。采取病犬血液4 mL，腹腔注射于20日龄健康幼犬，3～5 d后如出现与自然病症相似的症状，即可确诊。

3）聚合酶链式反应。聚合酶链式反应（PCR）已用于临床中钩端螺旋体病的确切诊断。可检出钩端螺旋体的DNA。可以同时检测全血和尿，实现早期阶段患犬的诊断，以及检测病犬尿液排毒情况。

4）血清学试验。应用ELISA方法可检测出钩端螺旋体抗体，已有商品化的检测试剂盒，可提供阳性、阴性抗体结果。

【治疗】发现病犬应早期隔离，使用大剂量抗生素进行治疗，同时注意保肝、强心、利尿、补液和对症治疗。抗生素以青霉素、多西环素等对该病治疗效果较好，至少要连续治疗3～5 d。为避免病犬长期带菌、排菌，或对某些重症病例，可适当延长用药时间。对病犬污染的环境进行严格消毒，深埋病死犬及被污染的饲料、排泄物。用3%氢氧化钠溶液对犬舍及活动场地全面彻底消毒，被污染的饮水用4%漂白粉溶液消毒，用3%来苏尔清洗饲养用具。禁止健康犬到污染的环境活动，可以有效控制住疾病的流行。

【预防】

1）消除带菌、排菌的各种动物（传染源），如通过检疫及时处理阳性及带菌动物，消灭犬舍中的啮齿动物等。

2）定期对饲料、饮水、犬舍和其他用具严格消毒，可以有效减少环境中的钩端螺旋体。消灭蜱、蚊子等吸血昆虫，可以防止菌血症期间钩端螺旋体通过吸血昆虫传播。

3）预防接种。注射菌苗包含灭活的犬钩端螺旋体和出血性黄疸钩端螺旋体二价菌苗。间隔2～3周进行3～4次注射，一般可保护1年。

4）由于钩端螺旋体病是人犬共患病，接触病犬的人员应采取适当的预防措施。病犬的尿液具有高传染性，应尽量避免接触尿液，特别是黏膜、结膜和皮肤伤口不能接触尿液。

（3）附红细胞体病。

【引导问题】请回答下列单项或多项选择题，并详细解析。

1）附红细胞体病是由附红细胞体寄生于红细胞表面、血浆及骨髓所引起的人畜共患传染性疾病，其主要特征不正确的是（　　）。

　　A. 高热　　　　　　　B. 黄疸　　　　　　　C. 血尿　　　　　　　D. 溶血性贫血

2）下列关于附红细胞体的流行特点正确的是（　　）。

　　A. 多发于夏秋时高热、多雨且蚊虫滋生季节

　　B. 常呈暴发流行

　　C. 仅发生于犬

　　D. 多数犬隐性经过

3）下列关于附红细胞体病实验室诊断正确的是（　　）。

　　A. 虫体吸附在红细胞表面

　　B. 显微镜低倍镜观察

　　C. 附红细胞体呈球状短杆状、半月状等在血浆中呈现摆动

　　D. 可鲜血压片镜检

4）对于附红细胞体病的治疗，下面药物正确的是（　　）。

　　A. 链霉素　　　　　　B. 贝尼尔　　　　　　C. 青霉素　　　　　　D. 头孢菌素

【相关知识】

　　附红细胞体病是由附红细胞体寄生于红细胞表面、血浆及骨髓所引起的人畜共患传染性疾病，病死率可高达80％。患犬常呈隐性感染，感染率高，在应激条件下出现急性临床症状。患犬以高热、黄疸、溶血性贫血为主要症状，可伴发急性出血性胃肠炎症状。

图片：附红细胞体血涂片形态

　　【病原】根据《伯杰氏鉴定细菌学手册》，将其列为立克次体目，无浆体科，附红细胞体属。附红细胞体大小不等，呈球形（单球、双球或链球）、卵圆形、短杆状或星状闪光的小体，姬姆萨染色的虫体呈紫色，有折光性，外周有一白环；瑞氏染色时，红细胞呈淡紫色，虫体呈淡天蓝色。附着在红细胞表面的虫体数为2～17个，一般为6～9个。

　　【流行特点】附红细胞体病是人畜共患的疾病，主要寄生于脊椎动物红细胞表面。附红细胞体宿主特异性强，犬附红细胞体通常毒力较弱，致病力不强，呈隐性经过。

　　该病多发于夏秋时高热、多雨且蚊虫繁殖滋生季节，南方发病率高于北方。犬附红细胞体病传播途径有接触、昆虫媒介、血源传播三种方式。

　　【症状】病犬多呈现隐性经过，食欲与精神变化不大，不易被人发现。当患犬遭受某种应激因素的刺激，机体抵抗力降低后，可呈现急性经过，患犬表现精神沉郁，食欲不振，被毛粗乱，眼结膜发红并可出现小出血点，体温升高至40 ℃左右。感染严重的病犬食欲废绝，贫血，可视黏膜黄染，机体虚弱，强制运动时可导致心率、呼吸加快，尿少而色深黄。多数感染严重的患犬伴有呕吐、腹泻等急性胃肠炎症状，呈现不同程度的脱水和消瘦。此外，母犬感染该病时多有空怀、流产、弱胎、死胎等繁殖功能障碍。血常规检查：红细胞数减少，白细胞数增多，受感染红细胞呈现溶血性星芒状畸形。

　　【病理变化】急性和严重附红细胞体病犬死亡的尸体剖检，主要病理变化为血液稀薄不

易凝固；全身黏膜不同程度的黄染，淋巴结肿胀；肺脏水肿，心包积液，心冠脂肪黄染，心肌松弛；腹腔积液，肝肿黄染，胆囊充盈、胆汁浓稠，脾脏肿大、质地松软等。

【诊断】依据流行特点、临床症状及病理变化可初步诊断该病，确诊需进行实验室诊断。

实验室诊断方法主要包括病原学检查和血液学检查。

1)病原学检查。

① 鲜血压片镜检。采患犬血液加入等量生理盐水稀释，取其1滴压片后用油镜1 000倍暗视野镜下观察，可见到游离在血液中的附红细胞体呈环状、球状、短杆状、半月状等多形态的折光小体在血浆中呈现摆动、伸曲、翻滚等运动，另外可观察到一个到多个附红细胞体小体吸附到红细胞的表面，以及少数变形的红细胞。

② 血涂片染色镜检。取患犬耳静脉血滴于载玻片上，制成血液涂片，用瑞氏或姬姆萨染色后在1 000倍的油镜下可观察到许多圆形、椭圆形、短杆状蓝色小体附着在红细胞上，特别严重时可见红细胞变成空泡状。

2)血液学检查。按实验室常规法进行血液学检查，在病的初期血液浓稠，呈暗红色，后期血液极为稀薄，呈樱红色。悬滴血镜检，红细胞受感染后呈现溶血性星芒状畸形，红细胞总数减少，平均值为350万/mm³；网织红细胞增加，平均值为3.5%；红细胞压积、血红蛋白的浓度降低，平均值分别为26%和9.5%。白细胞总数增加，平均值为26 500个/mm³，其中嗜中性粒细胞增加，大单核白细胞增加，淋巴细胞减少，嗜酸性粒细胞偏低。

【治疗】犬患附红细胞体病时，可用咪唑苯脲、青蒿素、大蒜素、四环素类、贝尼尔等药物治疗。同时，还需对患犬进行适当的补充维生素以及造血物质，施行必要的强心、补液、纠正酸碱平衡措施。

【预防】

1)加强饲养管理减少应激因素。

2)搞好夏秋季节消灭蝇蚊和消毒工作，切断传播途径。

3)做好犬只免疫注射，在做注射时要求一犬一针头，预防通过针头传染。

4)定期用2%～3%氢氧化钠溶液和菌毒灭进行交替消毒，隔日1次，连用3～5 d。

(4)犬巴贝斯虫病。

【引导问题】请回答下列单项或多项选择题，并详细解析。

1)犬巴贝斯虫病是一种由蜱作为传播媒介的(　　　)。

A. 血液原虫病　　　　B. 支原体　　　　C. 衣原体　　　　D. 立克次氏体

2)犬巴贝斯虫的终末宿主和传播者是(　　　)。

A. 犬虱　　　　　　　B. 蜱　　　　　　C. 犬蚤　　　　　D. 蚊

3)下列关于犬巴贝斯虫病的症状正确的是(　　　)。

A. 严重贫血　　　　　B. 严重出血　　　C. 全身水肿　　　D. 剧烈呕吐

4)对于犬巴贝斯虫病的防治，下面药物正确的是(　　　)。

A. 贝尼尔　　　　　　B. 速尿　　　　　C. 匹莫苯丹　　　D. 左旋咪唑

【相关知识】

犬巴贝斯虫病是一种由蜱作为传播媒介的血液原虫病，临床特征是严重贫血和血红蛋白缺乏，对犬危害严重。

【病原】在我国流行的巴贝斯虫主要有两种：

1) 吉氏巴贝斯虫，虫体很小，多呈环形、卵圆形，呈梨子形虫体的很少，长度 $1\sim2.5\ \mu m$，一个红细胞内可寄生 $1\sim13$ 个虫体。

2) 犬巴贝斯虫，虫体较大，体长 $4\sim5\ \mu m$，典型虫体为双梨子形，两虫尖端以锐角相连，每个红细胞内的虫体数目为 $1\sim16$ 个。

图片：吉氏巴贝斯虫镜检形态

【生活史及流行特点】蜱吸动物血时，将巴贝斯虫的子孢子注入动物体内，并进入红细胞内进行裂殖生殖，形成裂殖体和裂殖子，红细胞破裂，再进入新的红细胞。反复几代后形成大、小配子体。蜱再次吸血时，大、小配子体进入蜱体内形成可以运动的合子，运动的合子进入蜱的卵细胞，在子代蜱成熟和采食时，进入子代蜱的唾液腺，进行孢子生殖，形成子孢子。在子代蜱吸血时，将巴贝斯虫子孢子传给动物。

蜱是巴贝斯虫的终末宿主，也是传播者，所以该病主要发生于蜱活动的季节。

【症状与诊断要点】

1) 流行特点调查。当地是否有传播该病的蜱，当时是否为蜱的活动季节。病犬是否有遭到蜱叮咬的病史或在其体上抓到过蜱。

2) 临床症状。犬巴贝斯虫病，主要表现为高热、黄疸、呼吸困难。有些病犬脾脏肿大，触之敏感，尿中含蛋白质，间或含血红蛋白。吉氏巴贝斯虫病常呈慢性经过，仅病初发热或为间歇热。病犬高度贫血，但无黄疸，虽食欲良好，却高度消瘦，尿含蛋白质或兼有微量的血红蛋白。病犬常死于衰竭。

3) 实验室检查。采病犬耳尖血做涂片，姬姆萨染色后检查，如发现典型虫体即可确诊。

【治疗】应用贝尼尔 $3.5\ mg/kg.BW$，皮下或肌注，每天 1 次，连用 2 d；或用咪唑苯脲 $5\ mg/kg.BW$，1 次皮下或肌注或间隔 24 h 再用 1 次，或 $5\sim7\ mg/kg.BW$，肌注，间隔 14 d 再用 1 次。

【预防】做好灭蜱工作，在蜱出没的季节消灭犬体、犬舍以及运动场的蜱；在引进犬时要在非流行季节，并尽可能不从流行地区引进。

(5) 抗凝血杀鼠药中毒。

【引导问题】请回答下列单项或多项选择题，并详细解析。

1) 抗凝血杀鼠药主要包括（　　）。

A. 杀鼠酮　　　　　　B. 鼠敌　　　　　　C. 溴敌隆　　　　　　D. 杀鼠灵

2) 宠物发生抗凝血杀鼠药中毒主要是（　　）。

A. 误食了毒饵　　　　　　　　B. 休闲后剧烈运动

C. 误食了中毒死亡的尸体　　　D. 采食了变质的肉

3) 下列不是抗凝血杀鼠药中毒症状的是（　　）。

A. 鼻流泡沫样鼻液　　B. 黑粪　　　　　C. 鼻出血　　　　　D. 呕血

4) 对于抗凝血杀鼠药中毒的治疗下面正确的是（　　）。

A. 早期催吐　　　B. 补充维生素 K　　　C. 抗过敏治疗　　　D. 严重的输血

【相关知识】

抗凝血杀鼠药主要包括杀鼠酮、鼠敌、溴敌隆、杀鼠灵、敌鼠钠盐等。

【病因】误食毒饵或中毒死亡的尸体等。

【发病机理】误食抗凝血杀鼠药后，主要干扰肝脏对维生素 K 的利用，影响凝血活酶及凝血酶原的合成，致使凝血时间延长，降低血液的凝固

图片：溴敌隆

性，引起机体广泛性出血。

【症状】多呈慢性中毒。初期表现为精神极度沉郁、体温升高、食欲减退、贫血、虚弱，进而发生鼻出血、呕血、血尿、血便或黑粪。依据内出血发生部位的不同，可出现皮肤发生紫斑、跛行、呼吸困难、神经症状等，严重时鼻孔、直肠等天然孔出血。

【治疗】早期催吐，补充维生素 K，严重者输血。对于亚急性中毒，皮下注射维生素 K_1，猫 5～25 mg，犬 5 mg/kg.BW，12 h 1 次，连用 2～3 次。直到凝血时间正常后，改为口服维生素 K_1 15～30 mg，每天 2 次，连续 4～6 d。严重的需输血 10～20 mL/kg.BW。

（6）洋葱（大葱）中毒。

【引导问题】请回答下列单项或多项选择题，并详细解析。

1)洋葱（大葱）中毒主要根据（　　）可作出初步诊断。

A. 采食洋葱、大葱的病史　　　　　　　　B. 出现血红蛋白尿

C. 全身出血　　　　　　　　　　　　　　D. 呼吸困难

2)对于洋葱（大葱）中毒描述不正确的是（　　）。

A. 犬发病较多　　　　　　　　　　　　　B. 氧化血红蛋白形成海恩茨氏小体

C. 引起红细胞破裂　　　　　　　　　　　D. 急性发作很快死亡

3)下列属于洋葱（大葱）中毒症状的是（　　）。

A. 血尿　　　　　B. 血红蛋白尿　　　　C. 水肿　　　　　D. 神经症状

4)对于洋葱（大葱）中毒的治疗下面药物有效的是（　　）。

A. 补充维生素 E　　　B. 补充维生素 C　　　C. 应用硒制剂　　　D. 应用止血药物

【相关知识】

洋葱、大葱都属百合科葱属。犬、猫采食后易引起中毒，主要表现为排红色或红棕色尿液，犬发病较多，猫少见。

【病因】采食了含有洋葱或大葱的食物后可引起中毒。

【发病机理】洋葱、大葱含有辛香味挥发油——正丙基二硫化物或硫化丙烯。此类毒物，可氧化血红蛋白，在红细胞内形成海恩茨氏小体，促使红细胞生命周期缩短，容易破裂。如果大量红细胞破裂，即引起贫血、血红蛋白尿等症状。

图片：洋葱大葱中毒血涂片海恩茨氏小体、血红蛋白尿

【症状】病犬有采食洋葱或大葱的病史，多于采食洋葱或大葱 1～2 d 以后，病犬出现明显的红尿，症状较轻的犬，精神尚可，鼻端湿润，饮食无明显影响，体温正常或稍低，可视黏膜正常或稍淡，粪便基本正常。严重洋葱或大葱中毒的犬尿液呈咖啡色或酱油色（血红蛋白尿），食欲下降，精神沉郁，呼吸加快，心悸，可视黏膜苍白，如果不及时治疗，可能导致死亡。血常规检验，红细胞数、血细胞比容、血红蛋白含量减少，白细胞数增多，红细胞内或边缘上有海恩茨氏小体。

【诊断】根据有采食洋葱、大葱的病史以及尿液红色或红棕色，内含大量血红蛋白，可初步诊断该病。结合血液检验及尿液检验可确诊该病。

【治疗】立即停止饲喂洋葱、大葱，同时给予大剂量的抗氧化剂，如维生素 E、维生素 C、硒制剂等。为促进血红蛋白的排出，可以适当应用一定量的利尿剂。溶血严重的犬、猫，可进行输血治疗 10～20 mL/kg.BW。

二、拓展阅读

学习党的二十大精神

老年宠物的临终关怀，让您的
宠物在它最后的日子里过得好

●●●●● **作业单**

学习情境3	表现心血管系统症状宠物病防治
作业完成方式	以学习小组为单位，课余时间独立完成，在规定时间内提交作业。
作业题1	以心音异常为主症宠物病的鉴别诊断要点。
作业解答	请另附页。
作业题2	叙述再生性贫血和非再生性贫血的鉴别诊断要点。
作业解答	请另附页。
作业题3	案例介绍：比熊，三岁，主诉昨日出现尿液颜色变深，精神沉郁，经询问前日有吃含洋葱的剩菜。 作业要求：根据病例的发病情况、症状及病变，提出初步诊断意见和确诊的方法，并按你的诊断结果提出治疗方案。
作业解答	请另附页。

作业评价	班级		第　　组	组长签字		
	学号		姓名			
	教师签字		教师评分		日期	
	评语：					

●●●●● **学习反馈单**

学习情境3	表现心血管系统症状宠物病防治
评价内容	评价方式及标准。

知识目标 达成度	评价方式：学生自我评价。 评价标准：能说出表现心血管系统症状宠物病的基本特征、发生发展规律、诊断与治疗方法。
技能目标 达成度	评价方式：学生自我评价。 评价标准：会分析表现心血管系统症状宠物病案例，对临床病例，能搜集症状、分析症状、建立诊断，确定防治方案。
素养目标 达成度	评价方式：学生自我评价。 评价标准：能够关爱宠物，具有团结合作和严谨认真的意识，具有独立思考、爱岗敬业、安全工作的态度。

反馈及改进

针对学习目标达成情况，提出改进建议和意见。

学习情境 4

表现泌尿系统症状宠物病防治

●●●●● **学习任务单**

学习情境 4	表现泌尿系统症状宠物病防治	学　时	8
布置任务			
学习目标	【知识目标】 1. 了解表现泌尿系统症状宠物病的基本特征。 2. 理解表现泌尿系统症状宠物病的发生、发展规律。 3. 掌握表现泌尿系统症状宠物病的诊断与防治方法。 【技能目标】 1. 能分析临床案例，获得临床诊治疾病的经验。 2. 对临床病例，能搜集症状、分析症状、建立诊断，确定防治方案。 【素养目标】 1. 通过宠物病基本特征的学习，激发学生关爱生命的使命感。 2. 通过案例分析，培养学生团结合作和严谨认真的意识。 3. 通过临床病例诊疗与分析，培养学生独立思考、爱岗敬业、安全工作的态度。		
任务描述	对临床实践中表现泌尿系统症状的患病宠物进行检查，分析症状，作出诊断，制定并实施治疗方案，提出预防措施。具体任务如下。 　　1. 运用病史调查、临床症状检查等方法，搜集症状、资料，通过论证分析及类症鉴别等方法，建立初步诊断。 　　2. 依据初步诊断结果，进行必要的实验室检验及特殊检查，并根据检验、检查结果，作出更确切的诊断。 　　3. 对诊断出的疾病予以合理治疗，并提出预防措施。		
提供资料	1. 信息单。 2. 教材。 3. 宠物疾病防治精品开放课程网站。		
对学生 要求	1. 按任务资讯单内容，认真准备资讯问题。 2. 按各项工作任务的具体要求，认真实施工作方案。 3. 以学习小组为单位，开展工作，提升团队协作能力。 4. 遵守工作场所的规章制度，注意个人防护与生物安全。		

●●●●● 任务资讯单

学习情境 4	表现泌尿系统症状宠物病防治
资讯方式	阅读信息单与教材；进入本课程网站及相关网站，观看 PPT 课件、教学视频、动画、专业图片等；到图书馆查询；向指导教师咨询。
资讯问题	1.1 以泌尿系统症状为主疾病的临床基本检查方法有哪些？ 1.2 肾炎是怎样发生的？ 1.3 肾炎的诊断要点有哪些？怎样与类似疾病鉴别诊断？ 1.4 肾炎的防治措施有哪些？ 1.5 怎样进行尿常规检查？ 1.6 膀胱炎是怎样发生的？ 1.7 膀胱炎的诊断要点有哪些？怎样与类似疾病鉴别诊断？ 1.8 膀胱炎的防治措施有哪些？ 1.9 膀胱冲洗术的操作方法？ 1.10 尿道炎是怎样发生的？怎样进行诊断与防治？ 1.11 尿石症是怎样发生的？怎样进行诊断与防治？ 1.12 前列腺炎是怎样发生的？诊断要点有哪些？ 1.13 前列腺炎的防治措施有哪些？ 1.14 尿崩症是怎样发生的？怎样进行诊断与防治？ 1.15 甲状旁腺功能亢进症是怎样发生的？怎样进行诊断与防治？ 1.16 甲状腺功能亢进症是怎样发生的？怎样进行诊断与防治？
资讯引导	1. 李玉冰，刘海 . 宠物疾病临床诊疗技术 . 北京：中国农业出版社，2017 2. 张磊，石冬梅 . 宠物内科病 . 北京：化学工业出版社，2016 3. 解秀梅 . 宠物传染病 . 北京：中国农业出版社，2021 4. 孙维平，王传锋 . 宠物寄生虫病 . 北京：中国农业出版社，2010 5. 李志 . 宠物疾病诊治 . 北京：中国农业出版社，2019 6. 韩博 . 犬猫疾病学，第 3 版 . 北京：中国农业大学出版社，2011 7. 谢富强 . 犬猫 X 线与 B 超诊断技术 . 沈阳：辽宁科学技术出版社，2006 8. 周桂兰，高得仪 . 犬猫疾病实验室检验与诊断手册，第 2 版 . 北京：中国农业出版社，2015 9. 宠物疾病精品资源开放课： https：//www.xueyinonline.com/detail/232532809

●●●●● **案例单**

学习情境 4	表现泌尿系统症状宠物病防治	案例训练学时	2
序号	案例内容	案例分析	
4.1	病史调查：8 岁半的中华田园犬，雄性，体重 10 kg，已免疫。主诉：患犬食欲废绝，精神萎靡，喜卧，尿中带血，排尿时呻吟痛苦。观察两天还尿血，于是用了消炎药，缓解之后第 5 d 又出现尿血症状。 临床检查：病犬体温 39.5 ℃，心率 126 次/min，呼吸 38 次/min。患犬喜卧，犬鼻镜湿润，略微脱水，精神萎靡。触诊后腹部有紧张感，触摸伴有呻吟，有球状硬物，直径约为 3 cm。 血常规检查：该犬白细胞有明显增多，中性粒细胞也有明显增多。 B 超检查：发现膀胱内可见强回声，后伴声影，可随体位移动，余液清晰。见图 4-1。 **图 4-1　膀胱 B 超影像** [任务]分析案例的病史、临床症状、血常规检查和 B 超检查结果，建立初步诊断。给出本病的治疗原则与措施。	本病例的主要病史是病犬反复出现血尿症状，提示以血尿为主症宠物疾病。临床检查的主要症状是在后腹部摸到具有游离性的球状硬物，并伴有疼痛，在 B 超检查中证实膀胱内存在强回声，后伴声影的物体。因此，本病例可诊断为膀胱结石。血常规检查，中性粒细胞数升高，说明本病例还伴发了膀胱炎症。 治疗原则：去除结石，通畅尿路。 1. 手术摘除结石 由于结石较大，采取手术方法摘除结石。 用异氟醚进行呼吸麻醉。手术采取在下腹部耻骨前阴茎一侧做能取出膀胱的切口，将膀胱从切口处取出，若膀胱充盈，则可用注射器使之空虚。然后用纱布隔离，在膀胱背侧血管少的地方做一切口。用手术器械取出结石和残渣，然后，放置导尿管，多次、快速、反复注入温生理盐水，以确保结石的取出和尿路的通畅。切口处采用两层连续内翻缝合，内层采用库兴氏缝合，外层采用伦伯特缝合，缝线采用可吸收线。 2. 术后护理 术后静养，减少应激，适当给予疼痛管理，补液及补充营养。给予抗生素，防止继发感染。导尿管需要插 5~7 d，同时要密切监视病犬的体温、尿道口及膀胱部位是否感染，勿忘补水，保证水的清洁，且水不是硬水。术后 4 d，给病犬补充营养膏；5~7 d 拆线。 3. 控制感染 处方 1　呋喃妥因 3~5 mg/kg.BW。 用法：口服，每日 3 次。 处方 2　乌洛托品，50~100 mg/kg.BW。 用法：静注。	

●●●●● 工作任务单

学习情境 4	表现泌尿系统症状宠物病防治
项目	表现泌尿系统症状宠物病防治

一条 4 岁的雄性德国狼犬，跛行，排暗红色尿。转来宠物医院就诊。

任务 1　诊断

1. 临床诊断

【材料准备】保定用具、听诊器、体温计等。

【工作过程】

(1)调查发病情况。通过询问、交谈等方式，了解犬的发病时间，病后的主要表现及病后诊治情况等。

[发病情况]雄性德国狼犬，4 岁，65 kg。主诉：该犬开始发病时，精神沉郁、食欲不佳、饮水量少、拱背夹尾、后肢无力，排尿频繁。发病 2 d 后肢出现跛行。当地兽医根据当时的症状诊断为风湿病，用阿司匹林等药物进行治疗 3 d 无效，病情加重，转到宠物医院就诊。

[发病情况分析]请分析发病情况调查结果，确定发病特点，初步判定疾病的类别。

(2)临床检查。对病犬进行一般检查及各系统的检查，重点检查病犬的泌尿系统，必要时进行尿常规检查。

[临床症状]精神萎靡，食欲不振，体温 39.8 ℃，呼吸 42 次/min，脉搏 158 次/min。触诊肾区敏感、疼痛，表现为背腰拱起，不愿走动，运动时步态拘谨，甚至拒绝检查；两后肢及腹下阴囊部皮下浮肿，指压如面团感；尿量减少，采集患犬一次排尿的初、中、后期尿液，尿色均呈轻度暗红色，静置后出现红色沉淀；其他未见明显异常。

[临床症状分析]请分析临床检查结果，确定主要症状，并结合发病情况分析，提出可疑疾病。论证分析可疑疾病，并通过鉴别诊断，排除可能性小的疾病，建立诊断。

2. 实验室诊断

【材料准备】

器材：灭菌离心管、显微镜、离心机、载玻片、盖玻片等。

药品：尿蛋白定性试纸条。

【检查过程】

(1)尿蛋白检查(试纸法)。取试纸浸入被检尿中，立刻取出，约 30 s 后与标准比色板比色，蛋白质定性试验试纸法结果判定见表 4-1。

表 4-1　蛋白质定性试验试纸法结果判定

颜色	结果判定	蛋白含量(mg/dL)	颜色	结果判定	蛋白含量(mg/dL)
淡黄色	−	<0.01	绿色	＋＋	0.1~0.3
浅黄绿色	＋(微量)	0.01~0.03	绿灰色	＋＋＋	0.3~0.8
黄绿色	＋	0.03~0.1	蓝灰色	＋＋＋＋	>0.8

【检查结果与分析】试纸条从被检尿中取出 30 s 后显绿灰色，判定为＋＋＋，尿样蛋白质检查为阳性。

（2）尿沉渣检查。取病犬新鲜尿液 10 mL 于沉淀管内，1 500 r/min 离心沉淀 5 min；倾去上清液，留下 0.5 mL 尿液；摇动沉淀管，使沉淀物均匀地混悬于少量余尿中；用吸管吸取沉淀物置于载玻片上，盖上盖玻片镜检。镜检时使用暗视野，仔细辨认细胞成分和管型等。

【检查结果与分析】发现白细胞、红细胞及红细胞管型，少量肾上皮细胞，提示肾炎。

3. 建立诊断

结合临床检查、实验室检查，你认为可诊断为何病？

任务 2　治疗

你认为本病例的治疗原则与措施是什么？

任务 3　预防

你认为该怎样预防本病？

（工作任务参考答案见附录）

必备知识

一、必备的专业知识和技能

表现泌尿系统症状宠物病防治的方法如下。

1. 表现泌尿系统症状宠物病类症诊断

见图 4-2。

2. 表现泌尿系统症状宠物病

表现泌尿系统症状宠物疾病主要有膀胱炎、尿道炎、前列腺炎、尿石症、肾炎、尿崩症、甲状旁腺功能亢进症、甲状腺功能亢进症、腹膜炎（见学习情境 1）、子宫蓄脓症（见学习情境 5）、抗凝血杀鼠药中毒（见学习情境 3）、洋葱（大葱）中毒（见学习情境 3）、犬巴贝斯虫病（见学习情境 3）、钩端螺旋体病（见学习情境 3）、附红细胞体病（见学习情境 3）。

（1）肾炎。

【引导问题】请回答下列单项或多项选择题，并详细解析。

1）肾炎是指（　　）的炎症。

A. 肾小球　　　　B. 肾小管　　　　C. 肾间质　　　　D. 肾盂

2）肾炎以（　　）性炎症为主。

A. 感染　　　　B. 中毒　　　　C. 变态反应　　　　D. 外伤

3）肾炎可引起肾性高血压，临床检查中通常表现为（　　）。

A. 主动脉第一心音增强　　　　B. 肺动脉第一心音增强

C. 主动脉第二心音增强　　　　D. 肺动脉第二心音增强

4）下列不宜用于治疗肾炎的药物是（　　）。

A. 磺胺嘧啶钠　　　　B. 地塞米松

C. 双氢氯噻嗪　　　　D. 氨苄青霉素

【相关知识】

肾炎是指肾小球、肾小管或肾间质的炎症，其主要特征是肾区敏感，尿量减少，尿液中含有病理产物等。临床上肾炎分为急性肾小球肾炎、慢性肾小球肾炎、间质性肾炎。

图片：呈肾衰竭的肾脏

动画：肾小球肾炎的发病机理

排尿异常		症状	可能原因
	排尿带痛	公犬阴茎频频勃起，母犬阴唇不断开张，有时卧下不自主排尿，尿液混浊	可能原因：尿道炎
		触诊膀胱敏感疼痛、体积缩小、有空虚感，或者高度充盈	可能原因：膀胱炎
		成年公犬，便秘、里急后重，腹后部触诊有压痛，尿道外口滴血样或脓样分泌物	可能原因：前列腺炎
		排尿困难，尿频，血尿，疼痛明显	可能原因：膀胱结石、尿道结石
	排尿减少或无尿	常取排尿姿势，但不敢用力，腹痛，触诊腹壁紧张、敏感	可能原因：腹膜炎
		背腰僵硬，运步小心，触诊肾区疼痛，眼睑、阴囊等处发生水肿	可能原因：肾炎
		排尿停止，而腹围逐渐增大，冲击触诊有振水音	可能原因：膀胱破裂
	排尿量增多	多饮多尿，尿比重明显降低，短时间喝不到水就会出现脱水症状	可能原因：尿崩症
		骨质疏松、易发生泌尿道结石或消化道溃疡	可能原因：甲状旁腺功能亢进
		食欲旺盛，体重下降，神经过敏，甲状腺肿大	可能原因：甲状腺功能亢进
		多饮多尿，食欲不振或废绝，呕吐。腹围增大或阴道排大量灰黄色或灰绿色脓汁	可能原因：子宫蓄脓症
	排红色尿	肾区疼痛，一次排尿始终都呈深浅一致的红色	可能原因：肾脏出血
		尿频，尿痛，排尿困难，排尿最初一部分尿液中有较深的红色	可能原因：尿道炎、尿道结石
		尿频，排尿带痛，排尿时最后一部分尿液中有较深的红色	可能原因：膀胱炎、膀胱结石
		公犬尿频，排尿过程中带有鲜血，尿血分离，触诊前列腺肥大	可能原因：前列腺出血
		有接触鼠药的病史，贫血，虚弱，进而发生鼻出血、呕血、血尿、血便或黑粪	可能原因：抗凝血杀鼠药中毒

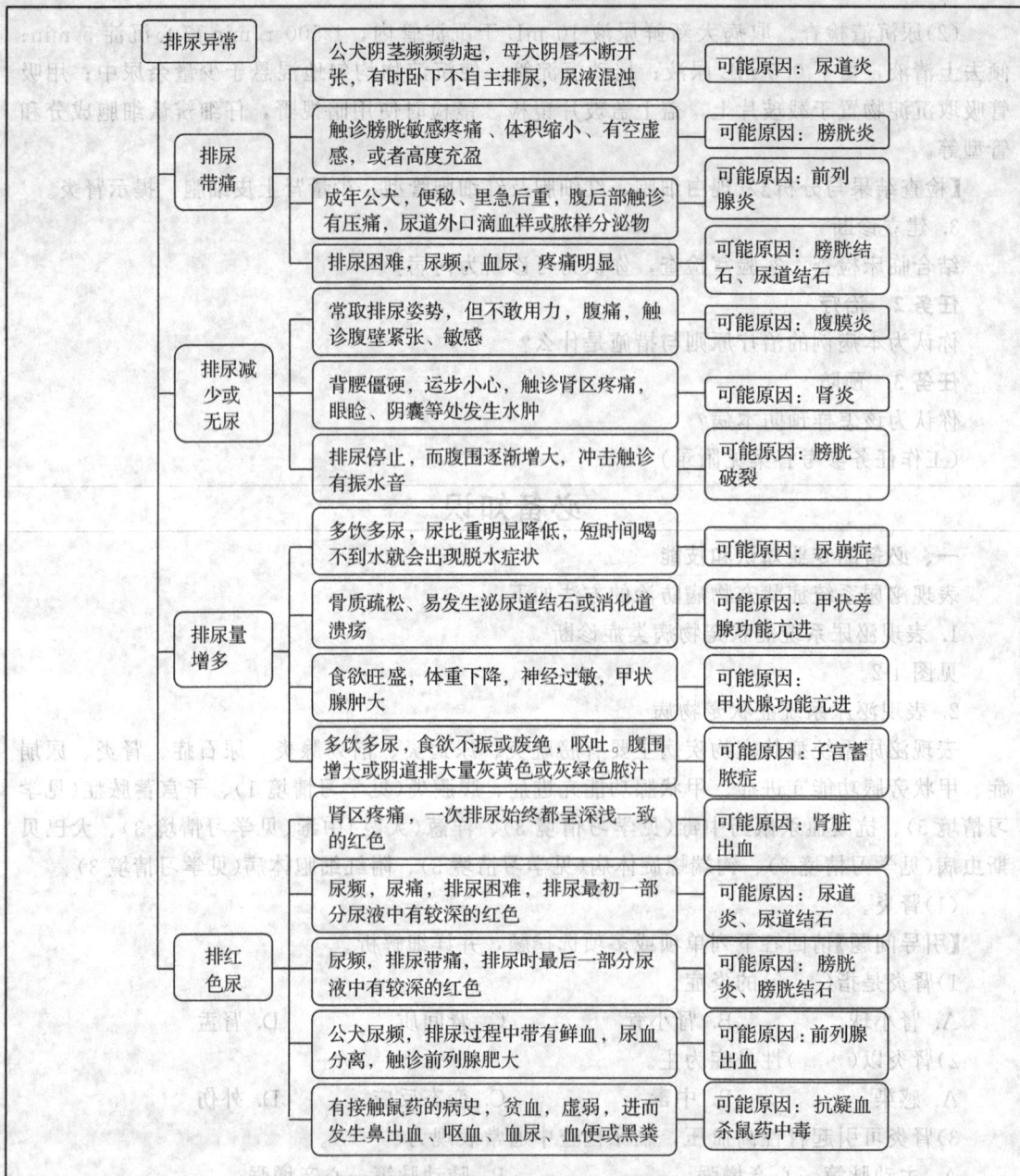

图4-2　表现泌尿系统症状宠物病类症诊断

【病因】目前认为肾炎的发生与感染、中毒、变态反应等因素有关。

1)感染因素。见于病毒(犬瘟热病毒、犬传染性肝炎病毒、猫传染性腹膜炎病毒、猫白血病病毒)、细菌(溶血性链球菌、葡萄球菌、肺炎双球菌、犬钩端螺旋体、结核杆菌)、寄生虫(犬恶丝虫、弓形虫)等感染。

2)中毒因素。①内源性毒物中毒，见于胃肠道炎症、皮肤疾病、代谢障碍性疾病、皮肤大面积烧伤或烫伤时产生毒素、代谢或组织分解等。②外源性毒物中毒，见于误食有毒物质(汞、砷、磷)或霉败食物。

3)邻近器官的炎症。膀胱炎、子宫内膜炎及阴道炎等蔓延而引起本病。

4)其他因素。如机体遭受寒冷的刺激，因外力作用造成肾脏损伤等均促使肾炎发生。

【症状】

1)急性肾小球肾炎。患病初期精神沉郁，体温升高，食欲减退。由于肾区敏感，犬、猫不愿活动。站立时背腰拱起，强迫行走时步态强拘，小步前进。肾区轻轻压迫表现不安，躲避或抗拒检查。频频排尿，但每次尿量较少，有时甚至无尿，尿的比重增高，并有血尿现象。出现肾性高血压、主动脉口第二心音增强。尿液检查发现尿中蛋白质含量增高，出现肾上皮细胞，并见有管型、白细胞、病原菌等。

严重病例呈现尿毒症症状，表现机体衰弱无力，昏迷，全身肌肉呈发作性痉挛，严重腹泻，呼吸困难等症状。

2)慢性肾小球肾炎。多由急性肾炎发展而来，食欲减退，逐渐消瘦。早期多饮多尿，后期尿少。后期可见眼睑、胸腹下或四肢末端出现水肿，严重时发生肺水肿和体腔积水。

严重病例呈现尿毒症症状，同时，心血管系统发生功能障碍。

3)间质性肾炎。主要表现为初期尿量增多，后期减少，压迫肾区时动物无疼痛表现。血压升高，心脏肥大，皮下水肿，最后可因肾功能障碍导致尿毒症而死亡。

【诊断】主要根据病史、典型临床症状、尿液化验结果进行诊断。同时，应注意与肾病相区别。肾病有明显的水肿，大量尿蛋白及低蛋白血症，但不见有血尿及肾性高血压现象。

【防治】消除病因，抑制免疫反应，消炎利尿及对症治疗。

1)加强饲养管理。首先在发病初期使患病犬、猫处于 1~2 d 的饥饿或半饥饿状态，置于温暖、干燥的房间中安静休养。在食物中酌情给予营养丰富、易消化的乳制品，适当限制肉和食盐的摄入量。而慢性肾小球肾炎多尿期易造成低钠血症，可适当补给食盐。

2)消除感染。可选用抗生素、氨苄青霉素、硫酸链霉素或氟苯尼考 10~20 mg/kg. BW，肌注，每天 2~3 次；亦可肌肉或静注环丙沙星、恩诺沙星、洛美沙星等。最好不用磺胺类药物，亦不宜使用卡那霉素或庆大霉素(对肾脏毒性较大)。

3)抑制免疫反应。可应用肾上腺皮质激素药地塞米松 0.5~1 mg/kg. BW，肌注，每天 1 或 2 次；或应用醋酸可的松、去炎松等药物；也可应用抗肿瘤药物。

4)利尿消肿。当有明显水肿时，可选用利尿利水药，速尿 2~4 mg/kg. BW(静注总量为 5~20 mg)；双氢氯噻嗪 2~4 mg/kg. BW，内服，每天 2 次；甘露醇 2~3g/kg. BW，50%葡萄糖注射液 10~30 mL，静注。同时，应注意补钾，用氯化钾 0.1~0.3 g/次，缓慢静注，每天 1 次。

5)对症治疗。心衰时强心；出现尿毒症时，用 5%碳酸氢钠注射液(犬 5~30 mL)静注；有严重血尿时，用止血药物；大量出现蛋白尿时，用苯丙酸诺龙 2 mg/kg. BW，肌注，每 10~15 天 1 次，或丙酸睾酮，10~50 mg/只，肌注，每 2 或 3 天 1 次；并发尿路感染时，用呋喃妥因 3~5 mg/kg. BW，口服，每天 3 次。尿路消毒用乌洛托品，50~100 mg/kg. BW，静注。

(2)膀胱炎。

【引导问题】请回答下列单项或多项选择题，并详细解析。

1)膀胱炎是指(　　)的炎症。

A. 膀胱黏膜　　　　B. 膀胱黏膜下肌层　　　C. 膀胱浆膜　　　　D. 膀胱颈

2)下列可以引发膀胱炎病因的是（　　）。

A. 尿道炎　　　　　B. 膀胱结石　　　　　C. 导尿操作不当　　D. 子宫内膜炎

3)膀胱炎常见的主要症状是（　　）。

A. 尿频　　　　　　B. 排尿痛苦　　　　　C. 尿液混浊　　　　D. 血尿

4)下列利于膀胱炎治疗的措施是（　　）。

A. 给予清洁饮水　　B. 给予无刺激性食物　C. 尿路消毒　　　　D. 抗菌消炎

【相关知识】

膀胱炎是指膀胱黏膜和黏膜下肌层的炎症，临床上表现排尿疼痛、尿频。尿沉渣检验时，多见膀胱上皮、脓球和大量红细胞等。雌性及老龄猫、犬多发。

图片：膀胱炎 B
超图、X 射线图
动画：猫自发性
膀胱炎的发生

【病因】

1)病原微生物的感染。如大肠杆菌、葡萄球菌、化脓杆菌、变形杆菌等通过血液循环或尿道感染膀胱。

2)机械性刺激或损伤。导尿操作不当、膀胱结石、膀胱内肿瘤、尿潴留时的分解产物以及刺激性药物等因素损伤膀胱黏膜。由脊椎骨折、脊髓炎所致的神经损伤或膀胱憩室等引起的尿潴留也可引起本病。

3)临近器官的炎症。如子宫内膜炎、阴道炎、尿道炎、肾炎、输尿管炎等，均可蔓延至膀胱而导致膀胱炎。

【症状】急性膀胱炎，表现尿少而频、排尿疼痛不安、血尿、混浊恶臭尿、排尿困难、尿失禁。触诊膀胱，多呈空虚、敏感状态，发生尿闭时，膀胱高度充盈。严重病例，体温升高、精神沉郁、食欲减退。慢性膀胱炎，病程较长，触诊膀胱壁肥厚，一般不敏感，也可能触知膀胱内的结石和肿瘤。

实验室检查：发生膀胱炎时，尿液呈红褐色(血尿)，同时伴有腐败臭味。尿沉渣中有大量膀胱上皮细胞、白细胞、红细胞及微生物。X 射线检查，能诊断尿结石、肿瘤、尿道异常、膀胱憩室等并发症。慢性膀胱炎可见膀胱壁肥厚。

【诊断】根据疼痛性尿频、触诊膀胱敏感及尿液的实验室检验综合判断。

【防治】加强护理，消除病因，抗菌消炎，对症治疗。饲喂无刺激性、营养丰富的食物；供给清洁饮水，可加入少量盐，以促进利尿；抗菌消炎，可选用抗生素，如头孢类或拜有利肌注；尿路消毒，口服呋喃坦啶，肌注头孢拉定、丁胺卡那，配伍乌洛托品治疗；止血，肌注止血敏，每天 2 次；口服云南白药胶囊，每次 1 粒，每天 3 次。

(3)尿道炎。

【引导问题】请回答下列单项或多项选择题，并详细解析。

1)尿道炎是指（　　）、（　　）的炎症。

A. 尿道黏膜　　　　B. 尿道黏膜下层　　　C. 尿道浆膜　　　　D. 尿道口

2)下列可以引发尿道炎的病因是（　　）。

A. 膀胱炎　　　　　B. 尿道结石　　　　　C. 导尿操作不当　　D. 子宫内膜炎

3)尿道炎常见的主要症状是（　　）。

A. 尿频　　　　　　B. 排尿痛苦　　　　　C. 尿液混浊　　　　D. 尿淋漓

4)下列利于尿道炎治疗的措施是（　　）。

A. 给予清洁饮水　　　　　　　　B. 给予无刺激性食物

C. 尿路消毒　　　　　　　　　　D. 抗菌消炎

【相关知识】

尿道炎是尿道黏膜及下层的炎症，临床上以尿频、尿痛、尿淋漓、尿液混浊和经常性血尿为特征。

【病因】犬、猫尿道炎多因导尿管消毒不严、导尿操作粗暴、尿结石的机械刺激、损伤尿道黏膜或继发于邻近器官炎症蔓延，如膀胱炎、包皮炎、阴道炎、子宫内膜炎等。其他原因有交配时过度舔舐或其他异物（如草刺等）刺入尿道等。

图片：尿道
炎症状

【症状】病犬、猫频频排尿，排尿困难，疼痛性尿淋漓，尿液混浊，含有黏液、血液或脓汁。尿道黏膜潮红肿胀，严重时常有黏液或脓汁从尿道口流出。触诊或导尿检查时，病畜表现疼痛不安并抗拒或躲避检查，惨叫或呻吟。严重时尿道黏膜溃疡、糜烂、坏死或形成瘢痕组织，引起尿道狭窄或阻塞，发生尿道破裂时，尿液渗流到周围组织，使腹部下方积尿而发生自体中毒。

【诊断】根据排尿困难和排尿疼痛、触诊局部敏感、导尿困难等症状可作出初步诊断。尿液检查，有细菌和尿道上皮细胞，无膀胱上皮细胞。

【防治】确保尿道排泄通畅，消除病因，控制感染和对症治疗。抗菌消炎，肌注庆大霉素，每次 8 万 IU，每天 2 次；口服头孢氨苄，每次 50～100 mg，每天 2 次；清洗尿道，用 0.1% 高锰酸钾溶液清洗尿道及外阴，然后向尿道内推注氨苄西林针剂 1～2 mL；止血，肌注止血敏，每次 2 mL，每天 1～2 次。

（4）尿石症。

【引导问题】请回答下列单项或多项选择题，并详细解析。

1）尿石症按结石存在的部位可分为（　　）。

A. 肾结石　　　B. 输尿管结石　　　C. 膀胱结石　　　　D. 尿道结石

2）下列可以引发尿结石的病因是（　　）。

A. 饮水不足　　　　　　　　　　B. 食物中矿物质含量过高

C. 维生素 A 缺乏　　　　　　　　D. 尿路感染

3）尿道结石常见的主要症状是（　　）。

A. 尿淋漓　　　　　　B. 血尿　　　　　C. 尿闭　　　　　D. 尿毒症

4）下列可用于膀胱结石诊断的方法是（　　）。

A. X 射线检查　　　B. B 超检查　　　C. 膀胱触诊检查　　　D. 血常规检验

【相关知识】

尿石症是指尿路中的无机盐类（或有机类）结晶的凝结物，刺激尿路黏膜而引起炎症和阻塞的一种泌尿器官疾病，多见于老龄犬，且有家族倾向。

【病因】尿结石形成原因尚未完全清楚，一般认为与尿路感染、维生素A 缺乏、饮水不足、食物中矿物质含量过高、甲状旁腺功能亢进、维生素D 含量过高、矿物质代谢紊乱、尿液 pH 的改变等因素有关。

图片：尿石症
模式图、膀胱
结石 X 射线图

【症状】

1)膀胱结石。尿频、血尿及努责。结石可造成排尿困难和尿闭，使腹围增大。通过腹部触诊可以确定结石。

2)尿道结石。努责、尿淋漓、血尿及尿闭。尿闭后腹围迅速增大，引起尿毒症和膀胱破裂。多发于公犬，结石嵌留在阴茎骨后端。

3)输尿管结石。呈急性重度症状。排尿困难，呈淋漓状，剧痛、拱背缩腹，呕吐，若有感染则体温升高，时有血尿。此种结石发生率很低。

4)肾结石。不伴发肾盂肾炎时不表现症状，仅有血尿。当细菌感染时，尿中混有细菌、脓细胞、红细胞及肾小管上皮细胞。

【诊断】根据尿频、排尿困难和血尿可初步诊断，结合 X 射线检查、探诊检查、尿沉渣检查可确诊本病。

【防治】膀胱结石，结石较大的应马上切开膀胱取出结石，结石少而小的，可以考虑用激光、超声波碎石。尿道结石，对轻症犬，把导尿管插入尿道，边压迫骨盆缘处的尿道边向内注入生理盐水和液体石蜡的等量混合液，当压力提高后，迅速放开使注入的液体流出。此方法若不成功，可把导尿管再向前推入插进膀胱内。重症可行尿道切开术。对易于复发的公犬，设置尿道管是较好的方法。输尿管结石，口服呋喃坦啶和排石冲剂可缓解症状。

(5)前列腺炎。

【引导问题】请回答下列单项或多项选择题，并详细解析。

1)前列腺炎多发生于(　　)。

A. 幼龄犬　　　　　B. 青年犬　　　　　C. 老龄犬　　　　　D. 各年龄犬均易发生

2)前列腺炎主要继发于(　　)。

A. 泌尿道感染　　　B. 全身感染　　　　C. 前列腺增生　　　D. 过量服用雌激素

3)前列腺炎的主要症状是(　　)。

A. 排尿障碍　　　　　　　　　　　　　B. 排粪困难

C. 精液品质恶化　　　　　　　　　　　D. 触诊前列腺肥大、有压痛

4)治疗前列腺炎的有效措施是(　　)。

A. 抗菌消炎　　　　B. 解热镇痛　　　　C. 缓泻　　　　　　D. 导尿

【相关知识】

前列腺炎是指公犬、公猫前列腺的炎症，一般呈化脓性炎症，前列腺肿大。

【病因】主要继发于泌尿道感染，全身感染的布氏杆菌和结核病也可导致本病。另外，前列腺增生、过量服用雌激素也是前列腺炎的继发病因。

图片：犬前列腺炎症状模式图

【症状】患病公犬、公猫频频排尿，但每次排尿量少甚至呈滴状排出，有的排尿失禁。尿液混浊，混有血液或脓汁。行走缓慢，站立时，两后肢伸至腹下，尾根拱起，似排粪样。直肠、腹部触诊，可感知前列腺肥大、有压痛，前列腺发生脓肿时，有波动感。前列腺脓肿的犬，体温升高，精神沉郁，食欲废绝，可见排尿困难或尿闭。随着化脓性前列腺炎的发展，精液品质不断恶化，患犬、猫射出精液呈黄色或灰绿色，混有絮状物，并具有腐败气味。

【诊断】根据前列腺肿大、敏感，精液有异味、变色等症状，并结合血常规检查、精液

检查诊断本病。

【防治】抗菌消炎，同时配合解热镇痛、缓泻、导尿等对症治疗。前列腺脓肿，应手术切开排脓，并做外瘘术。抗菌消炎，可选择三甲氧苄氨嘧啶、竹桃霉素和红霉素。抗生素治疗，一个疗程至少要持续 2 周；停药后 5 d，取精液作微生物培养，以后每月培养 1 次，至少连续 2 个月的培养结果均为阴性时，才可认为治愈。

(6)尿崩症。

【引导问题】请回答下列单项或多项选择题，并详细解析。

1)尿崩症发生的病理原因是( )。

A. 血管加压素分泌不足　　　　　B. 血管加压素分泌过多

C. 肾脏对血管升压素不敏感　　　D. 肾脏对血管加压素敏感性增强

2)尿崩症的类型主要有( )。

A. 肾源性尿崩症　　B. 血源性尿崩症　　C. 中枢性尿崩症　　D. 膀胱源性尿崩症

3)尿崩症的特征症状是( )。

A. 多饮　　　　　　B. 多尿　　　　　　C. 低比重尿　　　　D. 低渗透压尿

4)下列治疗肾性尿崩症的有效疗法是( )。

A. 去氨加压素　　　B. 双氢氯噻嗪　　　C. 氨苄青霉素　　　D. 乌洛托品

【相关知识】

尿崩症是指血管加压素分泌不足，或肾脏对血管升压素(ADH)反应缺陷而引起的一组症候群，其特点是多尿、烦渴、多饮、低比重尿和低渗透压尿。

【病因】主要病因有以下几种。

1)肾源性尿崩症。主要见于肾上腺皮质功能亢进、高钙血症、子宫蓄脓、甲状腺功能亢进、低血钾症和慢性肾病等原因。

2)中枢性尿崩症。常见于垂体、下丘脑部位的手术，严重的脑外伤，病原微生物感染，先天性缺陷等。

图片：尿崩症
发生原理图
动画：尿崩症
的发病机理

【症状】患病宠物体温正常，食欲变化不明显，突出表现是多饮多尿、尿比重明显降低。

【诊断】根据犬、猫表现极度地多饮多尿、尿比重明显降低、短时间喝不到水就会出现脱水症状，或垂体、下丘脑有受伤史等症状即作出初步诊断。必要时断水实验，检查机体是否释放了内源性的 ADH，以及肾脏是否对 ADH 有反应。

【防治】

1)激素疗法。去氨加压素，每次 2～4 滴，结膜内、鼻内、包皮内滴入或阴门内滴入，每天 2 次。适用于中枢性尿崩症。

2)利尿药疗法。双氢氯噻嗪，犬 2～4 mg/kg.BW，猫 1～2 mg/kg.BW，口服，每天 2 次。

3)逐渐限制饮水，纠正不良行为。

(7)甲状旁腺功能亢进症。

【引导问题】请回答下列单项或多项选择题，并详细解析。

1)甲状旁腺素的功能是( )。

A. 促进骨盐溶解　　B. 促进血钙沉积　　C. 加强物质代谢　　D. 减少基础代谢

2)原发性甲状旁腺功能亢进症的原因是(　　　)。

A. 甲状旁腺增生　　　B. 甲状旁腺肥大　　　C. 钙磷缺乏　　　D. 维生素 D 缺乏

3)甲状旁腺功能亢进症的主要症状是(　　　)。

A. 肌肉无力　　　　　B. 便秘　　　　　　　C. 多尿　　　　　　D. 尿路结石

4)X 射线检查甲状旁腺功能亢进病例可发现(　　　)。

A. 骨密度正常　　　　B. 骨密度降低　　　　C. 骨密度升高　　　D. 骨密度变化无规律

【相关知识】

甲状旁腺功能亢进是由于甲状旁腺激素及甲状旁腺素样物质分泌过多，导致机体钙、磷代谢紊乱的一种疾病。临床上以骨质疏松、泌尿道结石或消化道溃疡为特征。

图片：甲状旁腺功能亢进 X 射线图

【病因】

1)原发性甲状旁腺功能亢进。由于甲状旁腺的增生、肥大等，分泌过多的甲状旁腺素，或甲状旁腺肿瘤出血和坏死时大量甲状旁腺素迅速释放所致。多见于老龄犬、猫。

2)继发性甲状旁腺功能亢进。因长期饲喂缺乏钙、磷、维生素 D 或钙、磷比例不当的饲粮而导致血钙降低，继而导致甲状旁腺素分泌过多。多见青年犬、猫。

3)肾性甲状旁腺功能亢进。由慢性肾功能不全所致磷酸盐排泄障碍，引起血磷增加、血钙减少，而刺激甲状旁腺分泌增加。

4)假性甲状旁腺功能亢进。见于骨和甲状旁腺以外的肿瘤，肿瘤细胞分泌骨吸收物质，结果表现甲状旁腺分泌亢进样的高钙血症和低磷血症。

【症状】患病犬、猫体温多正常，烦渴，多尿，有时出现血尿和尿路结石，厌食，呕吐，精神沉郁，肌肉无力，便秘和体重下降，心率缓慢。

【诊断】根据犬、猫临床表现可作出初步诊断，确诊应进行实验室诊断。

1)血液生化指标诊断。在原发性甲状旁腺功能亢进病例中，可发现高钙血症和低磷血症。继发性甲状旁腺功能亢进病例，初期血钙明显降低和血磷降低，以后呈高磷血症。肾性甲状旁腺功能亢进病例，血清尿素氮和肌酐升高，血钙基本正常或稍高。

2)X 射线检查。患病宠物骨密度降低，其中上、下颌骨的密度降低最为明显。

【防治】

1)原发性甲状旁腺功能亢进。较轻的病例，可用磷酸盐溶液 100 mL 静注，以促进钙进入骨骼。对甲状旁腺肿瘤和增生的进行外科切除，术后如发生抽搐可给予葡萄糖酸钙 10~20 mL，缓慢静注。

2)继发性甲状旁腺功能亢进。可饲喂 2~3 个月的维生素 D 和钙、磷比例为 2:1 的食物，症状缓解后给予钙、磷比例为 2:1 的食物。

3)肾性甲状旁腺功能亢进。患病犬、猫多为慢性不可逆性的病理过程，难以治愈。

4)假性甲状旁腺功能亢进。早期肿瘤，可实行放射性疗法、免疫疗法或手术疗法。

(8)甲状腺功能亢进症。

【引导问题】请回答下列单项或多项选择题，并详细解析。

1)甲状腺素的功能是(　　　)。

A. 促进骨盐溶解　　B. 促进血钙沉积　　C. 提高基础代谢　　D. 降低基础代谢

2)甲状腺功能亢进的原因是(　　　)。

A. 甲状腺增生　　　　B. 甲状腺肥大　　　　C. 钙磷缺乏　　　　D. 维生素 D 缺乏

3)甲状腺功能亢进症的主要症状是(　　　)。

A. 多食　　　　　　　B. 多饮　　　　　　　C. 多尿　　　　　　　D. 体重减少

4)甲状腺功能亢进症的治疗措施是(　　　)。

A. 甲巯咪唑疗法　　　　　　　　　　B. 放射性同位素碘疗法

C. 手术治疗　　　　　　　　　　　　D. 温敷疗法

【相关知识】

甲状腺功能亢进症简称甲亢，是指甲状腺激素分泌过多的一种内分泌疾病。该病常见于 6～20 岁的老龄猫，犬也可能发生。8 岁以上猫最常见。

【病因】目前认为与自身免疫因素、内分泌功能紊乱和精神受到刺激等有重要关系。另外，甲状腺瘤变、甲状腺部分切除以及矿物碘的缺乏均可导致甲状腺增生、肥大与功能变化。

图片：甲状腺
功能亢进症状

【症状】甲状腺增生物大小、数量不等，质地较硬，而甲状腺弥漫性肿大则呈两侧对称性发生，质地柔软，触之有弹性感。病犬表现为食欲增加，体重减轻，烦渴，出现多尿、体型消瘦，体虚无力，易兴奋。心搏动增强，血压升高。眼睑水肿，眼球突出，畏光怕光。两侧进行颈下触诊，可摸到肿大的甲状腺肿瘤。猫甲状腺功能亢进发生缓慢，6 岁以上的患猫临床症状是食欲旺盛，体重下降，排粪次数和数量增加，粪便变稀，个别猫只出现呕吐，多饮多尿，行为异常，表现出神经过敏，多动症和攻击行为，烦躁不安，经常嘶叫。心肌肥大，心内杂音，红细胞增多。

【诊断】根据饲喂碘和硫脲嘧啶可缓解症状，可作出初步诊断。实验室诊断，甲亢患病宠物的血清总 T_4、T_3 等指标增高，有助于本病的确诊。

【防治】甲状腺功能亢进的治疗主要有三种措施。

1)抗甲状腺药物治疗。口服抗甲状腺药物只能抑制甲状腺功能亢进，须每天用药以维持其疗效。药物中以硫脲类为主，甲巯咪唑，大多数猫口服每次 5～7.5 mg 有效，每天 2 次给药，效果最好。一旦临床症状消失和甲状腺恢复正常，特别对于长期接受甲巯咪唑治疗的猫，可尝试降低每天用药剂量和用药次数，或两者同时减少。

2)放射碘治疗。如果可以选择，放射碘是甲状腺功能亢进的首选方案，其副作用和死亡率低，并且成功率高。

3)手术治疗。早期尚未转移的甲状腺癌采用外科摘除术；已转移或难以完全摘除的甲状腺腺癌，不要手术摘除，可进行放射碘疗法。

二、拓展阅读

学习党的二十大精神　　　　课程思政融入实践教学

●●●●● **作业单**

学习情境 4	表现泌尿系统症状宠物病防治
作业完成方式	以学习小组为单位，课余时间独立完成，在规定时间内提交作业。
作业题 1	以泌尿系统症状为主症宠物疾病的鉴别诊断要点。
作业解答	请另附页。
作业题 2	案例介绍：雄性马士提夫犬，约 5 个月大，体重约 50 kg，营养良好。主诉：该犬 3 天前，开始发病，精神差，不吃食，自用青霉素治疗无效。临床检查：体温 39.8 ℃，尿频，且尿色浑浊带血色。视诊该犬尾根平举，喜站不喜蹲坐，腹部触诊，膀胱无充盈感，腹后部痛感较强，直肠检查时不让触摸肛门。保定触检，可明显感到前列腺肿大，发热并有波动感。 　　作业要求：根据病例的发病情况、症状及病变，提出初步诊断意见和确诊的方法，并按你的诊断结果提出治疗方案，写出对该病的预防措施。
作业解答	请另附页。
作业题 3	案例介绍：一只史纳莎犬，雌性，5 岁。主诉：3 天前，该犬拒食，能少量饮水，常有排尿动作却只有少量尿排出，呈淋漓状，带有血色。该犬平时爱吃鸡肝和其他肉食。临床检查：体温 39.5 ℃，听诊心律不齐，鼻镜干燥，眼结膜及口腔黏膜苍白，下腹部触摸敏感，用力按压有疼痛感，建议做 X 射线检查。通过 X 射线摄片看到该犬膀胱有高密度物质存在。 　　作业要求：根据病例的发病情况、症状及病变，提出初步诊断意见和确诊的方法，并按你的诊断结果提出治疗方案，写出对该病的预防措施。
作业解答	请另附页。
作业评价	班级　　　　　　第　　组　　组长签字 学号　　　　　　姓名 教师签字　　　教师评分　　　　　日期 评语：

●●●●● **学习反馈单**

学习情境 4	表现泌尿系统症状宠物病防治
评价内容	评价方式及标准。

知识目标 达成度	评价方式：学生自我评价。 评价标准：能说出表现泌尿系统症状宠物病的基本特征、发生发展规律、诊断与治疗方法。
技能目标 达成度	评价方式：学生自我评价。 评价标准：会分析表现泌尿系统症状宠物病案例，对临床病例，能搜集症状、分析症状、建立诊断，确定防治方案。
素养目标 达成度	评价方式：学生自我评价。 评价标准：能够关爱宠物，具有团结合作和严谨认真的意识，具有独立思考、爱岗敬业、安全工作的态度。
反馈及改进	
针对学习目标达成情况，提出改进建议和意见。	

学习情境 5

表现生殖系统症状宠物病防治

●●●●● 学习任务单

学习情境 5	表现生殖系统症状宠物病防治	学　时	10
布置任务			
学习目标	【知识目标】 1. 了解表现生殖系统症状宠物病的基本特征。 2. 理解表现生殖系统症状宠物病的发生、发展规律。 3. 掌握表现生殖系统症状宠物病的诊断与防治方法。 【技能目标】 1. 能分析临床案例，获得临床诊治疾病的经验。 2. 对临床病例，能搜集症状、分析症状、建立诊断，确定防治方案。 【素养目标】 1. 通过宠物病基本特征的学习，激发学生关爱生命的使命感。 2. 通过案例分析，培养学生团结合作和严谨认真的意识。 3. 通过临床病例诊疗与分析，培养学生独立思考、爱岗敬业、安全工作的态度。		
任务描述	对临床实践中表现生殖系统症状的患病宠物进行检查，分析症状，作出诊断，制定并实施治疗方案，提出预防措施。具体任务如下。 1. 运用病史调查、临床症状检查等方法，搜集症状、资料，通过论证分析及类症鉴别等方法，建立初步诊断。 2. 依据初步诊断结果，进行必要的实验室检验及特殊检查，并根据检验、检查结果，作出更确切的诊断。 3. 对诊断出的疾病予以合理治疗，并提出预防措施。		
提供资料	1. 信息单。 2. 教材。 3. 宠物疾病防治精品开放课程网站。		
对学生要求	1. 按任务资讯单内容，认真准备资讯问题。 2. 按各项工作任务的具体要求，认真实施工作方案。 3. 以学习小组为单位，开展工作，提升团队协作能力。 4. 遵守工作场所的规章制度，注意个人防护与生物安全。		

●●●● **任务资讯单**

学习情境 5	表现生殖系统症状宠物病防治
资讯方式	阅读信息单与教材；进入本课程网站及相关网站，观看 PPT 课件、教学视频、动画、专业图片等；到图书馆查询；向指导教师咨询。
资讯问题	1.1　生殖系统疾病的基本检查方法有哪些？ 　　1.2　流产是如何发生的？ 　　1.3　流产的诊断要点有哪些？怎样与类似疾病鉴别诊断？ 　　1.4　流产的防治措施有哪些？ 　　1.5　怎样治疗流产？ 　　2.1　难产的类型及特征有哪些？ 　　2.2　不同类型难产的诊断要点及防治措施有哪些？ 　　2.3　产力性难产、胎儿性难产和产道性难产应怎样处理？ 　　3.1　子宫内膜炎的发生原因是什么？ 　　3.2　子宫内膜炎的诊断要点有哪些？怎样与类似疾病鉴别诊断？ 　　3.3　如何治疗子宫内膜炎？ 　　3.4　卵巢囊肿是怎样发生的？ 　　3.5　如何诊断卵巢囊肿？怎样与类似疾病鉴别诊断？ 　　3.6　如何预防卵巢囊肿的发生？ 　　4.1　乳房炎是怎样发生的？在流行特点上有哪些特征？ 　　4.2　乳房炎的诊断要点有哪些？怎样与类似疾病鉴别诊断？
资讯引导	1. 李玉冰，刘海．宠物疾病临床诊疗技术．北京：中国农业出版社，2017 　　2. 张磊，石冬梅．宠物内科病．北京：化学工业出版社，2016 　　3. 解秀梅．宠物传染病．北京：中国农业出版社，2021 　　4. 孙维平，王传锋．宠物寄生虫病．北京：中国农业出版社，2010 　　5. 李志．宠物疾病诊治．北京：中国农业出版社，2019 　　6. 韩博．犬猫疾病学，第 3 版．北京：中国农业大学出版社，2011 　　7. 谢富强．犬猫 X 线与 B 超诊断技术．沈阳：辽宁科学技术出版社，2006 　　8. 周桂兰，高得仪．犬猫疾病实验室检验与诊断手册，第 2 版．北京：中国农业出版社，2015 　　9. 宠物疾病精品资源开放课： 　　https：//www.xueyinonline.com/detail/232532809

●●●●● 案例单

学习情境 5	表现生殖系统症状宠物病防治	案例训练学时	4
序号	案例内容	案例分析	

序号	案例内容	案例分析
5.1	病史调查：腊肠犬，母犬，已怀孕42 d，今天早上主人在遛狗时此犬下楼时不小心摔了一跤，主人发现该犬的外阴部有暗红色分泌物流出。此犬怀孕后一直都很正常。病犬发病后表现精神沉郁，食欲废绝，不爱动，一直趴在窝里。于 4 月 19 日前来就诊。 　　临床检查：患犬表现精神沉郁，无食欲，眼结膜苍白。体温 38.8 ℃，心率 82 次/min，呼吸 26 次/min。轻压腹部母犬有反抗动作，轻轻触诊腹部感觉腹中胎儿尚有胎动，外阴处有黏性暗红色的分泌物流出，腹围增大。 　　血常规检查：血液分析仪检查结果显示该犬 WBC、NEU、MONO 均高于正常值，表明有炎性感染。RBC 和HGB 低于正常值，表明有贫血表现。 　　B 超检查：结果显示该犬子宫体积明显增粗，尚有胎动和心跳。 　　[任务] 分析案例的病史、临床症状、血常规检查及 B 超检查结果，建立初步诊断。给出本病的治疗原则与措施。	本案例的主要病史是犬在下楼时不小心摔了一跤，导致外阴部有暗红色分泌物流出，提示外伤导致的流产类疾病。临床检查的主要症状是轻压腹部有反抗动作，轻触腹部感觉腹中胎儿尚有胎动，提示胎儿可能存活。血常规检查证明有炎性感染。B 超检查进一步确诊胎儿存活。所以本病可诊断为：外伤原因导致的流产。 　　治疗方案如下。 　　1. 保胎 　　当发现母犬有流产征兆时，应及时安胎、保胎，可肌肉注射黄体酮 5～10 mg，每天 1 次，连用 3～5 d。若病犬出现体虚，则要及时输液补糖等，并进行对症治疗。 　　2. 加强饲养管理 　　对于妊娠母犬要改善饲养条件，犬舍要保持清洁干燥，给予多量垫草保暖。要饲喂易消化富含维生素的食物，有助于恢复妊娠母犬的消化吸收功能。母犬要适当运动，妊娠期运动量不要过大，避免应激刺激。妊娠初期要注意防止疾病的发生，尽量避免使用化学药物。
5.2	病史调查：一只 4 岁的母猫，体重3.5 kg，体态偏胖，腹部膨大，阴门肿胀。主人叙述该猫两天前就到预产期了，最近几天烦躁不安，经常舔外阴部，仍不见生产，但昨天晚上发现该猫的阴门内有少量血水流出。于 8 月 23日前来就诊。 　　临床检查：发现该猫精神沉郁，侧卧不动，已经没有了宫缩和努责。体温39.8 ℃，心率 162 次/min，呼吸 38 次/min。腹部膨大，产道较干涩，产道内探诊可摸到一只胎儿，试图矫正胎位拉出胎儿，	本案例的主要病史是猫两天前就到预产期了，阴门内有血水流出，仍不见生产，提示以难产症状为主的疾病。临床检查提示有存活但难以拉出的胎儿。X 射线检查中腹腔子宫体可见 3 只仔猫，胎儿较大，胎势异常。因此，本病可初步诊断为：猫胎儿性难产。 　　治疗方案如下。 　　由于胎儿较大难以拉出，决定采取剖腹产手术。 　　1. 术前准备 　　包括准备手术器械和相应的药物，皮下注射阿托品 0.2 mL，10 min 后肌注舒泰注射液 0.3 mL（30 mg）进行全身麻醉。

但胎儿只有一只腿能出来，其余部分均卡在了产道内。右胁部腹部触诊子宫内仍有胎儿，且有轻微的胎动。

血液学检查：血常规检查、血气检查和生化检查结果均未见异常。

B超检查：结果显示该猫子宫体积明显增粗，子宫内尚有胎儿的胎动和心跳。

X射线检查：可见腹围增大，腹腔子宫体可见 3 个胎儿，胎势异常且胎儿较大。

［任务］分析案例的病史、临床症状、血液学检查、B超检查及X射线检查结果，建立初步诊断。给出本病的治疗原则与措施。

5.2

2. 术部切口

母猫仰卧保定，术部在脐后腹中线倒数第 2～第 3 乳头间，术部皮肤进行常规剃毛和消毒，用灭菌创巾覆盖术部。由上至下切开皮肤约 6 cm，切开腹中线，以牵开器牵开创口并切开腹膜，露出子宫角，可明显地看到呈绵羊角状的子宫角。

3. 切开子宫

在腹壁切口周围与子宫角之间放置浸有温生理盐水的灭菌纱布，在子宫角大弯处血管较少处纵切子宫壁 5 cm，用双手挤压子宫内的胎儿并将其向切口处缓慢挤出，到达切口后再用灭菌剪刀剪开胎膜放出胎水，缓慢将胎儿取出。在距胎儿脐孔 3～4 cm 处，用灭菌剪刀剪断脐带，断端涂擦碘酊，然后慢慢引出胎膜。同法取出另两只胎儿。

4. 处理胎儿

迅速用手抠出胎儿口中的胎膜和胎水，防止窒息。把胎儿交给助手，助手要擦净胎儿身上的胎水。对已死亡的胎儿，由助手在母猫后阴部将死胎向阴道内轻推，而后在子宫体内用手接住并小心将其取出，同时将子宫内残留的胎膜等异物取出，再用干燥的灭菌纱布把子宫内的胎水及血凝块等吸净，然后用温生理盐水冲洗子宫内膜，最后在子宫内撒布抗生素。

5. 缝合子宫

子宫壁进行两层缝合，第一层全层螺旋缝合，第二层浆肌层的内翻缝合。缝合结束后将放置在腹壁切口周围与子宫角之间的纱布全部取出，同时用青霉素温生理盐水冲洗子宫浆膜，并吸干净腹腔里的渗出物。

6. 缝合腹壁

用连续缝合法缝合腹中线，用结节缝合法缝合皮肤。皮肤切口装结系绷带。

7. 术后处理

外阴部用 0.1% 新洁尔灭溶液消毒处理。术后用苏醒灵 4 号注射液 0.5 mL 进行肌注。

8. 术后护理

术后注意母猫的保暖，为防感染，皮下注射头孢噻呋 18 mg，每天 1 次，连用 3 d。

5.2		帮助胎儿哺乳，母猫给予易消化的牛奶、米粥等食物，并提供充足的饮用水。 手术完毕后，除产道内的一个胎儿死亡外，从子宫内共取出 3 个胎儿，术后 3 只仔猫均生长良好。母猫术后稳定，两天后进食，逐渐恢复正常，术后第 7 d 拆线。
5.3	病史调查：一只 5 岁的雌猫，体重 3.7 kg，腹部膨大，无生育史。这几天发现该猫食欲下降，有时呕吐，烦躁不安，呻吟，弓腰。阴道内流出灰白色脓性分泌液。于 9 月 18 日前来就诊。 临床检查：发现该猫精神沉郁，食欲下降，被毛松乱无光泽，喜饮多尿。体温 39.7 ℃，心率 158 次/min，呼吸 45 次/min。眼结膜潮红，脉搏细弱，呼吸浅表，呼吸音粗粝。腹部膨大，有压痛。阴门周围附着大量灰白色的脓性分泌物，较腥臭，外阴未见明显变化。直肠检查发现子宫角膨胀。 血常规检查：白细胞增多，达到 27×10^9/L，中性粒细胞增多，核左移。红细胞容积为 45%，呈现高蛋白血症。 B 超检查：腹部纵向扫描可见呈现长条形、宽径的无回声均匀液性暗区，上下有明显的壁相隔，其相邻部的深部显示为近圆形的液性暗区，有明显的壁围绕；横向扫描显示多个层叠相向的类圆形无回声液性暗区，提示为粗大管状液性结构病变回声。 X 射线检查：X 射线片正位显示，腹部可见有边缘轮廓明显、巨型香肠样的均匀软组织密度增高阴影。 [任务] 分析案例的病史、临床症状、血常规检查、B 超检查及 X 射线检查结果，建立初步诊断。给出本病的治疗原则与措施。	本案例的主要病史是猫呕吐，烦躁不安，呻吟，弓腰，阴道内流出灰白色脓性分泌液，提示以子宫、卵巢功能紊乱为主的疾病。临床检查的主要症状是体温升高，腹部增大，阴门周围附着大量灰白色的具有腥臭味的脓性分泌物；直肠检查发现子宫角膨胀，初步怀疑子宫蓄脓。血常规检查白细胞增多。B 超检查腹部见无回声均匀液性暗区。X 射线检查腹腔有边缘轮廓明显、巨型香肠样的均匀软组织密度增高阴影，证实子宫蓄脓。因此，本病可诊断为：猫开放型子宫蓄脓。 治疗方案如下。 为了保留猫的生育力，可采用药物疗法，促使子宫颈开张和子宫收缩，消除子宫内感染的微生物。但当病情严重以及子宫颈闭锁时，则需要手术治疗，根除本病。本病例经动物主人同意决定采取手术疗法。 手术过程：皮下注射阿托品 0.2 mL，10 min 后肌注舒泰注射液 0.35 mL（35 mg）进行全身麻醉。仰卧保定，腹下部剃毛、消毒，切口定位从脐孔向下 5～10 cm，腹白线常规切开，打开腹腔。手指进入腹腔小心将膨大的子宫角取出于切口之外，分别将两侧的卵巢动静脉进行双重结扎，在结扎的交接部剪断，分离子宫阔韧带，在子宫体的部位三钳固定进行双重结扎，将子宫体连同子宫一同摘除。子宫体的断端用剪刀将黏膜剪除，用酒精纱布擦净，最后将子宫体断端的浆膜肌层进行包埋缝合，送回腹腔，常规闭合腹腔。腹部用结系绷带包扎。术后加强饲养管理，避免剧烈运动，同时注射抗生素，并进行对症治疗。

5.4	病史调查：一京巴犬，3 岁，雌性。体重 4.8 kg，5 d 前产了 6 只仔犬。前天开始母犬表现精神沉郁，厌食，急躁不安，不喜活动。仔犬有时乱叫，昨天已经有一只仔犬死亡。主诉该母犬的胆子比较小，可能是这两天受到了鞭炮的惊吓导致的上火，主人给母犬口服了头孢氨苄片后并未见病情好转，于 2 月 6 日前来就诊。　　临床检查：发现该母犬精神沉郁，不爱吃食，体温 39.2 ℃，心率 108 次/min，呼吸 22 次/min。仔犬消瘦、嚎叫，乱啃咬。母犬拒绝仔犬吃乳，母犬乳房内仅能挤出少量乳汁。　　[任务]分析案例的病史和临床症状结果，建立初步诊断。给出本病的治疗原则与措施。	本案例的主要病史是母犬受到了鞭炮的惊吓，厌食，急躁不安，不喜活动，仔犬乱叫，提示有可能是由于母犬受到惊吓导致乳房功能紊乱为主的疾病。临床检查的主要症状是仔犬消瘦、嚎叫，乱啃咬，母犬拒绝仔犬吃乳，母犬乳房内仅能挤出少量乳汁，确诊为因应激性刺激引起的产后无乳。　　治疗方案如下。　　本病例乳房没有发生器质性损伤，决定采取催乳措施。采用皮下注射催产素进行催乳。也可饲喂中药催奶，取党参 15 g、通草 15 g、当归 15 g、王不留行 15 g、花粉 20 g，水煎灌服，1 次/d，连用 2～3 d。配合温敷和按摩乳房，每天 2～3 次，通过刺激乳腺促进泌乳。

●●●●● 工作任务单

学习情境 5	表现生殖系统症状宠物病防治
项目 1	表现流产宠物病防治

一只狮子犬，阴道排出绿褐色至灰绿色分泌物，来宠物医院就诊。

任务 1　诊断

1. 临床诊断

【材料准备】保定用具、开膣器、听诊器、体温计。

【工作过程】

(1) 调查发病情况。通过询问、观察等，了解病犬的发病年龄、发病时间、发病经过、主要表现及诊治情况；了解以前是否发生过类似疾病，经过如何。

[发病情况]该犬为 4 岁母犬，体重约 6 kg，妊娠后排出绿褐色至灰绿色分泌物。询问时得知该犬爱吃生肉，从未驱过寄生虫，也没有进行过疫苗接种。已经怀孕 50 d，以前也怀孕过，但未见胎儿分娩，腹部逐渐变小。

[发病情况分析]请分析发病情况调查结果，确定发病特点，初步判定疾病的类别。

(2) 临床检查。对病犬进行一般检查及各系统的检查，重点对病犬的生殖系统进行检查。

[临床症状]精神尚可，体温 38.7 ℃，结膜淡红，心肺听诊正常。阴道口污秽不洁，可见绿色分泌物。阴道探诊子宫颈口开放。用药情况：发病后应用黄体酮、产后康进行治疗，

不见好转。

[临床症状分析]请分析临床检查结果，确定主要症状，并结合发病情况分析，提出可疑疾病，对可疑疾病论证分析建立初诊断。

2. 实验室诊断

【材料准备】

器材：灭菌试管、微量加样器、离心机、水浴箱、滴管、注射器等。

药品：抗凝剂、生化试剂等。

【检验过程】

(1)血常规检查。将病犬保定，在前肢正中静脉处采血 2 mL 置于抗凝管中，摇匀，按分类血液分析仪说明进行操作，检查结果显示该犬 WBC、NEU、MONO 均高于正常值，有炎性感染。见表 5-1。

表 5-1　血常规结果

检查项目	检查结果	参考值	单位
WBC 白细胞数目	18.9×10^9	6.0～17.0	/L
Lymph 淋巴细胞数目	3.4×10^9	0.8～5.1	/L
Mid 间细胞数目	2.4×10^9	0.0～3.4	/L
Gran 中性粒细胞数目	12.4×10^9	4.0～10.6	/L
Lymph 淋巴细胞百分比	18.0	12.0～30.0	%
Mid 间细胞百分比	12.6	3.0～15.0	%
Gran 中性粒细胞百分比	66	60.0～77.0	%
RBC 红细胞数目	5.96×10^{12}	5.50～8.50	/L
PLT 血小板数目	382×10^9	117～460	/L

(2)血液生化检查。生化结果显示 BUN 值高于正常值。

(3)X 射线检查。未见明显胎儿骨骼，但该犬有先天性髋关节发育不良的情况。

(4)布病虎红平板凝集试验。取清洁玻璃板一块，用玻璃铅笔划成小格，每小格中滴加虎红平板凝集抗原 0.03 mL，再分别在小格中滴加阴性血清、阳性血清、被检血清、生理盐水各 0.03 mL。分别用火柴杆或牙签，依次搅拌混匀，直径在 1.5～2.0 cm。将玻璃板在酒精灯上微微加热，3 min 后判定。

结果观察，均匀浑浊无凝集块，布氏杆菌病检测为阴性。

3. 建立诊断

依据病史、临床症状及实验室检查结果，本病例可诊断为何病？

任务2　治疗

你认为本病例的治疗原则与措施是什么？

任务3　预防

你认为本病例的预防措施是什么？

（工作任务参考答案见附录）

项目2	表现难产宠物病防治

一只吉娃娃犬，已到产仔期，一直使劲，但不见生产，来宠物医院就诊。

任务1　诊断

1. 临床诊断

【材料准备】保定用具、开膣器、听诊器、体温计。

【工作过程】

（1）调查发病情况。通过询问、观察等，了解病犬的年龄、发病时间、发病经过、主要表现及诊治情况。了解病犬以前是否发生过类似疾病；了解饲养管理及免疫情况；还要询问胎次、是否有过助产、预防注射等情况。

［发病情况］该犬为2岁母犬，4.8 kg，已到产仔期，强力努责，阴道后部有多量液体流出，并频频舔舐阴部。

［发病情况分析］请分析发病情况调查结果，确定发病特点，初步判定疾病的类别。

（2）临床检查

全面检查病犬的临床表现，重点检查病犬的体温变化、努责情况、阴道排出物等。

［临床症状］体温：38.1 ℃；心率：140 次/min；呼吸：60 次/min；轻微呻吟，阴门有胎膜样物排出，频频回头舔阴部。阴部肿胀，触诊腹部，有胎动。阴道检查：未见阴道有明显异常变化，仅可见子宫颈口略微开张。阴道内窥镜检查：骨盆狭窄，只有单个手指可通过；用药情况：曾肌注过缩宫素、己烯雌酚，不见明显效果。

［临床症状分析］请分析临床检查结果，确定主要症状，并结合发病情况分析，提出可疑疾病，对可疑疾病论证分析建立初诊断。

2. 建立诊断

依据病史和临床症状检查结果，本病例可诊断为何病？

任务2　治疗

你认为本病例的治疗原则与措施是什么？

任务3　预防

你认为本病例的预防措施是什么？

（工作任务参考答案见附录）

项目3	表现子宫、卵巢功能紊乱宠物病防治

一只5岁巴哥犬，腹围增大，多饮、多尿，来宠物医院就诊。

任务1　诊断

1. 临床诊断

【材料准备】保定用具、开膣器、听诊器、体温计。

【工作过程】

(1)调查发病情况。通过询问、观察等，了解病犬的发病时间、发病年龄以及病犬近期免疫情况及用药情况；了解该犬生活环境，发情是否有规律？饮食规律怎样？以前是否生产过？如生产过，产后是否正常？如未生产过，激素分泌是否异常？等等。

[发病情况]该犬为 5 岁巴哥犬，从未配过种，这次发情是在 20 d 前。近 5 d 精神差，性情懒惰，不爱活动，发热，爱喝水，尿多，腹围增大，呕吐。

[发病情况分析]分析发病情况调查结果，确定发病特点，初步判定疾病的类别。

(2)临床检查。对病犬进行一般检查及各系统的检查，特别注意对病犬的消化系统、泌尿生殖系统进行检查。

[临床症状]精神不振，鼻头干燥，体温升高至 39.5 ℃，心率 120 次/min，脉搏细弱。呼吸 60 次/min，呼吸浅表，呼吸音粗粝。不愿走动，不食，多饮多尿，饮后时有发生呕吐。腹部逐渐膨大，阴门有分泌物排出，一直舔阴部。使用抗生素后体温能适当降低，一旦停药体温即出现反弹。

[临床症状分析]请分析临床检查结果，确定主要症状，并结合发病情况分析，提出可疑疾病，对可疑疾病论证分析建立初诊断。

2. 实验室诊断

【材料准备】
器材：采血针、抗凝管、注射器、止血带、酒精棉等。

【检查过程】

(1)血常规检查。将病犬保定，取前肢正中静脉采血 2 mL 于抗凝管中，摇匀，按分类血液分析仪说明进行操作。检查结果显示：该犬白细胞 $45×10^9$/L，明显增多；杆状中性粒细胞 25%，明显高于正常比例 0~3%。

(2)X 射线检查。该犬有先天性髋关节发育不良的情况。

(3)B 超检查发现。当探头与腹中线平行纵切时，子宫腔内呈现条形宽径的无回声均匀液性暗区，当改变探头位置与腹白线方向垂直横切时，即显示圆形或椭圆形的低回声暗区，提示子宫积液或积脓。

3. 建立诊断

依据病史、临床症状、实验室检查结果，本病例可诊断为何病？

任务 2　治疗

你认为本病例的治疗原则与措施是什么？

任务 3　预防

你认为本病例的预防措施是什么？

(工作任务参考答案见附录)

项目 4	表现乳房功能紊乱宠物病防治

一吉娃娃犬，因乳房肿大，来宠物医院就诊。

任务 1　诊断

1. 临床诊断

【材料准备】保定用具、开膣器、听诊器、体温计。

【工作过程】

(1)调查发病情况。通过询问、现场观察等，了解犬的发病时间、发病情况，主人对病因的估计；了解病后的表现及用药情况；了解犬的免疫接种情况、日常管理以及既往病史等。

[发病情况]该犬为 6 岁母犬，体重约 8 千克重，产过两窝仔，1 个月前又产下一窝幼犬，刚刚断奶，却发现母犬不食，并见乳房肿大。

[发病情况分析]请分析发病情况调查结果，确定发病特点，初步判定疾病的类别。

(2)临床检查。对病犬进行一般检查及各系统的检查，重点对病犬的乳房进行检查。

[临床症状]体温在 39.5 ℃、心跳 100 次/min，呼吸数 38 次/min。精神沉郁，喜卧。病犬食欲、饮欲降低。4～5 乳区高度肿胀，触诊比较前后乳区皮温高，有灼烧感，按压疼痛明显，挤压乳房，有黄色乳汁排出。

[临床症状分析]请分析临床检查结果，确定主要症状，并结合发病情况分析，提出可疑疾病，对可疑病论证分析建立初诊断。

2. 实验室诊断

【材料准备】

器材：灭菌试管、微量加样器、离心机、水浴箱、滴管、注射器、抗凝管等。

药品：抗凝剂、生化试剂等。

【检查过程】

(1)血常规检查。将病犬保定，取前肢正中静脉采血 2 mL 于抗凝管中，摇匀，按分类血液分析仪说明进行操作，检查结果显示：该犬 WBC、NEU、MONO 均高于正常值，有炎性感染。见表 5-2。

表 5-2　血常规检查

检查项目	检查结果	参考值	单位
WBC 白细胞数目	14.5×10^9	6.0～17.0	/L
Lymph 淋巴细胞百分比	15.0	12.0～30.0	%
Mid 间细胞百分比	4.6	3.0～15.0	%
Gran 中性粒细胞百分比	79	60.0～77.0	%
RBC 红细胞数目	4.55×10^{12}	5.50～8.50	/L

(2)生化检查。用灭菌注射器从乳房中抽取血性乳汁，接种于普通琼脂平板上，37 ℃培养 24 h，见有直径为 1～2mm、湿润、光滑、隆起的灰白色圆形菌落，取少许进行涂片，染色镜检，可见双球或短链排列的革兰氏阳性球菌。

3. 建立诊断

依据病史、临床症状及实验室检查结果，本病例可诊断为何病？

任务 2 治疗

你认为本病例的治疗原则与措施是什么？

任务 3 预防

你认为本病例的预防措施是什么？

（工作任务参考答案见附录）

必备知识

一、必备的专业知识和技能

（一）表现流产宠物病防治

1. 表现流产宠物病类症诊断

见图 5-1。

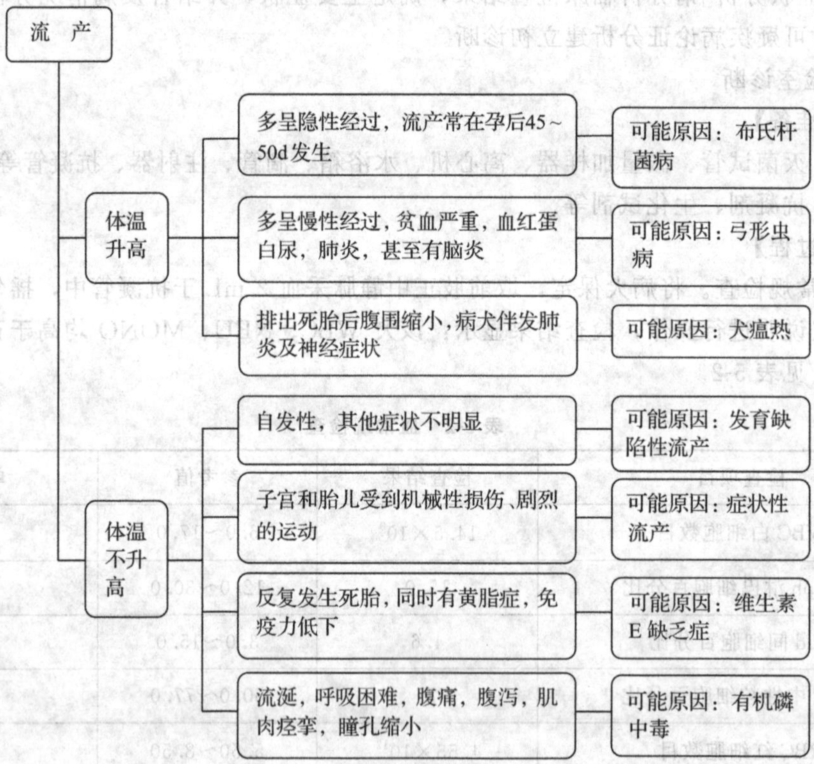

图 5-1 表现流产宠物病类症诊断

2. 表现流产宠物病

表现流产宠物疾病主要有：流产、布鲁氏菌病、弓形虫病（见学习情境 2）、犬瘟热（见学习情境 2）、有机磷中毒（见学习情境 7）、子宫蓄脓症（见项目 3）。

（1）流产。

【引导问题】请回答下列单项或多项选择题，并详细解析。

1）母体在怀孕期满前排出成活的未成熟胎儿可称为（　　）。

A. 早产　　　　　B. 死产　　　　　C. 木乃伊胎　　　　　D. 胎儿浸溶

2)普通流产不包括下列哪项？（　　　）

A. 自发性流产　　　　　　　　　　　B. 症状性流产

C. 传染性流产　　　　　　　　　　　D. 以上均不对

3)延期流产包括（　　　）。

A. 早产　　　　　　　　　　　　　　B. 死产

C. 胎儿干尸化　　　　　　　　　　　D. 胎儿浸溶

4)犬、猫保胎时，应选用下列哪种药液？（　　　）

A. 硫酸铜　　　　　B. 孕酮　　　　　C. 氯胺酮　　　　　D. 吡喹酮

【相关知识】

流产是指由于胎儿或母体异常而导致妊娠的生理过程发生紊乱，或它们之间的正常关系受到破坏，从而发生的妊娠中断。如果母体在怀孕期满前排出成活的未成熟胎儿，可称为早产；如果在分娩时排出死亡的胎儿，则称为死产。

【病因】流产的原因极为复杂，可概括分为三类，即普通流产、传染性流产和寄生虫性流产。每类流产又可分为自发性流产与症状性流产。自发性流产为胎儿及胎盘发生反常或直接受到影响而发生的流产；症状性流产是孕犬某些疾病的一种症状，或者是饲养管理不当导致的结果。

图片：流产的胎儿

1)普通流产(非传染性流产)。其原因可以大致归纳为以下几种。

自发性流产。①胎膜及胎盘异常：胎膜异常往往导致胚胎死亡；②胚胎过多：子宫内胎儿的多少与遗传和子宫容积有关；③胚胎发育停滞：在妊娠早期的流产中，胚胎发育停滞是胚胎死亡的一个重要原因。

症状性流产。①生殖器官疾病：母犬生殖器官疾病所造成的症状性流产较多；②损伤性流产：主要是子宫和胎儿受到机械性损伤，母犬在泥泞、结冰、光滑或高低不平的路面跌倒以及抢食等原因均可造成流产。剧烈的运动、跳越障碍、上下陡坡等，都会使胎儿受到振动而流产。

2)传染性流产。传染性流产是由传染病所引起的流产。很多微生物都能引起流产，大肠杆菌，葡萄球菌，胎儿弧菌等为常见的、危害比较严重的病原菌。它们不是侵害胎盘及胎儿引起自发性流产，就是以流产作为其一种症状，而发生症状性流产。

【症状】由于流产的发生时期、原因及母体反应能力不同，流产的病理过程及所引起的胎儿变化和临床症状也很不一样。但基本可以归纳为四种，即隐性流产、排出不足月的活胎儿、排出死亡而未经变化的胎儿和延期流产。第一种属于胚胎早期死亡范畴之内，下面对其他三种流产的症状作扼要介绍。

1)排出不足月的活胎儿。这类流产的预兆及过程与正常分娩相似，胎儿是活的，但未足月即产出，所以也称为早产。产出前的预兆不像正常分娩那样明显，往往仅在排出胎儿前2～3 d乳腺突然膨大，阴唇稍微肿胀，乳头内可挤出清亮液体，犬阴门内有黏液排出。

2)排出死亡而未经变化的胎儿。这是流产中最常见的一种。胎儿死后，它对母体好似异物一样，可引起子宫收缩反应，于数天之内将死胎及胎衣排出。妊娠初期的流产，因为胎儿及胎膜很小，排出时不易发现，有时可能被误认为是隐性流产，妊娠前半期的流产，事前常无预兆。

3)延期流产(死胎停滞)。胎儿死亡后由于阵缩微弱,子宫颈口不开张或开放不大,死后长期停留于子宫内,称为延期流产。依子宫颈口是否开放,其结果有两种。第一种为胎儿干尸化。胎儿死亡,未被排出,其组织中的水分及胎水被吸收,变为棕黑色,好像干尸一样,称为胎儿干尸化。第二种为胎儿浸溶。妊娠中断后,死亡胎儿的软组织分解,变为液体流出,而骨骼则留在子宫内,称为胎儿浸溶。

【诊断】对病因不详的自发性流产母犬,须进行全面检查,查明营养状况,有无内分泌疾病或其他疾病;仔细触诊腹壁,确定子宫内是否还存有胎儿;用手指插入阴道,触诊阴道情况,观察子宫颈口开放情况。实验室检查主要是红白细胞计数,阴道内微生物培养等。

【治疗】首先应确定属于何种流产以及妊娠能否继续进行,在此基础上再确定治疗原则。如果孕犬出现腹痛、呼吸和脉搏加快等临床症状,即可能发生流产。处理的原则为安胎,使用抑制子宫收缩的药物,为此可采用如下措施。

1)肌注孕酮,犬 1～3 mg/kg.BW 皮下注射,猫 0.2～2 mg/kg.BW 皮下注射,每日或隔日 1 次,连用数次。为防止习惯性流产,也可在妊娠的一定时间使用孕酮,还可注射 1% 硫酸阿托品 1～3 mL。

2)给予镇静剂,如溴剂、氯丙嗪等。

先兆流产经上述处理,病情仍未稳定下来,阴道排出物继续增多,病犬起卧不安加剧;阴道检查,子宫颈口已经开放,胎囊已进入阴道或已破水,流产已在所难免,应尽快促使子宫内容物排出,以免胎儿死亡腐败引起子宫内膜炎,影响以后受孕。

(2)布鲁氏菌病。

【引导问题】请回答下列单项或多项选择题,并详细解析。

1)布鲁氏杆菌病病料涂片后用柯兹罗夫斯基法染色,镜检可见到菌体的颜色为(　　　)。

A. 蓝色　　　　　B. 红色　　　　　C. 紫色　　　　　D. 无色

2)下列病料含布鲁氏杆菌最多的是(　　　)。

A. 流产胎儿　　　B. 唾液　　　　　C. 呼出气　　　　D. 粪便

3)布鲁氏杆菌病临床症状包括(　　　)。

A. 流产　　　　　B. 关节炎　　　　C. 睾丸炎　　　　D. 乳腺炎

4)预防布鲁氏杆菌病的有效措施包括(　　　)。

A. 每年定期检疫　　B. 注射疫苗　　　C. 淘汰阳性患犬　　D. 定期消毒

【相关知识】

本病是由布鲁氏菌引起的一种人畜共患性传染病。临床特征为:生殖器官和胎膜发炎,引起流产、睾丸肿胀、不育及多种器官组织的局部病灶。

【病原】本菌为革兰氏阴性的球杆状或短杆状菌,多呈单在,很少成对、短链或聚堆排列,不形成荚膜,无运动性。本菌为需氧菌,在大气环境中生长,且生长较快,由原来的 7～14 d 变为 2～3 d。本菌的抵抗力不强,一般消毒药均可将其杀死。

图片:布氏杆菌病流行环节、柯氏染色形态

【流行特点】流产母犬从阴道分泌物、流产胎儿、胎衣等排菌,病原菌也随乳汁排出,其排菌时间可持续 1 年半以上;产下的仔犬多数已发生胎盘垂直感染而成为带菌者。幼犬、母犬都可成为该菌的宿主,患病及感染的雄犬、猫,可自精液和尿液排菌,成为传染源,这在发情季节非常危险,到处扩散传播。

【症状】潜伏期长短不一，短的半月，长的 6 个月，在未出现流产症状前处于隐性感染。一般在母犬猫妊娠的最后 30～50 d 发生流产，流产后阴道长时期流出分泌物；有的在流产、死产后出现不孕；有的则发生反复流产。公犬和公猫感染后有的不显症状，有的出现睾丸肿胀（睾丸炎、附睾炎和前列腺炎）或睾丸萎缩，也可招致不育。患犬和患猫也有的发生关节炎、腱鞘炎而表现跛行。

【病理变化】隐性感染病例见不到明显的病理变化，仅可见到淋巴结炎性肿胀。有症状的病例则可见到关节炎、乳腺炎、睾丸炎、淋巴结炎、骨髓炎等病变。流产母犬和母猫及孕犬、孕猫可见到阴道炎及胎盘、胎儿部分溶解，并伴有脓性、纤维素性渗出物和坏死灶。发病的公犬和公猫可见到包皮炎性变化和睾丸、附睾炎性肿胀等病灶。

【诊断】引发犬、猫流产、不育和睾丸肿胀的原因比较复杂，故根据临床症状和流行特点等只能作出初步诊断，并与钩端螺旋体病等相鉴别。确诊尚需进行实验室检查。

1）变态反应。于犬、猫尾根部无毛处皮内注射布鲁氏菌水解素 0.2 mL，在 24 h、48 h 各检查 1 次，出现明显水肿判为阳性。

2）涂片镜检。几乎从布鲁氏菌感染动物的组织和分泌物的涂片中都可检出菌。常用的是采取流产胎衣、绒毛膜水肿液、胎儿胃内容物或肝、脾、淋巴结等病变组织，制成涂（触）片后用柯兹罗夫斯基法染色，镜检可见到红色、球杆状的菌；也可用革兰氏法染色，镜检可见到阴性的球杆菌。

【治疗】无特效疗法，主要是抗菌治疗。早期用链霉素、卡那霉素、庆大霉素等抗生素，并结合用维生素 B_1、维生素 C 等治疗，效果很好。

【预防】

1）每年进行 1～2 次检疫（平板凝集试验），淘汰阳性犬、猫，并不得种用。

2）尽量自繁自养。新购入的犬，先隔离观察一个月，经检疫确认健康后方可入群。

3）雄性犬、猫在配种前应进行检疫，阴性者用于配种，阳性者立即处理。

4）严格执行消毒措施，无论定期的、产后的或检疫后的消毒都要坚持进行。

5）经济价值不大的病犬，可以捕杀。有使用价值的病犬可以隔离治疗，但一定要做好兽医卫生防护工作。

（二）表现难产宠物病防治

表现难产宠物病主要有以下几种。

（1）难产。

【引导问题】请回答下列单项或多项选择题，并详细解析。

1）分娩发生困难，胎儿不能顺利产出称为（　　）。

A. 顺产　　　　　　B. 流产　　　　　　C. 难产　　　　　　D. 以上均不对

2）因母犬体弱、阵缩及努责微弱引起的难产是（　　）。

A. 产力性难产　　　B. 产道性难产　　　C. 胎儿性难产　　　D. 以上均不对

3）母犬孕期超过多少天未能产出胎儿是难产？（　　）

A. 70 d　　　　　　B. 114 d　　　　　　C. 150 d　　　　　　D. 280 d

4）预防难产的发生可以采用下列哪些措施？（　　）

A. 补充维生素、矿物质和微量元素　　　　B. 适当运动

C、避免母犬肥胖和胎儿过大　　　　　　　D. 定期进行体检及产前检查

【相关知识】

难产是指分娩发生困难，胎儿不能顺利产出。如不能及时正确处理，预后不良。

【病因】造成难产的病因主要有：产力性难产，因母犬体弱、阵缩及努责微弱，阵缩及破水过早，子宫自身疾病造成；产道性难产，子宫捻转、子宫颈狭窄，子宫颈畸形，产道及阴门狭窄，产道肿瘤，骨盆狭窄、变形；胎儿性难产，胎儿过大、过多、双胎难产（双胎儿同时揳入产道、胎儿畸形），胎位不正、胎势不正及胎向不正等因素。

图片：犬难产、剖腹产

【诊断要点】母犬发生阵缩后 2 h 以上未见有胎儿产出，或产出上一个胎儿后经 1 h 努责未能产出下一个胎儿；孕期超过 70 d，未能产出胎儿。如果发生难产未能及时处理，胎儿、胎盘在子宫内腐败，可见阴道内流出污绿色恶臭液体，继发子宫内膜炎、腹膜炎、阴道炎甚至脓毒血症，导致病犬休克、死亡。

【防治】

1）药物催产。对于子宫颈口开张不全的病犬，宜先注射己烯雌酚 0.2~0.5 mg/次，然后注射缩宫素，犬猫 0.1~0.5 IU/kg·BW 肌肉或皮下注射，30 min 一次，犬可使用多达 3 次，猫可使用多达 2 次；静注 100 g/L 葡萄糖酸钙 10 mL，以增强产力。对于宫颈口未开、产道狭窄、胎位不正的难产禁用缩宫素，以免引起子宫破裂。

2）手术助产。常用的是牵引术和剖腹产。在临床上，要根据母犬和胎儿的实际情况，选择正确有效的处理方法。

3）预防。注意饮食的营养平衡，注意补充维生素、矿物质和微量元素，适当运动，防止早配和偷配。种公犬体形不宜过大，营养不宜过剩，避免母犬肥胖和胎儿过大，及时治疗种公犬疾病，定期进行体检及产前检查。此外，头胎怀孕过晚（3 岁以上），由于骨盆钙化，韧带紧缩，易造成难产，故雌犬在 1.5 岁开始繁育为宜。

（2）阴道脱。

【引导问题】请回答下列单项或多项选择题，并详细解析。

1）阴道增生发展为阴道经外阴脱垂或外翻称为（　　）。

A. 肛脱　　　　　B. 直肠脱　　　　　C. 阴道脱　　　　　D. 子宫脱

2）阴道脱是由于下列哪种激素产生过度应答而致？（　　）

A. 睾酮　　　　　B. 雌激素　　　　　C. 前列腺素　　　　　D. 氯前列腺烯醇

3）阴道脱会引起的临床症状包括（　　）。

A. 外阴突出　　　　B. 排尿困难　　　　C. 发情行为异常　　　D. 配种行为异常

4）阴道脱复位后采用的缝合方式为（　　）。

A. 螺旋缝合　　　　B. 锁边缝合　　　　C. 库兴氏缝合　　　D. 荷包缝合

【相关知识】

阴道脱是由阴道增生发展为阴道经外阴脱垂或外翻。

【病因】阴道黏膜增生是对高水平的雌激素产生过度应答而致。组织增生通常在间情期减退，但在以后的发情周期常复发。

【症状】病犬阴道有分泌物排出，舔舐外阴，外阴周围无缠结。组织团块由外阴突出，引起排尿困难，痛性尿淋漓或尿闭。发情期配种行为异常，不愿接受公犬交配。

【诊断】根据病史和临床症状能够确诊。注意与阴道肿瘤，尤其是平滑肌瘤相区别。

图片：阴道完全脱出、不完全脱出

【治疗】治疗方法依组织增生和脱垂程度而定。如果增生组织较小，限于阴道内，不影响排尿，则不需要治疗。

1)药物治疗。该方法适用于较小的增生团块，脱垂组织存活，损伤小、无坏死、不影响排尿的情况。用生理盐水或消毒药清洗后，涂布抗生素软膏，一日数次。如伴有全身症候，应全身给予抗生素治疗。病犬应佩戴装有夹板的项圈，以减少自伤。

2)手术疗法。轻度者，先清洗、清创和润滑脱垂的组织，将其复位，外阴暂时荷包缝合。如果组织不能复位或损伤严重，将受伤组织做手术切除，术前尿道内放入留置的导尿管以辨认尿道，以便手术时避开尿道，术后局部和全身给予抗生素治疗 5~7 d。

卵巢子宫切除术可防止复发，但不能促进增生组织退化。

(3)产道损伤。

【引导问题】请回答下列单项或多项选择题，并详细解析。

1)哪些部位损伤称为产道损伤？(　　)

A. 子宫颈　　　　　B. 阴道　　　　　C. 阴门　　　　　D. 肛门

2)下列能引发产道损伤的因素是(　　)。

A. 产道狭窄　　　B. 胎儿过大　　　C. 助产操作粗暴　　D. 使用器械不当

3)下列不是产道损伤的临床症状的是(　　)。

A. 疼痛不安　　　B. 拱背努责　　　C. 损伤部充血水肿　D. 排稀便

4)治疗产道损伤采取的措施是(　　)。

A. 抗菌消炎　　　B. 对症治疗　　　C. 局部用药　　　D. 加强护理

【相关知识】

子宫颈、阴道及阴门的损伤称为产道损伤。

【病因】主要由于产道狭窄，胎儿过大，胎儿的胎位、胎势等发生异常。胎水流出过早或胎儿滞留产道时间过长导致产道干涩而强行拉出胎儿，以及手术助产操作粗暴或使用器械不当等都可造成产道损伤。

图片：犬的感染症状

【症状】患犬、猫表现疼痛不安，尾根高举，摇尾，拱背努责等。检查可见产道损伤部充血水肿，或黏膜下发生血肿；产道撕裂创多发生在子宫颈及阴门处，表现局部出血、创口裂开，周围组织肿胀；产道透创多发生在阴道部，随损伤部位不同而异，阴道前端损伤很快引起腹膜炎导致死亡，阴道后端透创还可能有腹腔脏器进入产道或露出于阴门外。

【治疗】及时治疗，防止继发感染及腹膜炎；对症治疗，全身与局部配合应用。轻度损伤可局部涂搽碘甘油、0.1%新洁尔灭或 0.1%利凡诺冲洗后，再局部涂抹抗生素软膏。如有大出血时，首先结扎血管，然后再器械止血，清创并还纳脱出物后缝合。此外，全身进

行抗菌消炎，加强护理，保持清洁卫生，防止感染。

（三）表现子宫、卵巢功能紊乱宠物病防治

1. 表现子宫、卵巢功能紊乱宠物病类症诊断

见图 5-2。

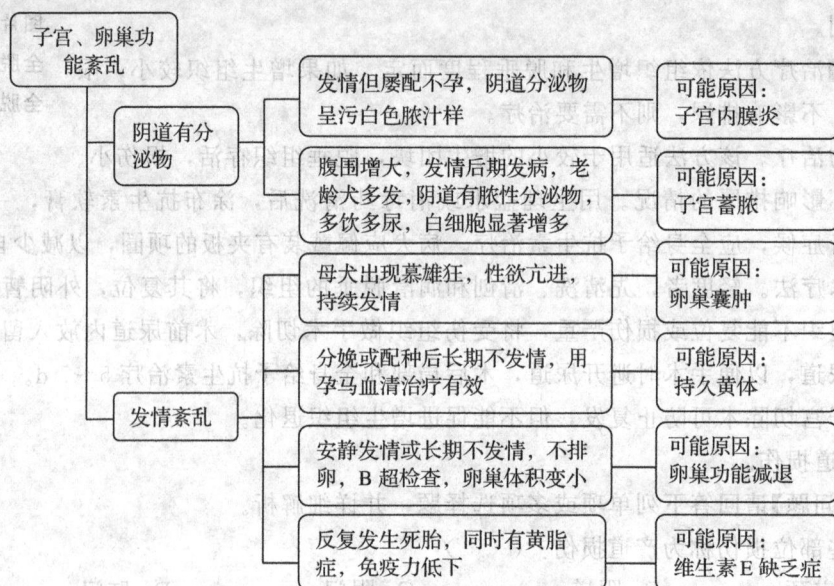

图 5-2　表现子宫、卵巢功能紊乱宠物病类症诊断

2. 表现子宫、卵巢功能紊乱宠物病

表现子宫、卵巢功能紊乱宠物疾病主要有子宫内膜炎、子宫蓄脓、卵巢囊肿。

（1）子宫蓄脓。

【引导问题】请回答下列单项或多项选择题，并详细解析。

1）子宫腔内蓄积大量脓性渗出物而不能排出的症候性疾患是(　　)。

A. 子宫肿瘤　　　　B. 子宫蓄脓　　　　C. 子宫内膜炎　　　D. 子宫脱

2）闭锁性子宫蓄脓会出现的临床症状是(　　)。

A. 腹部膨大　　　　B. 脱水　　　　　　C. 昏迷　　　　　　D. 阴道排出分泌物

3）子宫蓄脓最好的确诊方法是(　　)。

A. 外部触诊　　　　B. 血常规检测　　　C. B 超检查　　　　D. 阴道检查

4）严重的子宫蓄脓最好采用的治疗方法是(　　)。

A. 青霉素　　　　　B. 缩宫素　　　　　C. 前列腺素　　　　D. 手术疗法

【相关知识】

子宫蓄脓是指子宫腔内蓄积大量脓性渗出物而不能排除的症候性疾患。

【病因】慢性化脓性子宫内膜炎或胎儿死亡在子宫内发生腐败分解，由于子宫颈增生肥厚，使子宫颈口狭窄或阻塞，子宫内的渗出物不能排出而蓄积于子宫内。在发生子宫积脓之前，通常都有囊肿状子宫内膜增生。阉割犬子宫体残余发生炎症和细菌感染后，出现残体子宫蓄脓。

【症状】本病通常见于年龄较大(8～10 岁)的犬。症状通常在持续发情 4～10 周后开始。

1)子宫颈开放的子宫蓄脓。阴道排出黏液脓性或带血的分泌物。病犬嗜睡，精神沉郁，多尿、烦渴、呕吐、腹泻。

2)子宫颈闭锁的子宫蓄脓。症状加剧，腹部膨大，无阴道排出物。病犬虚弱、脱水、昏迷、休克。

图片：犬子宫蓄脓 B 超横切图、X 射线图、症状图

【诊断】根据病史、临床症状、血液学检查、X 射线检查、B 超检查可以确诊。

1)外部触诊。有时可触知肿大的有波动子宫，按压腹部有脓性分泌物自阴道流出(子宫颈开放)。

2)血常规检查。嗜中性粒细胞增多、幼稚型子宫比例增加。非再生性贫血，红细胞压积 28％～35％。血浆蛋白质含量增高。

3)X 射线检查。腹中、下腹部出现液体密度均质的下管状结构，有时能见到滞留的死胎。

4)B 超检查。可评价子宫的大小和子宫壁的厚度，区别液体蓄积与早期妊娠。

5)阴道镜检查。子宫颈开放的子宫积脓，可见大量脓性分泌物经子宫颈流出。

注意与妊娠、子宫新生物、无并发症的囊肿状子宫内膜增生相区别。

【治疗】

1)药物疗法。主要是促使子宫颈开张、子宫收缩、消除致病因子——孕酮的来源。前列腺素 0.25～1 mL/kg.BW 肌注，催产素可用犬 5～10 IU，猫 0.5～3 IU 肌注。闭锁性子宫蓄脓严禁使用缩宫药，以免子宫破裂。子宫内容物基本排尽后，应投入适量抗生素。

2)手术疗法。摘除卵巢和子宫，适用于无使用价值和药物疗法无效的患犬。施术后，易引起腹膜炎和子宫残端发生脓肿，术中应充分清洗腹腔并放置抗生素。

(2)子宫内膜炎。

【引导问题】请回答下列单项或多项选择题，并详细解析。

1)分娩时或产后期间，由于病原微生物侵入子宫腔使子宫黏膜发生感染称(　　)。

A. 子宫肿瘤　　　　B. 子宫蓄脓　　　　C. 子宫内膜炎　　　　D. 子宫脱

2)下列能引发子宫内膜炎的因素是(　　)。

A. 病原菌侵入子宫　　　　　　　B. 子宫黏膜损伤

C. 机体抵抗能力降低　　　　　　D. 外源性感染

3)下列不是慢性子宫内膜炎的临床症状的是(　　)。

A. 疼痛明显　　　　B. 发情不正常　　　　C. 屡配不孕　　　　D. 流产

4)子宫内膜炎的治疗原则包括(　　)。

A. 增强机体抵抗力　　　　　　　B. 消除炎症

C. 恢复子宫功能　　　　　　　　D. 收敛止泻

【相关知识】

子宫内膜炎是分娩时或产后期间，由于病原微生物侵入子宫腔使子宫黏膜发生感染而引起的子宫黏膜炎症过程，临床常称为产后子宫内膜炎。

【病因】在难产、胎衣不下、助产不洁、流产、死胎以及人工授精时，由于链球菌、葡萄球菌等侵入而感染。子宫黏膜损伤及机体抵抗能力降低，是促使本病发生的因素。母犬分娩后，抵抗力降低，不但易引起外源性感染，而且在正常时就存在于子宫或阴道内的细菌，也乘机迅速增殖，其毒性增强，引起自体感染和发生子宫内膜炎。

图片：子宫内膜炎症状

【症状】

1)急性子宫内膜炎。最初症状出现于分娩后 12 h～4 d，拒绝哺乳或伴发乳房炎，乳汁中含有大量细菌。病犬体温升高至 39.5 ℃以上，食欲不振或废绝，呕吐、腹泻，甚至脱水，烦渴贪饮。有时出现拱腰、努责及排尿姿势。从阴道流出大量灰红色黏稠分泌物，伴有恶臭。腹部触诊感知子宫松弛，继发腹膜炎因疼痛而拒绝触诊。

2)慢性子宫内膜炎。慢性卡他性子宫内膜炎时，发情不正常，或者虽正常发情，但屡配不孕，即使妊娠，也容易发生流产。有时从阴道排出多量带有絮状物的黏液。子宫颈外口肿胀、充血。通过腹壁可触知子宫壁变厚、子宫角粗大。患慢性化脓性子宫内膜炎时，母犬不发情、发情微弱或持续发情，经常从阴道排出较多的污白色、混有脓汁的分泌物。子宫颈外口肿胀、充血，有时有溃疡。发生子宫积脓时，子宫角明显增大，子宫壁紧张而有波动，触诊疼痛。

【诊断】根据病史、临床症状，并结合阴道分泌物及血液学检查可以确诊。

【治疗】以增强机体抵抗力、消除炎症及恢复子宫功能为治疗原则。

1)子宫冲洗。发情期子宫颈开张，或经肌注己烯雌酚 0.5～1 mg、地塞米松 2～4 mg 后，促使子宫颈开张，然后用 0.05% 新洁尔灭或温生理盐水冲洗，每天 1 次，连续 2～4 d。冲洗后可向子宫内注入青霉素 40 万 IU 和链霉素 20 万 IU。

2)全身疗法。当子宫内膜炎伴有全身症状时，根据临床症状纠正水及电解质平衡紊乱，并应用全身抗生素疗法。

3)手术疗法。对慢性子宫内膜炎保守疗法无效者，可实施子宫卵巢摘除术。

(3)卵巢囊肿。

【引导问题】请回答下列单项或多项选择题，并详细解析。

1)卵巢组织中未破裂的卵泡，因其本身成分发生变性和萎缩形成一球形空腔，称为(   )。

A. 卵巢囊肿　　　B. 黄体囊肿　　　C. 卵巢萎缩　　　D. 持久黄体

2)下列能引发卵巢囊肿的因素是(   )。

A. 缺乏维生素　　B. 运动不足　　　C. 雄激素过多　　D. 雌激素过多

3)被称为"慕雄狂"的疾病是(   )。

A. 卵巢囊肿　　　B. 黄体囊肿　　　C. 卵巢萎缩　　　D. 持久黄体

4)治疗卵巢囊肿使用的药物包括(   )。

A. 绒毛膜促性腺激素　　　　　　　B. 黄体酮

C. 黄体生成素　　　　　　　　　　D. 前列腺素

【相关知识】

卵巢组织中未破裂的卵泡或黄体，因其本身成分发生变性和萎缩，形成一球形空腔，即为囊肿。前者为卵泡囊肿，后者为黄体囊肿。犬的卵巢囊肿发病率占卵巢疾病的 37.7%。

【病因】至今还未完全阐明，一般认为与脑下垂体分泌促黄体激素不足有关。下列情况是本病发生的因素：饲料中缺乏维生素 A 或维生素 E；运动不足；注射大量的孕马血清促性腺激素或雌激素而引起。本病继发于子宫、输卵管、卵巢的炎症等。

图片：卵巢囊肿

【症状】卵巢囊肿由于分泌过多的卵泡素，而引起慕雄狂。母犬表现性欲亢进，持续发情，阴门红肿，偶尔见有血样分泌物。神经过敏，表现凶恶，经常爬跨其他犬、玩具或家庭成员，但母犬却拒绝交配。黄体囊肿时，则母犬不发情。

【诊断】犬的卵巢囊肿主要根据病史、临床症状来诊断，必要时可做 B 超检查。

【治疗】认真分析发生囊肿的原因，改善饲养管理条件，合理使用激素疗法。

卵泡囊肿肌注绒毛膜促性腺激素（HCG），每次 25～300 IU，每周 2 次，连用 4～6 周，可以促进黄体生成激素的效能。当绒毛膜促性腺激素治疗无效时，可选用黄体酮，肌注，每次 2～5 mg，每天 1 次，连用 5～7 d；地塞米松，肌注，每次 2～10 mg，隔日 1 次，连用 3 次；促性腺激素释放激素，肌注，每次 0.5 μg/kg.BW；先肌注黄体生成素，每次 50 IU，每天 1 次，5～7 d 可促进排卵或卵泡闭锁而形成黄体，再静注前列腺素 F2a（可加入 5％葡萄糖 250 mL 中缓慢静滴），每次 1 mL，每天 1 次，连用 2 次，使形成的黄体溶解消退，迅速发情。如果上述疗法均无效，可进行手术摘除囊肿。黄体囊肿肌注前列腺素 F2a，每次 1 mL，每天 1 次，连用 2 次。

（四）表现乳房功能紊乱宠物病防治

表现乳房功能紊乱宠物病主要有以下两种。

（1）乳房炎。

【引导问题】请回答下列单项或多项选择题，并详细解析。

1）犬猫乳房炎的临床特征是（　　）。

A. 红细胞增多　　B. 白细胞增多　　C. 血小板增多　　D. 血红蛋白增多

2）下列能引发乳房炎的因素是（　　）。

A. 细菌感染　　B. 血源性感染　　C. 中毒因素　　D. 乳汁停滞

3）下列属于乳房炎的临床症状的是（　　）。

A. 乳腺局部红肿　　B. 乳腺局部增温　　C. 乳腺局部疼痛　　D. 乳汁稀薄

4）治疗乳房炎可以选用下列哪种药物？（　　）

A. 青霉素　　B. 伊维菌素　　C. 灰黄霉素　　D. 长春新碱

【相关知识】

乳房炎是乳腺实质受到物理、化学、微生物刺激所发生的急性或慢性炎症。其特征是乳中的白细胞增多并发生理化性状的改变。

图片：乳房炎症状、基底封闭疗法

【病因】细菌感染：主要病原菌为葡萄球菌和链球菌，可分为血源性感染，如子宫内膜炎继发，亦可因乳头咬伤或乳腺创伤病原菌从创口上行感染；中毒：包括直接中毒及致病微生物毒素作用；还可以因为乳腺内乳汁停滞而引发该病。

【症状】急性乳房炎：乳腺局部肿胀热痛，内有局灶性硬固结节或整个乳腺质地变硬，乳汁稀薄变色，带乳凝块或血块、脓汁，可能有发烧、脱水等全身症状，仔犬不安、骚动或采食病乳后发生腹泻、发烧、死亡。慢性乳腺炎：乳腺组织内有囊性增生，这种增生物易与乳腺肿瘤混淆，但却往往是肿瘤的先期病灶。

【诊断】根据症状可以初步诊断，确诊需做乳汁检查和乳汁中病原菌培养。鉴别诊断注意与乳腺肿瘤相区别。

【治疗】隔离仔犬，实施人工哺乳或代养，根据药敏试验选择特异性抗生素或用广谱抗生素如氨基苄青霉素、头孢菌素等全身疗法。

局部早期冷敷，急性期后热敷，每天数次挤尽乳汁。乳腺内有脓肿时切开排脓、冲洗、引流，行开放疗法。

对于慢性乳腺炎，可手术切除乳腺内的囊肿或切除子宫卵巢。

为增强机体抵抗力，可静注葡萄糖溶液和葡萄糖酸钙溶液，应用维生素 C、维生素 B_1 等。

改善饲养管理，注意卫生，减少运动。

(2)产后无乳。

【引导问题】请回答下列单项或多项选择题，并详细解析。

1)母犬产后乳量减少甚至全无以及仔犬因各种原因而不能获乳，称为(　　)。

A. 产后无乳　　　　B. 乳房炎　　　　C. 乳房肿瘤　　　　D. 乳房结核

2)下列能引发产后无乳的因素是(　　)。

A. 母犬饲养管理不当　　　　　　　　B. 产后期疾病

C. 乳房疾患　　　　　　　　　　　　D. 母犬哺乳期受惊

3)下列不是产后无乳的临床症状的是(　　)。

A. 仔犬因哺乳不足而消瘦　　　　　　B. 母犬乳房肿胀或缩小

C. 母犬拒绝授乳　　　　　　　　　　D. 母犬全身症状明显

4)治疗产后无乳不能使用的药物是(　　)。

A. 腺垂体素　　　　　　　　　　　　B. 促甲状腺素释放激素

C. 地塞米松　　　　　　　　　　　　D. 中草药制剂

【相关知识】

产后无乳是指母犬产后乳量减少甚至全无以及仔犬因各种原因而不能获乳。

【病因】母犬的饲养管理不当及营养不足；产后期疾病，如子宫内膜炎、肠炎；乳房疾患，如乳房炎、乳房外伤；母犬过早繁殖，乳房发育不全或母犬年龄太大，乳腺萎缩；母犬哺乳期受惊，饲料突然变更，气候突然变化；调节乳腺活动的激素分泌失调。

图片：产后
无乳症状

【症状】仔犬因哺乳不足而消瘦、饥饿、鸣叫、乱啃咬，出现无营养的吸吮，互舔或摇尾，有的仔犬衰弱甚至死亡。母犬乳房或是肿胀(乳房炎时)或是乳房松软、缩小。仔犬寻乳频繁，母犬拒绝授乳。

【防治】改善饲养管理，治疗乳房炎及其他疾病，药物催奶，仔犬代养或人工哺乳。

1)药物促乳。腺垂体素 20 IU 肌注，每天 1 次，连用 2~3 d；促甲状腺素释放激素 20 μg，一次肌注或皮下注射；中草药制剂(王不留行 25 g，通草、山甲、白术各 10 g，白芍、当归、黄芪、党参各 12 g，共为细末，混于食物或水煎灌服)催乳效果良好。

2)仔犬代养。当产仔多，有效乳头少，患自咬症，母性不强，产后缺乳或无乳，有食

仔恶癖者，可将部分或全部仔犬取出代养。代养要实行气味、色彩蒙骗，勿将仔犬异常气味明显地带入奶娘犬的窝中，夜间黑暗条件下代养更易成功。具体实施方法如下：①自衔法，将欲代养仔犬置于奶娘犬居住的笼外，打开小门，当母犬听到仔犬叫声时，自行将仔犬叼入小窝内，视为自产之仔；②隔离奶娘法，将奶娘犬与亲生仔犬隔离，把寄养仔犬和亲生仔犬混在一起，隔 1 h 后，奶娘犬强烈恋仔，然后让母犬与仔犬（包括代养仔犬）团聚，若母犬无异常反应并实行哺乳，则说明代养可能成功；③直接拼窝法，若母犬温顺，可将两窝产期相近（仔犬都不多）的仔犬拼成一窝，由一只母犬哺育。

二、拓展阅读

学习党的二十大精神

加强理想信念教育

●●●●● 作业单

学习情境 5	表现生殖系统症状宠物病防治
作业完成方式	以学习小组为单位，课余时间独立完成，在规定时间内提交作业。
作业题 1	表现流产的宠物病的鉴别诊断。
作业解答	请另附页。
作业题 2	案例介绍：贵宾犬，雌性，1 岁，体重 4.1 kg。一个多月前发情，主人给予交配，半个月后阴部开始流血，血量不多，近日血液呈暗红色，血量增多。该犬容易出现疲劳，睡觉较多，精神、食欲均可，大小便正常，小便未见明显血色。近日感觉腹部有变大。临床检查：体温为 37.9 ℃，精神尚可，血色正常，心、肺听诊正常，阴部有血液流出。腹围有增大。 作业要求：根据病例的发病情况、症状及病变，提出初步诊断意见和确诊的方法，并按你的诊断结果提出治疗方案。写出对该病的防治方法。
作业解答	请另附页。
作业题 3	案例介绍：一巴哥犬，5 岁，雌性。20 d 前发情，近 5 d 发现精神沉郁，性情懒惰，不爱活动，饮水量增加，尿量增加，食欲减退。该犬从未下过仔。临床检查该犬精神沉郁，眼结膜潮红，腹围增大，时有呕吐症状，体温升高至 39.5 ℃，心率 120 次/min，脉搏细弱。呼吸 60 次/min，呼吸浅表，呼吸音粗粝。 作业要求：根据病例的发病情况、症状及病变，提出初步诊断意见和确诊的方法，并按你的诊断结果提出治疗方案。写出对该病的防治方法。

作业解答	请另附页。					
作业评价	班级		第　　　组	组长签字		
	学号		姓名			
	教师签字		教师评分		日期	
	评语：					

●●●●● **学习反馈单**

学习情境 5	表现生殖系统症状宠物病防治
评价内容	评价方式及标准。
知识目标达成度	评价方式：学生自我评价。 评价标准：能说出表现生殖系统症状宠物病的基本特征、发生发展规律、诊断与治疗方法。
技能目标达成度	评价方式：学生自我评价。 评价标准：会分析表现生殖系统症状宠物病案例，对临床病例，能搜集症状、分析症状、建立诊断，确定防治方案。
素养目标达成度	评价方式：学生自我评价。 评价标准：能够关爱宠物，具有团结合作和严谨认真的意识，具有独立思考、爱岗敬业、安全工作的态度。
反馈及改进	
针对学习目标达成情况，提出改进建议和意见。	

学习情境 6

表现运动异常宠物病防治

●●●● ● 学习任务单

学习情境 6	表现运动异常宠物病防治	学　时	6
布置任务			
学习目标	【知识目标】 1. 了解表现运动异常宠物病的基本特征。 2. 理解表现运动异常宠物病的发生、发展规律。 3. 掌握表现运动异常宠物病的诊断与防治方法。 【技能目标】 1. 能分析临床案例，获得临床诊治疾病的经验。 2. 对临床病例，能搜集症状、分析症状、建立诊断，确定防治方案。 【素养目标】 1. 通过宠物病基本特征的学习，激发学生关爱生命的使命感。 2. 通过案例分析，培养学生团结合作和严谨认真的意识。 3. 通过临床病例诊疗与分析，培养学生独立思考、爱岗敬业、安全工作的态度。		
任务描述	对临床实践中表现运动异常的患病宠物进行检查，分析症状，作出诊断，制定并实施治疗方案，提出预防措施。具体任务如下。 　　1. 运用病史调查、临床症状检查等方法，搜集症状、资料，通过论证分析及类症鉴别等方法，建立初步诊断。 　　2. 依据初步诊断结果，进行必要的实验室检验及特殊检查，并根据检验、检查结果，作出更确切的诊断。 　　3. 对诊断出的疾病予以合理治疗，并提出预防措施。		
提供资料	1. 信息单。 2. 教材。 3. 宠物疾病防治精品开放课程网站。		
对学生要求	1. 按任务资讯单内容，认真准备资讯问题。 2. 按各项工作任务的具体要求，认真实施工作方案。 3. 以学习小组为单位，开展工作，提升团队协作能力。 4. 遵守工作场所的规章制度，注意个人防护与生物安全。		

●●●●● **任务资讯单**

学习情境 6	表现运动异常宠物病防治
资讯方式	阅读信息单与教材；进入本课程网站及相关网站，观看 PPT 课件、教学视频、动画、专业图片等；到图书馆查询；向指导教师咨询。
资讯问题	1.1　运动系统疾病的基本检查方法有哪些？ 1.2　骨折是如何发生的？ 1.3　骨折的诊断要点有哪些？怎样与类似疾病鉴别诊断？ 1.4　关节扭伤是怎样发生的？防治措施有哪些？ 1.5　骨关节疾病的 X 射线诊断是怎样进行的？ 1.6　骨折的类型有哪些？各怎样治疗？ 1.7　犬常发的关节疾病有哪些？ 1.8　犬四肢的正常解剖结构有哪些？ 1.9　骨折的整复与固定方法有哪些？临床上怎样选择？ 1.10　佝偻病与骨软症是怎样发生的？主要症状是什么？ 1.11　风湿病是怎样发生的？主要症状怎样？怎么治疗？ 1.12　犬产后搐搦症是怎样的疾病？主要症状有哪些？怎么治疗？ 1.13　犬莱姆病是怎样的疾病？是怎么发生的？主要症状有哪些？怎么治疗？
资讯引导	1. 李玉冰，刘海．宠物疾病临床诊疗技术．北京：中国农业出版社，2017 2. 张磊，石冬梅．宠物内科病．北京：化学工业出版社，2016 3. 解秀梅．宠物传染病．北京：中国农业出版社，2021 4. 孙维平，王传锋．宠物寄生虫病．北京：中国农业出版社，2010 5. 李志．宠物疾病诊治．北京：中国农业出版社，2019 6. 韩博．犬猫疾病学，第 3 版．北京：中国农业大学出版社，2011 7. 谢富强．犬猫 X 线与 B 超诊断技术．沈阳：辽宁科学技术出版社，2006 8. 周桂兰，高得仪．犬猫疾病实验室检验与诊断手册，第 2 版．北京：中国农业出版社，2015 9. 宠物疾病精品资源开放课： https://www.xueyinonline.com/detail/232532809

●●●●● 案例单

学习情境 6	表现运动异常宠物病防治	案例训练学时	2
序号	案例内容	案例分析	

6.1	病史调查：一德国牧羊犬，4月龄，雄性。主诉最近几天发现该犬精神倦怠，食欲基本正常，站立时身体发抖，走路时一瘸一拐，后腿不让人碰。该犬平时就不爱活动，喜欢啃咬泥土、石子和木块等异物。昨天开始症状加重，主人给吃了 2 粒钙片，但感觉没有效果，于 8 月 6 日前来就诊。 临床检查：该犬精神状态尚可，身体虚弱，不爱站立，被毛蓬乱无光泽，异嗜。听诊心肺功能无明显变化。病犬站立时，全身颤抖，四肢频频交替负重，跛行明显。前肢和后肢骨骼均呈轻度的"X"形。触诊肱骨远端和股骨远端部位时，犬出现疼痛反应。 实验室检查：生化试验该犬血清钙的含量为 1.68 mmol/L。 X 射线检查：通过对骨骼的 X 射线检查，该病犬的前肢和后肢骨骼均呈现阴影，可见骨钙化不全。 [任务]分析案例的病史、临床症状、实验室生化试验和 X 射线检查结果，建立初步诊断。给出本病的治疗原则与措施。	本案例的主要病史是犬平时不爱活动，喜欢啃咬泥土、石子和木块等异物，站立时全身发抖，走路时一瘸一拐，提示可能是以运动异常为主的疾病。临床检查的主要症状是异嗜，病犬站立时全身颤抖，四肢频频交换负重，跛行明显，前肢和后肢骨骼均呈轻度的"X"形，触诊肱骨远端和股骨远端部位时出现疼痛反应，诊断为运动异常的骨关节疾病。实验室检查：血清钙的含量为 1.68 mmol/L，较正常值 3.73 mmol/L 低。X 射线检查该病犬的前肢和后肢骨骼均呈现阴影。综合以上检查与分析结果，诊断为犬佝偻病。 治疗方案如下。 1. 本病具有自愈性 不严重的患犬只要保持患肢安静，防止负重，当幼犬成熟时，病变能痊愈，并能恢复其功能。 2. 补充维生素 D 制剂 口服或肌肉注射维生素 D_3 10 万～30 万 IU，或维生素 D_2 胶性钙注射液，每次 0.25 万～0.5 万 IU，肌肉或皮下注射。饲料中添加鱼肝油，400 IU/kg.BW/d。 3. 补充钙磷制剂 可静注 10%氯化钙或葡萄糖酸钙溶液，犬 10～30 mL，猫 5～15 mL，每天 1～2 次。也可用维丁胶性钙肌肉注射，每次 1～2 mg，每天 1 次，连用 4～7 d。或口服钙片 2 片/次。喂给骨粉或贝粉或南京石粉，犬每天 4 g，猫 1～2 g。 4. 加强饲养管理 合理搭配日粮，给妊娠及哺乳母犬全价饲料，经常补钙。保证充足日晒，幼犬加强室外锻炼，增加阳光照射时间，防治幼犬胃肠道疾病。	

●●●●● 工作任务单

学习情境 6	表现运动异常宠物病防治
项目	表现运动异常宠物病防治

苏格兰牧羊犬，5月龄，雄性，右后肢不能着地，行走呈三脚跳，来宠物医院就诊。

任务 1　诊断

1. 临床诊断

【材料准备】保定用具、听诊器、体温计等。

【工作过程】

(1)调查发病情况。通过询问、现场观察等方法，了解患病宠物的发病时间、病后的表现及用药情况，可能的病因等。

[发病情况]犬主人在室外遛犬时，一辆经过的出租车将该犬撞倒，主人将其带回家后，发现该犬右后肢不敢着地，用手触摸右后肢，犬躲避、惨叫，遂来就诊。

[发病情况分析]请分析发病情况调查结果，确定发病特点，初步判定疾病的类别。

(2)临床检查。对病犬进行一般检查及各系统的检查。重点对病犬四肢状态及运动功能进行检查。

[临床症状]该犬精神正常，发育良好，营养良好，体重 10 kg。体温 38.8 ℃，脉搏 116 次/min，呼吸 25 次/min，听诊心音较快，无杂音，呼吸较平稳，无杂音。视诊可视黏膜无异常。四肢检查：该犬两前肢和左后肢感觉均正常，站立时右后肢不能着地，行走时三肢跳跃前进，右后肢明显肿胀，拒绝触摸。右后肢变短，牵拉有明显疼痛。

[临床症状分析]请分析临床检查结果，确定主要症状，并结合发病情况分析，提出可疑疾病，对可疑疾病论证分析建立初诊断。

2. X 射线诊断

【材料准备】

地点：X 射线暗室。

器材：管电流为 100 mA、管电压为 125～150 kV 的 X 射线机。

药品：生理盐水、舒泰。

【检查过程】先肌注舒泰 10 mg/kg. BW，待进入麻醉期后，右后肢腹背位和侧位在 X 射线床上，摆好焦点、犬的后肢的自然位置，在床的下面放好已装好底片的暗盒。核准 X 射线中点对准投照部位的中心，然后闭合电源开关，将 X 射线管交换开关，调节管电压到 75 kV，管电流为 12 mA，进行曝光 0.5 s。曝光完毕后，切断电源，各调节钮归零。用自动洗片机洗片。

【检查结果】后肢腹背位和侧位 X 射线片显示，股骨中部连续致密线中段，由于肌肉的牵拉作用股骨已经错位 1 cm 左右，荐髂关节间隙增大。膝关节正常。骨端规则、骨质致密，骨发育良好。见图 6-1 和图 6-2。

3. 建立诊断

依据病史、临床症状及 X 射线检查结果，本病例可诊断为何病？

任务 2　治疗

你认为本病例的治疗原则与措施是什么？

(工作任务参考答案见附录)

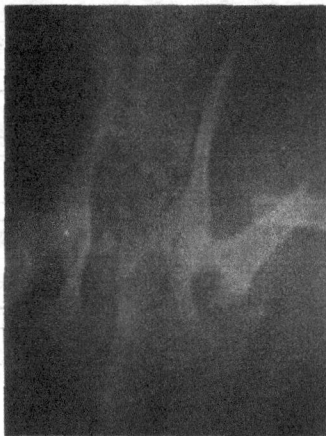

图 6-1　腹背位

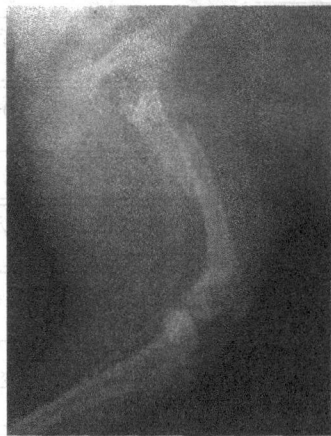

图 6-2　侧位

必备知识

一、必备的专业知识和技能

1. 表现运动异常宠物病类症诊断

见图 6-3。

2. 表现运动异常宠物病

表现运动异常宠物疾病主要有关节脱位、关节扭伤或挫伤、骨折、佝偻病、骨软症、风湿病、莱姆病、旋毛虫病、犬产后搐搦症(见学习情境 7)、肾炎(见学习情境 4)、脑炎(见学习情境 7)、脊髓挫伤及震荡(见学习情境 7)、破伤风(见学习情境 8)、狂犬病(见学习情境 7)、弓形虫病(见学习情境 2)。

(1)骨折。

【引导问题】请回答下列单项或多项选择题，并详细解析。

1)下列诊断骨折最好的方法是(　　　)。

A. 临床检查　　　　B. 血常规检测　　　C. B超检查　　　　D. X射线检查

2)下列能引起骨折的因素是(　　　)。

A. 车辆冲撞　　　　B. 动物踩踏　　　　C. 滑倒　　　　　D. 肌肉强烈收缩

3)骨折最主要的征象是(　　　)。

A. 骨折线　　　　　B. 疼痛　　　　　　C. 骨变形　　　　D. 功能障碍

4)大型犬骨折手术首选的固定方法是(　　　)。

A. 石膏绷带固定　　B. 夹板绷带固定　　C. 接骨板固定　　D. 髓内针固定

【相关知识】

骨的连续性中断或完整性破坏称之为骨折。犬骨折多发生于四肢骨。

【病因】

1)机械性因素。车辆冲撞、踩踏、轧压、摔碰、锤砸和门挤挫等，少部分也可因奔跑、扭闪、急停等肌肉强烈收缩而造成。

2)内在因素作用。如有骨膜炎、骨软症、佝偻病、骨肿瘤等骨疾病时，在较小外力作用下即可发生骨折。

图片：骨折 X 线片、接骨板固定 X 射线片

运动异常			
	有外伤史	肢体变形、骨摩擦音、局部疼痛、肿胀、功能障碍	可能原因：骨折
		关节变形、肿胀、异常固定、肢势改变、功能障碍	可能原因：关节脱位
		关节肿胀、疼痛，局部增温，关节固定不稳	可能原因：关节扭伤
		呼吸缓慢、呕吐、大小便失禁、抽搐、四肢划动、眼球震颤	可能原因：脑震荡
		后肢麻痹或截瘫、感觉丧失、呕吐、大小便失禁	可能原因：脊髓挫伤
	无外伤史	关节肿大、腕关节变形、肋骨与肋软骨结合部呈捻珠状、跛行、异嗜、胃肠卡他	可能原因：佝偻病和骨软化病
		跛行、运动受限、随运动量的增加疼痛减轻、关节肿胀、局部增温	可能原因：风湿病
		发热，关节肿胀，间歇性跛行，具有转移性，多个关节受侵害	可能原因：莱姆病
		发热、肌肉疼痛、吞咽呼吸困难、叫声异常、眼睑水肿	可能原因：旋毛虫病
		尿频、少尿或无尿，尿液混浊或混有血液；肾区疼痛，跛行	可能原因：肾炎
	伴有神经症状	意识障碍、运动失调；或狂暴不安，乱冲乱撞，转圈运动，抽搐或痉挛	可能原因：脑炎
		常见于分娩后 7~20d，运动失调、呼吸困难、大量流涎、倒地痉挛、抽搐、四肢强直	可能原因：犬产后搐搦症
		有外伤史，神经系统应激性增高，全身肌肉持续性痉挛收缩	可能原因：破伤风
		异嗜，吠声改变，有攻击性、下颌下垂，严重流涎，后躯麻痹、运动失调	可能原因：狂犬病
		发热、咳嗽、呼吸困难、腹泻、视力障碍、运动失调，抽搐	可能原因：弓形虫病

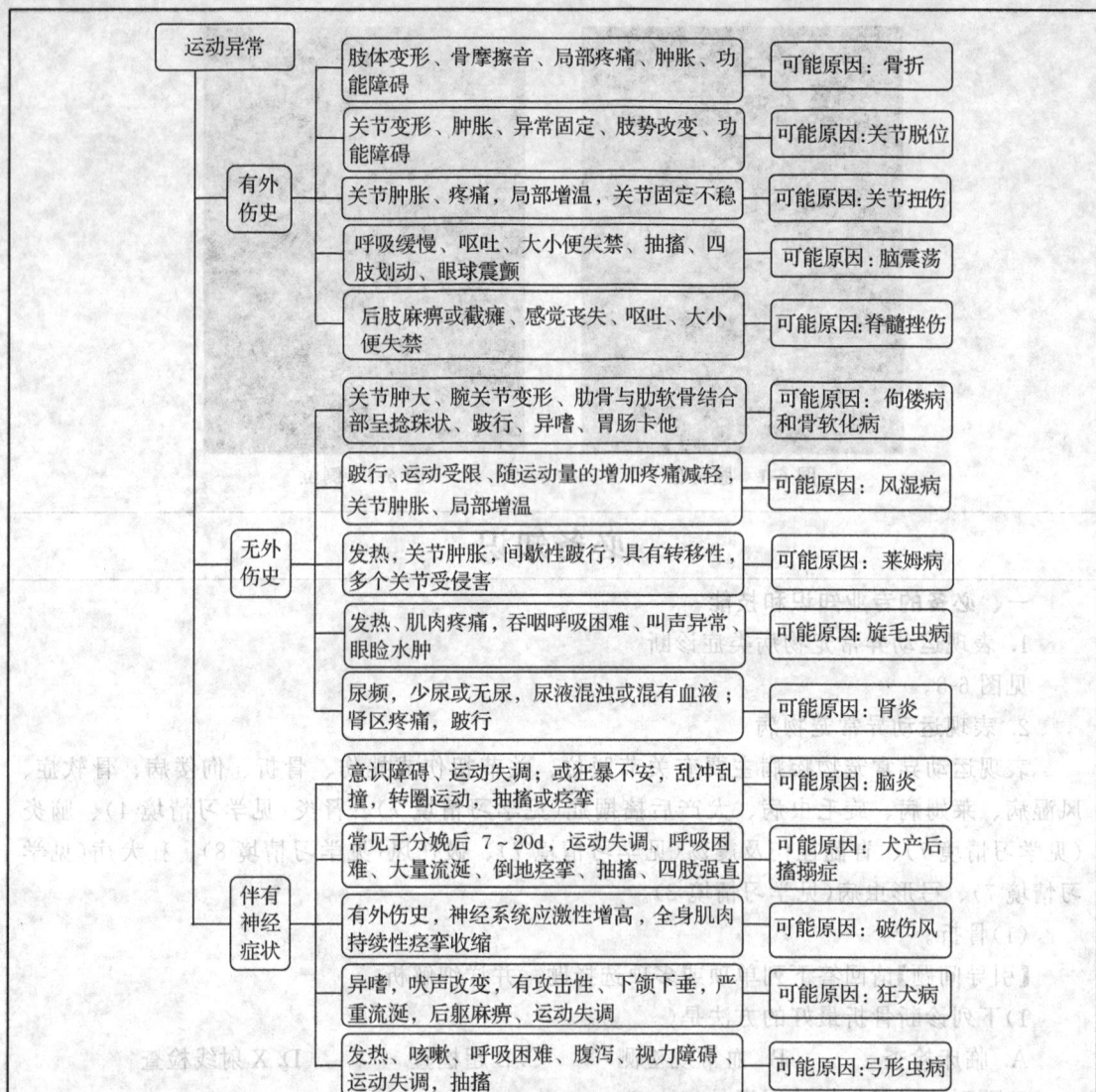

图 6-3　表现运动异常宠物病类症诊断

【症状】

1)一般症状。功能障碍、疼痛、软组织损伤、骨变形、骨摩擦音、异常活动。

2)X 射线征象。骨质断裂的缝隙在 X 射线照片中形成黑色的透明条带，称为骨折线，骨折线是骨折最主要的征象。对骨折部位拍照时，常规应拍正侧位两张照片，彼此互成90°角，以达到准确诊断。当发生完全骨折且断端重叠者不存在骨折线，但重叠部分密度增高；嵌入型骨折也没有骨折线表现，但嵌入部分密度增高，且骨皮质与骨小梁连续性消失，骨的长度缩短(压缩、嵌入、凹陷性骨折除外)。骨骼变形和软组织肿胀等 X 射线征象。

3)其他症状。骨折一两天后血肿分解引起体温升高，失血性贫血，休克，骨折点远端外周神经麻痹，骨折点局部组织缺血性坏死等。

【诊断】犬、猫易于触诊，依据病史和上述症状不难作出初步诊断。确诊要进行 X 射线检查。X 射线检查不仅可确诊骨折、骨折的类型和程度，而且还能指导整复，监测愈后情况。

【治疗】

1）保守疗法。骨盆骨骨折、肩胛骨骨折、下颌骨骨折、颅骨骨折、椎体骨折、股骨臂骨的复杂骨折等，常只将宠物固在笼中限制活动或禁止活动并配合服用消炎止痛抗感染药。笼子里垫上厚铺垫，至少 6 周。

2）外固定。闭合性整复应尽早实施，一般不晚于骨折 24 h。需对犬全身麻醉或局部传导麻醉。术者手持近侧骨折段，助手沿纵轴牵引远侧肢，保持一定拉力，使两断端对合复位。整复完成后立即进行固定。固定部位剪毛，衬垫棉花［指（趾）骨需充分衬垫］，装置石膏绷带等成形绷带或夹板、金属支架等，固定范围一般应包括骨折部上、下两个关节。

3）内固定。常用骨髓内针和接骨板以及骨螺钉等。

①装骨髓内针的方法。内针的长度与直径要适当。长度一般比患骨的长度略短，髓内针的直径应小于骨髓腔最短处的直径大小。手术时，在患处外侧面做切口，暴露骨折断端，清除淤血和坏死组织块以后，装置髓内针。先将髓内针由骨折断端处插入，由近端或远端关节处打出（注意避免损伤关节），直到留在骨折断端处的髓内针的长度不影响骨折断端的对合。将骨折断端对合后，再将髓内针逆向打入骨髓腔，使髓内针不遗留在体外，几乎全部进入髓内腔，只有很少部分遗留在临近关节处的皮下。见图 6-4。

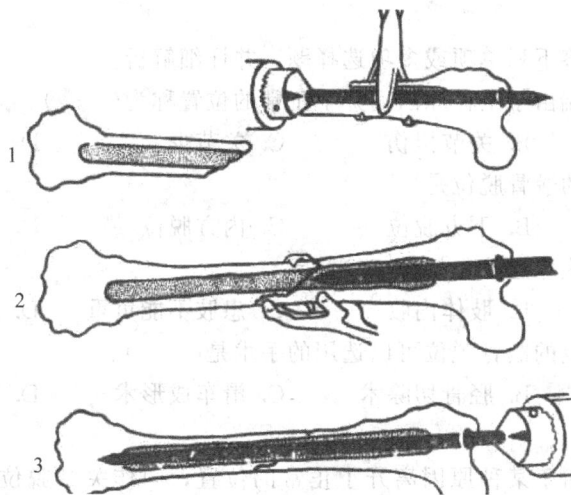

图 6-4　髓内针固定

②装接骨板的方法。置入灭菌的不锈钢接骨板，使骨折线居中，并且骨折两断端之间留有一定间隙。根据骨折骨宽度选择 4 孔、6 孔接骨板，确定接骨板最外端两孔在骨干上的相对位置，用手术刀在钻孔处的骨膜切一小口，然后用骨钻一直钻穿对侧骨皮质。用细测深器插入孔中，测量其深度，然后选择适当长度的骨螺钉，使其拧紧后刚好从对侧孔中露出 1~2 个螺纹。固定好两螺丝后，再依次打孔，固定其他螺丝。见图 6-5。

【术后护理】全身应用抗生素预防或控制感染；适当应用消炎止痛药，加强营养，饮食中补充维生素 A、维生素 D、鱼肝油及钙剂等；限制宠物活动，保持内、外固定材料牢固固定；对患肢进行功能恢复锻炼；定期进行 X 射线检查，适时拆除内、外固定（一般不早于术后 4 周）。

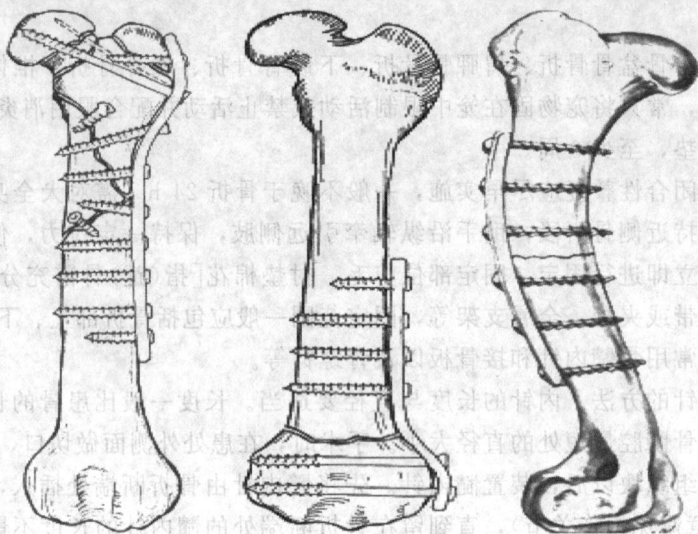

图 6-5　接骨板固定

（2）关节脱位。

【引导问题】请回答下列单项或多项选择题，并详细解析。

1）构成关节的骨端由于某种原因离开了正常的位置称为（　　）。

A. 关节脱位　　　　　B. 关节扭伤　　　　　C. 关节炎　　　　　D. 骨折

2）下列最为常见的髌骨脱位是（　　）。

A. 上方脱位　　　　　B. 下方脱位　　　　　C. 内方脱位　　　　　D. 外方脱位

3）髋结节脱位的临床症状包括（　　）。

A. 趾部向外旋转　　　B. 肢体内收　　　　　C. 患肢不能负重　　　D. 患肢变长或缩短

4）滑车沟变浅造成的髌骨脱位可以选用的手术是（　　）。

A. 股骨切除术　　　　B. 胫骨切除术　　　　C. 滑车成形术　　　　D. 胫骨结节移位术

【相关知识】

构成关节的骨端由于某种原因离开了正常的位置，叫作关节脱位或者关节脱臼。犬、猫最常见的关节脱位有髋关节、髌骨（膝盖骨）脱位，有时见于肘关节、肩关节脱位和颈部关节脱位。共同症状为关节变形；关节异常固定；关节因周围组织的出血、急性炎症而肿胀，因此造成肢势的改变以及功能障碍。

图片：关节
脱位 X 射线片

1）髋关节脱位。

髋关节脱位是犬、猫最常见的关节脱位。多因外伤所致，也常发生于髋关节发育异常或作为一种全髋关节置换术的并发症。多数为髋关节前上方脱位，仅少数为后上或下方脱位。

【症状】宠物趾部向外旋转，肢体内收，患肢不能负重。股骨头前上方脱位，大转子较健侧高，大转子与坐骨结节间距离增加。站立时患肢短于健肢；如后上方脱位，患肢向后伸展时稍长于健肢，但向下伸展，患肢则变短，大转子与坐骨结节间距缩小；股骨头下方脱位时，大转子难以触摸到，患肢明显变长。

【诊断】根据临床症状一般能作出初步诊断，X 射线检查可进一步查明股骨头脱位精确位置、髋臼骨折及股骨头颈骨折等，也有助于鉴别诊断。

【治疗】

①治疗性整复。单纯脱位 4～5 d 内，无并发症（如无骨折）时，可采用闭合性整复。犬、猫侧卧保定，患肢在上。术者拇指和食指按压大转子，先外旋、外展和伸直患肢，使股骨头整复到髋臼水平位置，再内旋、外展股骨，使股骨头滑入髋臼内。如复位成功，可听到复位声，患肢可做大范围的活动。术后用"8"字形吊带将肢屈曲悬吊，使髋关节免负体重，连用 7～10 d，宠物限制活动 2 周以上。

②开放性整复固定。闭合性复位不成功、长期脱位或脱位并发骨折者，应施开放性整复固定。一般选择背侧手术通路，此通路最易接近髋关节。在暴露髋关节后，彻底清洗关节内血凝块、组织碎片，再将股骨头整复至髋臼内，然后固定股骨头。先缝合关节囊和其周围软组织；再用骨螺钉固定，即骨螺钉钻入髋臼上缘，再用不锈钢丝将股骨颈固定在螺钉上；然后用钢针将股骨头固定在髋臼中，其钢针通常在大转子下穿入股骨头至髋臼。术后患肢系上"8"字形吊带 10～14 d，宠物限制活动 3 周，以后逐渐增加活动量 2～3 周，术后 14～21 d 拔除髓内针。

2）髌骨（膝盖骨）脱位。

髌骨（膝盖骨）脱位常发生于犬，猫偶见，小型犬多见，大型犬也可发生。临床上有髌内方脱位和髌外方脱位两种，但以髌内方脱位为多见，占 78%～80%。

【病因】髌内方脱位常为先天性的，多发生在幼年期，与创伤无关。以一肢多见，有 20%～25% 病例发生两侧性的。髌外方脱位多与外伤、髋关节发育异常有关，多见于大型品种犬。髌外方脱位又称膝外翻，一般为两侧性，5～6 月龄多发。

【症状】髌内方脱位常分为四级。一级脱位，犬、猫很少出现跛行，偶见跳跃行走，此时髌骨越过滑车嵴。髌骨可人为地脱位，但放手可自行复位。二级脱位，从偶尔跳行到连续负重即出现跛行，膝关节屈曲或伸展时，髌骨脱位或人为脱位，可自行复位。三级脱位，从偶尔跛行到负重时出现轻度到中度跛行，出现中度或严重的弓形腿，胫骨扭转，触摸髌骨常呈脱位状态，能人为离位到滑车内，但释手能重新脱位。四级脱位，常两肢跛行，免负体重，前肢平衡差，虽然有的宠物能支撑体重，但膝关节不能伸展，后肢呈爬行姿势，趾部内旋。

髌骨持久性脱位，不能复位。髌外方脱位也有四级之分，常累及两肢，最明显的症状是两后肢呈膝外翻姿势。髌骨通常可复位，内侧韧带明显松弛。膝关节内侧支持组织常增厚，负重时，趾部外旋。

【诊断】根据临床症状和触摸可以作出诊断。X 射线检查可发现患病胫骨和股骨呈现不同程度的扭转。临床上应与十字韧带断裂、股神经麻痹、膝关节炎、骨软骨炎等相区别。

【治疗】髌内方脱位有保守疗法和手术疗法两种。对于偶发性髌内方脱位，临床症状轻或无临床症状，病犬大于 1 岁者宜保守治疗，其治疗方法包括减轻体重，限制活动，必要时给予非固醇类抗炎药物，如阿司匹林或保泰松等；临床症状明显，并出现跛行者，应尽早手术治疗。对于轻度髌骨内方移位，可在外侧关节囊或腓骨与髌骨间用缝线固定，限制髌骨内移；如系滑车沟变浅，可施滑车成形术，确保髌骨在滑车内滑动；如股骨内旋，可施胫骨结节移位术，使髌骨韧带矫正到正常位置；也可切断部分内收肌（如缝匠肌、股内直肌等），增加内松弛作用，以矫正髌骨的不稳定。股骨、胫骨严重变形者，需施部分股骨或胫骨切除术，以纠正髌骨恢复正常位置。

髌外方脱位以手术治疗为主。手术的目的是加强髌骨内侧支持带作用，可按髌骨内方脱位手术方法做相应的改进。

（3）关节扭伤。

【引导问题】请回答下列单项或多项选择题，并详细解析。

1）关节在外力作用下，超越生理活动范围，瞬间的过度伸展、屈曲或扭转而使关节损伤称为（   ）。

A. 关节脱位　　　　　B. 关节扭伤　　　　　C. 关节炎　　　　　D. 骨折

2）下列能引发关节扭伤的因素是（   ）。

A. 跳跃扭闪　　　　　B. 跌倒　　　　　C. 急转弯　　　　　D. 失足蹬空

3）下列不是关节扭伤的特征症状的是（   ）。

A. 跛行　　　　　B. 关节肿胀　　　　　C. 关节疼痛　　　　　D. 骨摩擦音

4）关节扭伤的治疗方法正确的是（   ）。

A. 早期冷敷　　　　　B. 早期热敷　　　　　C. 后期冷敷　　　　　D. 后期热敷

【相关知识】

关节扭伤是关节受到间接的机械外力作用下，使关节超越生理活动范围，瞬间的过度伸展、屈曲或扭转而使关节损伤。

【病因】主要是跳跃扭闪、急跌倒、急转弯、失足蹬空等，也有因用力过猛、暴力、姿势不正使关节扭伤。

图片：关节
扭伤症状

【症状】表现为突然跛行，急性关节肿胀、热痛、触碰患关节时疼痛加剧或关节固定不稳。关节腔穿刺液正常或穿出过量渗出液，有时有积血、软骨碎片等。转为慢性后可继发关节囊、关节韧带纤维化或骨化，关节僵硬。可继发变性关节疾病。

犬、猫膝关节扭伤常引起十字韧带断裂、半月状板撕裂或侧韧带断裂，关节固定不稳。跗关节扭伤常引起侧韧带撕裂。

【诊断】进行 X 射线检查以确定扭伤的程度及有无撕裂性骨折、关节内碎片骨折。

【治疗】对患部宜进行早期冷敷或冷浴，包扎压迫绷带制止渗出或出血。急性期过后改为热敷或热浴，涂擦刺激剂或软膏，促进炎症吸收和消散。疼痛剧烈时服用止痛消炎药。

（4）软骨症。

【引导问题】请回答下列单项或多项选择题，并详细解析。

1）成年犬、猫因日粮中钙、磷不足，或比例失调、代谢障碍，引起的骨组织发生进行性脱钙，所造成的骨质疏松疾病称为（   ）。

A. 佝偻病　　　　　B. 软骨症　　　　　C. 风湿病　　　　　D. 产后搐搦症

2）下列能引发软骨症的最主要的因素是（   ）。

A. 食物中钙磷不足　　　　　　　　B. 阳光照射不足

C. 慢性消化障碍　　　　　　　　　D. 慢性肾功能不全

3）下列不是软骨症的临床症状的是（   ）。

A. 跛行　　　　　B. 异嗜　　　　　C. 腹泻　　　　　D. 骨骼变形

4）治疗软骨症选用的药物有（   ）。

A. 维生素 D_3　　　　　B. 维生素 E　　　　　C. 乳酸钙　　　　　D. 鱼肝油

【相关知识】

本病是成年犬、猫因日粮中钙、磷不足，或比例失调、代谢障碍，而引起的骨组织发生进行性的脱钙，所造成的骨质疏松的慢性骨营养不良的骨质疾病。在临床上，以消化功能紊乱，异嗜癖，跛行，骨质软化及骨骼变形为特征。

图片：软骨症症状

【病因】食物中钙、磷不足或钙、磷比例失调是导致骨软症发生的重要原因之一。维生素 D 摄取不足或长期阳光照射不足，也影响钙的吸收。小肠内 $[H^+]$ 升高，饲料中金属离子(铁、镁、锶、锰、铝等)过剩，会影响钙磷的吸收。另外，慢性消化障碍及寄生虫病；食物中蛋白质不足或锰含量过高；慢性维生素 A 中毒；慢性肾功能不全等，也能直接或间接影响钙磷代谢，导致该病的发生。

【症状】病犬站立时，四肢不断交换负重，跛行；头骨、鼻骨肿胀，硬腭突出，异嗜及胃肠卡他。有时不能站立，体温、脉搏、呼吸一般无变化。钙、磷缺乏时，还常伴有甲状旁腺功能亢进。产后母犬缺钙，常于产后 10～20 d 发生产后抽搐。

【防治】尽量多晒太阳。可一次性口服或肌注维生素 D_3，1 500～3 000 IU/kg.BW。饲料中添加鱼肝油，每天 400 IU/kg.BW，以及骨粉、鱼粉等，每天 0.5～5g/kg.BW，拌料饲喂。口服碳酸钙，每天 1～2g/kg.BW，每天 1 次，或内服乳酸钙。维生素 D_2 胶性钙注射液(骨化醇胶性钙注射液)，每次 0.25 万～0.5 万 IU，肌肉或皮下注射。为了防止钙和磷比例失调，犬、猫每饲喂鲜肉 100 g，添加碳酸钙 0.5 g；每 100 mL 羊奶，添加碳酸钙 0.15 g。另外，还可让患病犬、猫啃吃一些生骨头，是较好的补钙和补磷方法，还能除去犬猫齿垢，清洁牙齿。

(5)犬佝偻病。

【引导问题】请回答下列单项或多项选择题，并详细解析。

1)幼犬由于缺乏维生素 D 和钙而引起的代谢病称为(   )。

A. 佝偻病　　　　　B. 软骨症　　　　　C. 风湿病　　　　　D. 产后搐搦症

2)下列能引发佝偻病的因素是(   )。

A. 维生素 A　　　　B. 维生素 B_1　　　C. 维生素 C　　　　D. 维生素 D

3)下列是佝偻病的临床症状的是(   )。

A. 跛行　　　　　　B. 异嗜　　　　　　C. 骨摩擦音　　　　D. 骨变形

4)预防佝偻病的措施包括(   )。

A. 加强饲养管理　　B. 注意犬舍卫生　　C. 适当运动　　　　D. 多晒太阳

【相关知识】

佝偻病是幼犬由于缺乏维生素 D 和钙而引起的一种代谢病。主要表现生长中骨化过程受阻，长骨因负重而弯曲，软骨肥大，肋骨与肋软骨结合处出现圆形膨大的串珠样肿。临床上以消化紊乱，异嗜，跛行，四肢骨、椎骨等变形为特征。

图片：佝偻病症状

【病因】维生素 D 不足或缺乏是佝偻病发生的主要原因。母犬营养不良，母乳或断奶之后饲料中缺乏维生素 D，以及幼犬阳光照射不足，或者消化不良，均可引发本病。钙、磷缺乏或严重比例不当、甲状旁腺功能异常，也是佝偻病发生的重要原因。此外，尿毒症、遗传缺陷、肠内寄生虫能诱发佝偻病。

【症状】异嗜，换齿晚，步态强拘、跛行，起立困难，犬膝弯曲呈 O 状姿势或 X 状姿

势，可见有骨变形。膝、腕、系关节部骨端肿胀。肋骨与肋软骨结合部肿胀，呈串珠状，胸骨下沉，脊椎骨弯曲，骨盆狭窄。上颌骨肿胀，口腔变为狭窄，发生鼻塞音和呼吸困难，由于颌骨的疼痛，妨碍咀嚼。因异嗜等引起消化障碍，病犬不活泼，继而消瘦，最终发生恶病质。

【诊断】根据病犬年龄、发病缓慢、骨骼变形、X射线检查骨质密度降低等，可以诊断，如能测定血清中钙和磷的含量，更有助于诊断。

【治疗】加强饲养管理，注意犬舍卫生，光线要充足。要适当运动，多晒太阳，调整日粮组成，保证足够的维生素D和矿物质。补充维生素D制剂如鱼肝油，每次400 IU/kg.BW，每天1次，发生腹泻时停止用药。补充钙制剂应用钙剂添加于饲料中，仔犬每次1.5～2 g，每天1次，连用1～2个月。出现消化障碍时，酌情应用健胃剂。

（6）风湿症。

【引导问题】请回答下列单项或多项选择题，并详细解析。

1）风湿病发生的部位不包括（　　　）。

A. 脑部　　　　　　B. 肌肉　　　　　　C. 关节　　　　　　D. 心脏

2）下列不能引发风湿病的因素是（　　　）。

A. 风寒　　　　　　B. 潮湿　　　　　　C. 阴冷　　　　　　D. 高热

3）肌肉风湿的临床症状包括（　　　）。

A. 肌肉肿胀　　　　B. 肌肉疼痛　　　　C. 肌肉僵硬　　　　D. 运动障碍

4）下列不是治疗风湿病的药物是（　　　）。

A. 水杨酸钠　　　　B. 阿司匹林　　　　C. 萘普生　　　　　D. 对乙酰氨基酚

【相关知识】

风湿症是常呈反复发作的一种急性或慢性非化脓性炎症，以肌肉、关节、心脏为其多发的部位。犬多发。

【病因】风湿症的发病原因尚不清楚。但目前认为它是一种自体免疫性疾病。风寒、潮湿、阴冷、雨淋、过劳以及咽炎、喉炎、扁桃体炎等都是引起风湿症的诱因。

图片：风湿症症状

【症状】其特点是突然发病，局部红肿，有游走性且反复发作。

1）肌肉风湿。常发生于肩部、颈部、背腰部和股部的肌群。患病肌群肿胀、疼痛，触摸时肌肉僵硬，可引起运动功能障碍，步态强拘不灵活，但随着运动量的增加和时间的延长，症状有所减轻或消失。从整个病程看，患部具有游走性的特点。病犬体温可升高1～1.5 ℃，呼吸、脉搏也稍有改变。若全身肌肉风湿，则患犬表现全身肌肉僵直，行走困难，常卧地不起。

2）关节风湿。常发生于活动性大的关节，如肩关节、肘关节、髋关节、膝关节等。患病关节囊及其周围组织水肿，关节外形肿大，触诊时有热、痛感。患犬起卧困难，运动时表现跛行，运步强拘，特别是清晨或卧地刚站起时更明显，但随运动量的增加和时间的延长，跛行症状可减轻或消失。

【诊断】根据病史与临床症状即可作出诊断。

【防治】

1）药物治疗。可应用解热镇痛抗风湿药，如水杨酸钠，阿司匹林等对急性风湿症有一定疗效，其用量是10%水杨酸钠每次10～50 mL，每天1次。阿司匹林用量为每次0.2～0.25 g。氯灭酸(抗风湿灵)每次0.05～0.4 g，内服，每天2～3次。甲氯灭酸(抗炎酸)每次0.1～0.25 g，内服，每天3～4次。萘普生(消痛灵)，犬首次内服5 mg/kg.BW，维持量每次1.2～2.8 mg/kg.BW，每天1次。

2)加强护理。注意保温，犬舍保持干燥并有足够的阳光，勤换垫料，加强户外锻炼，及时消除各种诱因。

(7)莱姆病。

【引导问题】请回答下列单项或多项选择题，并详细解析。

1)由伯氏疏螺旋体引起的多系统性疾病称为(　　)。

A. 支原体病　　　　B. 衣原体病　　　　C. 莱姆病　　　　D. 钩端螺旋体病

2)莱姆病最主要的传播媒介是(　　)。

A. 跳蚤　　　　　　B. 蚊子　　　　　　C. 蝇　　　　　　D. 蜱虫

3)莱姆病的临床症状包括(　　)。

A. 关节肿胀　　　　B. 跛行　　　　　　C. 淋巴结肿胀　　D. 肾炎

4)治疗莱姆病有效的药物包括(　　)。

A. 链霉素　　　　　B. 氟苯尼考　　　　C. 四环素　　　　D. 强力霉素

【相关知识】

莱姆病又称莱姆包柔体病，是由伯氏疏螺旋体引起的多系统性疾病，本病主要由硬蜱作为媒介，在人及动物之间传播。其他嗜血性的昆虫如跳蚤、蚊子、马蝇、鹿蝇等偶尔也会成为传播媒介。

图片：莱姆病传播媒介、蜱虫感染图片

【症状】犬主要表现为关节肿胀，四肢跛行和僵硬，手压患病关节有柔软感，行走时表现疼痛。急性感染犬一般不出现关节肿大，所以难于确定疼痛部位。体温升高至40 ℃以上，精神沉郁，食欲减退，体重降低。跛行常常表现为间歇性，并且从一条腿转移到另一条腿。有的病例出现眼病和神经症状，局部淋巴结肿胀和肾小球肾炎、间质性肾炎等病理变化。出现蛋白尿、圆柱尿、血尿和脓尿等症状。莱姆病较明显的症状为间歇性非糜烂性关节炎，常波及两肢以上，一般常发生在肘骨及腕骨。莱姆病阳性犬可能出现心肌功能障碍，表现为心肌坏死和赘疣状心肌内膜炎。猫莱姆病主要症状为发热、厌食、精神沉郁、疲劳、跛行或关节肿胀。

【诊断】宠物患莱姆病后，一般只能检查到低热、关节炎和跛行等非特异症状，常常误诊为其他疾病，临床诊断十分困难。常用实验室诊断方法有以下几种。

1)酶联免疫吸附法(ELISA)及蛋白印迹法(WB)。首先应用ELISA法检测，当有阳性或可疑标本时，再应用WB法进行验证。对急性期和曾经感染的病例用ELISA法作为筛选的标准。所有经ELISA法检测阳性的样品都必须经过标准的WB实验确认，被ELISA法检测为阴性的标本不需做进一步测试。

2)VIDAS免疫诊断系统。用梅里埃生物公司推出的VIDAS免疫诊断系统能检查抗BB抗体，有较好的敏感性和特异性。

【治疗】四环素，剂量为25 mg/kg.BW，每8 h口服1次；强力霉素，剂量为10 mg/kg.BW，每天口服1次。但治疗慢性关节炎或中枢神经疾病以强力霉素较为有效。

阿莫西林，剂量为 22 mg/kg.BW，每 12 h 口服 1 次；头孢氨苄为 22 mg/kg.BW，每 8 h 口服 1 次，2 周即可见效，病初疗效更佳。目前，有两种犬用莱姆病疫苗：全细胞灭活菌苗和重组疫苗。

（8）犬旋毛虫病。

【引导问题】请回答下列单项或多项选择题，并详细解析。

1）下列是人畜共患寄生虫病是（　　）。

A. 犬恶心丝虫病　　　B. 犬旋毛虫病　　　C. 伊氏锥虫病　　　D. 犬等孢子球虫病

2）旋毛虫幼虫主要的寄生部位是（　　）。

A. 横纹肌　　　　　　B. 平滑肌　　　　　C. 心肌　　　　　　D. 以上均不对

3）犬旋毛虫病的临床症状的是（　　）。

A. 发热　　　　　　　B. 肌肉疼痛　　　　C. 肌肉水肿　　　　D. 肌肉僵硬

4）犬旋毛虫病最主要的预防措施是（　　）。

A. 加强饲养管理　　　B. 搞好卫生　　　　C. 消灭鼠类　　　　D. 定期消毒

【相关知识】

本病是一种重要的人畜共患寄生虫病。已知有 100 多种动物在自然条件下可以感染旋毛虫病，包括肉食兽、杂食兽、啮齿类和人，其中哺乳动物至少有 65 种，家畜中主要是猪和犬。我国东北三省犬的旋毛虫感染率很高。

图片：旋毛虫成虫、幼虫、虫卵形态

【病原及生活史】旋毛虫为一种很小的、前细后粗的白色小线虫，雄虫长 1.4～1.6 mm，雌虫长 3～4 mm，肉眼勉强可以看到，寄生在小肠的肠壁上。

它的生活史特点是同一动物既是终末宿主，又是中间宿主。当人或动物吃了含有旋毛虫幼虫包囊的肉后，包囊被消化，幼虫逸出钻入十二指肠和空肠的黏膜内，经 1.5～3 d 即发育为成虫，交配后，雄虫死亡，雌虫钻入肠腺或黏膜下淋巴间隙中产幼虫。大部分幼虫随血流散布到全身。横纹肌是旋毛虫幼虫最适宜的寄生部位。刚进入肌纤维的幼虫是直的，随后迅速发育增大，逐渐卷曲并形成包囊。包囊内含有囊液和 1～2 条卷曲的幼虫，个别可达 6～7 条。包囊在数月或 1～2 年内开始钙化，钙化包囊的幼虫仍能存活数年。

【诊断】本病主要临床表现为发热、肌肉疼痛、水肿。但自然感染犬症状较难发现，生前诊断较困难。必要时可采取肌肉做活体组织检查，也可采用酶联免疫吸附试验或间接血凝试验。死后可根据在肌肉中发现幼虫确诊。可采取膈肌左右角（或腰肌、腹肌）各一小块，再剪成麦粒大的小块 24 块，用厚玻片压片镜检（20～50 倍）。

【防治】搞好卫生，消灭鼠类，将尸体烧毁或深埋。禁止随意抛弃动物尸体和内脏。对检出旋毛虫的尸体，应按规定处理。喂犬的生肉必须经过卫生检验，证明无旋毛虫才可饲喂。旋毛虫病可试用丙硫咪唑治疗，用量每天按 25～40 mg/kg.BW，分 2～3 次口服，5～7 d 为 1 疗程。

二、拓展阅读

学习党的二十大精神　　　　学生技能赛融入课程思政

●　●　●　●　●　**作业单**

学习情境 6	表现运动异常宠物病防治
作业完成方式	以学习小组为单位，课余时间独立完成，在规定时间内提交作业。
作业题 1	以运动异常为主症宠物疾病的鉴别诊断要点。
作业解答	请另附页。
作业题 2	案例介绍：1 只 5 月龄德国牧羊犬（雌性、体重 18.5 kg）。主诉：近日来精神不振，食欲减退，喜食异物，跛行，反应迟钝。临床检查：营养较差，被毛粗乱无光泽，体温 38.7 ℃，呼吸 21 次/min，心率 116 次/min，精神委顿，结膜苍白；站立时四肢频繁交替负重，跛行，四肢内翻呈 O 形弯曲；肋骨与肋软连接处有明显结节；触诊肢体时病犬表现烦躁不安。 　　作业要求：根据病例的发病情况、症状及病变，提出初步诊断意见和确诊的方法，并按你的诊断结果提出治疗方案。写出对该病的防治方法？
作业解答	请另附页。
作业题 3	案例介绍：主诉：该犬 15 d 前发病，病初精神、食欲正常，主要临床症状为右侧后肢行走不便，有轻微疼痛感，曾用"痛肿灵"药水涂擦，无好转。病后 1 周临床症状加重，行走时肢爪不着地，躯体左右摇摆，右后肢有明显疼痛感。曾用"当归注射液"加"风湿宁注射液"进行了 2 个疗程治疗，用药时症状减轻，但停药后症状又恢复。临床检查：犬只精神、体温、心跳、呼吸均无异常表现，主要症状表现为起立困难，行走时后肢步态异常、弓背、左右摇摆，奔跑时右侧后肢不愿着地，有明显疼痛感，呈"兔子跳"样，右侧后肢腿肌有较明显的萎缩。 　　作业要求：根据病例的发病情况、症状及病变，提出初步诊断意见和确诊的方法，并按你的诊断结果提出治疗方案。写出对该病的防治方法？
作业解答	请另附页。

作业评价	班级		第　　组	组长签字		
	学号		姓名			
	教师签字		教师评分		日期	
	评语：					

●●●●● **学习反馈单**

学习情境6	表现运动异常宠物病防治
评价内容	评价方式及标准。
知识目标达成度	评价方式：学生自我评价。 评价标准：能说出表现运动异常宠物病的基本特征、发生发展规律、诊断与治疗方法。
技能目标达成度	评价方式：学生自我评价。 评价标准：会分析表现运动异常宠物病案例，对临床病例，能搜集症状、分析症状、建立诊断，确定防治方案。
素养目标达成度	评价方式：学生自我评价。 评价标准：能够关爱宠物，具有团结合作和严谨认真的意识，具有独立思考、爱岗敬业、安全工作的态度。
反馈及改进	
针对学习目标达成情况，提出改进建议和意见。	

学习情境 7

表现神经症状宠物病防治

●●●● 学习任务单

学习情境 7	表现神经症状宠物病防治	学　时	8
布置任务			
学习目标	【知识目标】 1. 了解表现神经症状宠物病的基本特征。 2. 理解表现神经症状宠物病的发生、发展规律。 3. 掌握表现神经症状宠物病的诊断与防治方法。 【技能目标】 1. 能分析临床案例，获得临床诊治疾病的经验。 2. 对临床病例，能搜集症状、分析症状、建立诊断，确定防治方案。 【素养目标】 1. 通过宠物病基本特征的学习，激发学生关爱生命的使命感。 2. 通过案例分析，培养学生团结合作和严谨认真的意识。 3. 通过临床病例诊疗与分析，培养学生独立思考、爱岗敬业、安全工作的态度。		
任务描述	对临床实践中以神经症状为主症的患病宠物进行检查，分析症状，作出诊断，制定并实施治疗方案，提出预防措施。具体任务如下。 1. 运用病史调查、临床症状检查、病理剖检等方法，搜集症状、资料，通过论证分析及类症鉴别等方法，建立初步诊断。 2. 依据初步诊断结果，进行必要的实验室检验，根据检验结果，作出确定性诊断。 3. 对诊断出的疾病予以合理治疗，并提出预防措施。		
提供资料	1. 信息单。 2. 教材。 3. 相关网站。		
对学生要求	1. 按任务资讯单内容，认真准备资讯问题。 2. 按各项工作任务的具体要求，认真设计及实施工作方案。 3. 以学习小组为单位，开展工作，提升团队协作能力。 4. 遵守工作场所的规章制度，注意个人防护与宠物安全。		

●●●●● **任务资讯单**

学习情境 7	表现神经症状宠物病防治
资讯方式	阅读信息单及教材；进入本课程的精品课网站及相关网站，观看 PPT 课件、视频；去图书馆查询；向指导教师咨询。
资讯问题	1.1　神经系统疾病的基本检查方法有哪些？ 　　1.2　犬瘟热是如何发生的？犬瘟热的防治措施有哪些？ 　　1.3　犬瘟热的诊断要点有哪些？怎样与类似疾病鉴别诊断？ 　　1.4　有机磷中毒有哪些特点？如何防治有机磷中毒？ 　　1.5　有机磷中毒的诊断要点有哪些？ 　　1.6　什么是犬产后搐搦症？怎样治疗犬产后搐搦症？ 　　1.7　脑炎的一般性症状有哪些？ 　　1.8　中暑的临床特点是什么？ 　　1.9　休克是怎样发生的？有哪些特征？ 　　1.10　破伤风的发病原因是什么？ 　　1.11　怎样进行破伤风的病原学检验？如何防治破伤风病？ 　　1.12　如何防治犬癫痫病？ 　　1.13　犬有机氟中毒的诊断要点有哪些？怎样与类似疾病鉴别诊断？ 　　1.14　怎样进行有机氟中毒的病原学检验？如何防治犬有机氟中毒？ 　　1.15　犬脊髓损伤的临床特点是什么？ 　　1.16　如何防治犬脊髓损伤？
资讯引导	1. 李玉冰，刘海．宠物疾病临床诊疗技术．北京：中国农业出版社，2017 　　2. 张磊，石冬梅．宠物内科病．北京：化学工业出版社，2016 　　3. 解秀梅．宠物传染病．北京：中国农业出版社，2021 　　4. 孙维平，王传锋．宠物寄生虫病．北京：中国农业出版社，2010 　　5. 李志．宠物疾病诊治．北京：中国农业出版社，2019 　　6. 韩博．犬猫疾病学，第 3 版．北京：中国农业大学出版社，2011 　　7. 谢富强．犬猫 X 线与 B 超诊断技术．沈阳：辽宁科学技术出版社，2006 　　8. 周桂兰，高得仪．犬猫疾病实验室检验与诊断手册，第 2 版．北京：中国农业出版社，2015 　　9. 宠物疾病精品资源开放课： 　　https://www.xueyinonline.com/detail/232532809

●●●●● 案例单

学习情境 7	表现神经症状宠物病防治	案例训练学时	2
序号	案例内容	案例分析	

序号	案例内容	案例分析
7.1	病史调查：北京犬"毛毛"，体重 10 kg，顺利产下 5 只仔犬。产后 2 周母犬泌乳量较高，仔犬营养充足均健康成长。两天后的中午，"毛毛"出现精神兴奋，呼吸急促，流涎，不安，怕人，行动不正常等现象。下午，出现抽搐症状，步态摇摆不定，有时突然倒地，卧地不起，四肢僵直，口吐白沫。口服抗生素无效，特来医院求诊。 　　临床检查：患犬为小型犬，体况中等；呼吸 27 次/min，体温 40.2 ℃，心跳 110 次/min。可视黏膜呈蓝紫色、充血。肌肉间歇性强直痉挛，四肢僵直，角弓反张，口吐白沫。畜主反映，仔犬均正常，患犬发病前以米饭为主食，偶尔也补充一些精肉、鸡蛋等，其他食物较少。 　　实验室诊断：血钙值仅为 6.2 mg/100 mL，明显低于正常值范围 9～11 mg/100 mL。血浆磷含量为 3.7 mg/100 mL，低于正常生理指标 4.3 mg/100 mL。采用葡萄糖简易定量法检测血糖含量为 110 mg/100 mL，高于 82～100 mg/L 的正常值。 　　[任务]分析案例的病史、临床症状及实验室检查结果，建立初步诊断。给出本病的治疗原则与措施。	本案例的病史与临床症状的主要特点是：第一点，小型母犬产 5 仔，于产后 2 周发病；第二点，表现神经症状与运动障碍，提示产后表现神经症状类宠物疾病，如产后低血钙、产后低血糖等。经实验室检查可以看出，血钙明显降低，血磷略低，血糖高于正常值。综合以上依据诊断为产后搐搦症。 　　治疗方案如下。 　　1. 隔离 　　将患犬与仔犬隔离，采取人工哺乳。 　　2. 补充血钙 　　处方 1　生理盐水 100 mL、10％葡萄糖酸钙 20 mL。 　　用法：缓慢静脉滴注，每天 2 次，连用 3 d。 　　处方 2　碳酸钙 1 g。 　　用法：一次性内服，每天 2 次，连用 7 d。 　　处方 3　维丁胶性钙注射液 4 000 IU。 　　用法：一次性肌注，每天 2 次，连用 7 d。 　　3. 镇静解痉 　　处方 4　盐酸氯丙嗪按 2 mg/kg·BW。 　　用法：一次性肌注，每天 2 次，连续 3 d。 　　经以上措施治疗，患犬 4 d 后主要症状消失，1 周后基本恢复正常。2 周后随访，患犬康复。

●●●●● 工作任务单

学习情境7	表现神经症状宠物病防治
项目	表现神经症状宠物病防治方法

某犬场的一只3岁犬，近来流涎、斜视，来宠物医院求诊。

任务1　诊断

1. 临床诊断

【材料准备】保定用具、听诊器、体温计等。

【工作过程】

(1)调查发病情况。通过询问、交谈等方式，了解病犬的发病时间，病后的主要表现；了解免疫接种情况等。

[发病情况]某犬场的一只3岁犬，近来流涎、斜视，该犬在发病前4个月时曾被流浪犬咬伤过，从未进行任何疫苗注射。该犬所在地区散养犬及流浪犬很多，两年前此地曾有人因被疯狗咬伤而发生狂犬病后死亡。

[发病情况分析]请分析发病情况调查结果，确定发病特点，初步判定疾病的类别。

(2)临床检查。对病犬进行一般检查及各系统的检查。重点检查病犬的消化系统、神经系统，注意分析流涎产生的原因。

[临床症状]该犬通过临床检查发现体温无明显变化、心率89次/min，呼吸也无明显变化，精神高度沉郁，躲在阴暗的角落里，对主人的呼唤毫无反应，尾夹在两后肢之间，目光呆滞斜视，叫声嘶哑，消瘦，被毛粗乱无光。饮食欲废绝，舔食泥土及动物的粪便，口唇下垂，丝缕状流涎。

[临床症状分析]请分析临床检查结果，确定主要症状，并结合发病情况分析，提出可疑疾病。论证分析可疑疾病，并通过鉴别诊断的方法，排除可能性小的疾病，建立诊断。

2. 实验室诊断

【材料准备】

器材：棉签、狂犬病病毒诊断试纸、开口器、保定颈夹等。

病料及药品：疑有狂犬病犬的唾液、生理盐水、舒泰。

【检查过程】　先肌注舒泰10 mg/kg.BW，待进入麻醉期后用开口器打开口腔用棉签取少量的唾液后将带有唾液的棉签放在装有稀释液的小瓶中混匀，再用吸管取稀释液滴在试纸板的小孔中，在室温下作用10～15 min后观察。结果：对照线和检测线均显色。

3. 建立诊断

结合临床及实验室诊断，可诊断为何病？

任务2　疫情处理及预防

你认为本病例应该怎样进行处理？本病的预防措施是什么？

（工作任务参考答案见附录）

必备知识

一、必备的专业知识和技能

1. 表现神经症状宠物病类症诊断

见图 7-1。

| 神经症状 | | | |

抽搐分支：

突然发作，症状明显：
- 有外伤史，昏迷，呼吸缓慢，瞳孔散大，大小便失禁、呕吐 → 可能原因：脑震荡
- 精神沉郁，反应迟钝；或狂叫，奔跑，转圈等 → 可能原因：脑炎
- 有接触有机磷农药的病史，呼吸困难、呕吐、腹泻、瞳孔缩小 → 可能原因：有机磷中毒
- 有采食鼠药病史，呕吐，粪尿失禁，急性死亡 → 可能原因：有机氟鼠药中毒
- 患犬处于烈日下或高温下，注意力减弱，体温达41℃ → 可能原因：中暑
- 体温降低、肌肉张力极度下降、感觉、反射丧失，呼吸浅表，脉搏细弱，瞳孔散大 → 可能原因：休克

反复发作：
- 常见于分娩后 7～20d，运动失调、呼吸困难、大量流涎 → 可能原因：犬产后搐搦症
- 多见于母犬分娩前后1周左右，强直性或间歇性痉挛，体温升高，呼吸、心跳加快，酮尿，低血糖 → 可能原因：母犬低血糖症
- 有攻击性，短暂的兴奋期后变为麻痹期，恐水 → 可能原因：狂犬病
- 突然发生，突然停止，短时意识丧失 → 可能原因：癫痫
- 有双相热、脓性眼鼻分泌物、呕吐、腹泻，后期咬牙、空嚼、转圈等 → 可能原因：犬瘟热
- 有外伤史，部分肌肉或全身肌群强制性痉挛，咀嚼吞咽困难 → 可能原因：破伤风

瘫痪：
- 有受伤史，呕吐，大小便失禁，后肢轻瘫、感觉丧失，运动失调 → 可能原因：脊髓损伤

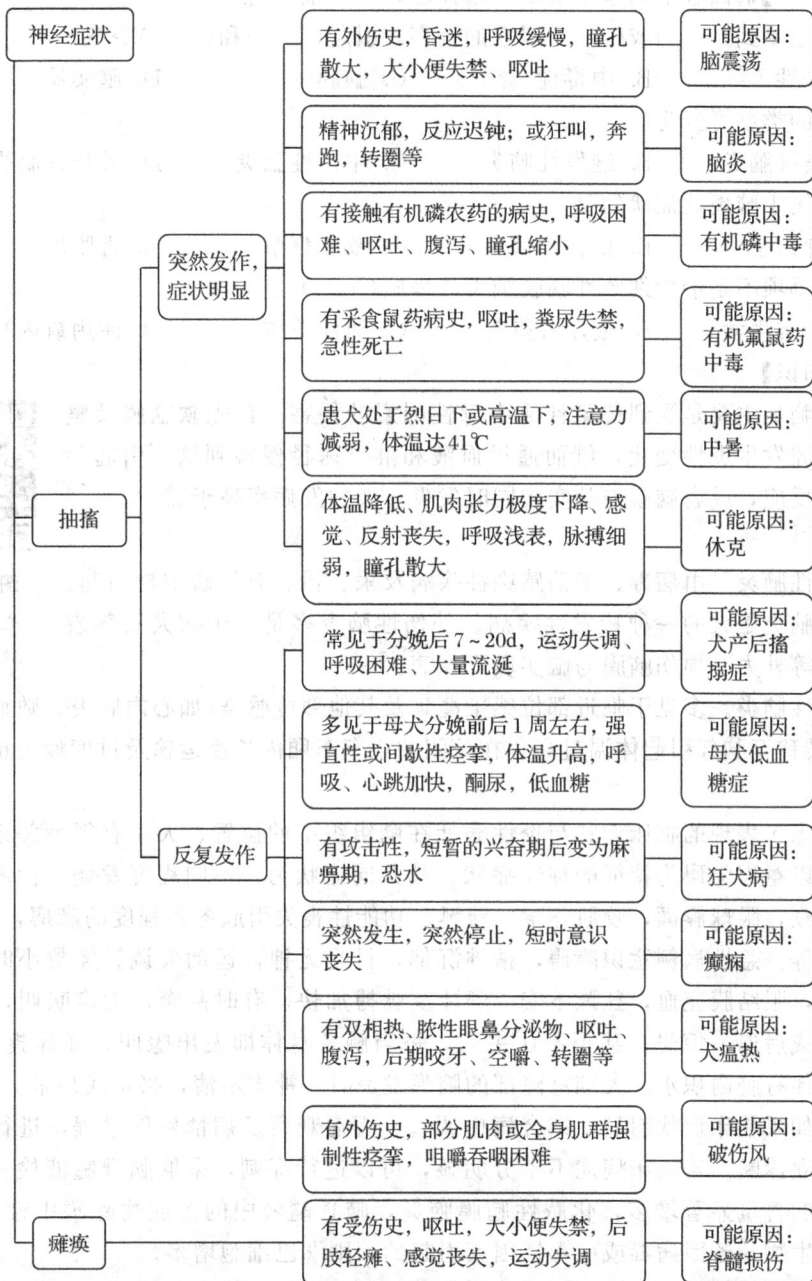

图 7-1　表现神经症状宠物病类症诊断

2. 表现神经症状宠物病

表现神经症状宠物疾病主要有脑炎、中暑、脊髓损伤、癫痫、犬产后搐搦症、狂犬病、有机磷农药中毒、氟乙酸盐中毒、低血糖症、休克、破伤风(见学习情境8)等。

(1)脑炎。

【引导问题】请回答下列单项或多项选择题，并详细解析。

1)脑炎是受到(　　)或(　　)因素的侵害，引起(　　)和(　　)炎症。

A. 传染性　　　　　　B. 中毒性　　　　　　C. 脑膜　　　　　　D. 脑实质

2)脑炎的类型可分为(　　　)。

A. 感染性脑炎　　　B. 继发性脑炎　　　C. 中毒性脑炎　　　D. 外伤性脑炎

3)下列属于脑炎灶症状的是(　　　)。

A. 精神兴奋　　　　B. 精神沉郁　　　　C. 咬肌痉挛　　　　D. 舌脱出

4)下列哪项不是治疗细菌性脑膜脑炎的措施(　　　)。

A. 使用抗生素　　　B. 使用甘露醇　　　C. 肌注单抗　　　D. 使用氯丙嗪

【相关知识】

脑膜及脑炎主要是受到传染性或中毒性因素的侵害。首先软脑膜及整个蛛网膜下腔发生炎性变化，继而通过血液和淋巴途径侵害到脑，引起脑实质的炎性反应，或者脑膜与脑实质同时发炎。犬的发病率高于猫。

【病因】

1)原发性脑炎。由病毒、细菌感染性疾病及汞、铅、有机磷中毒引起。颗粒性脑膜脑炎是犬的一种特发性疾病。外伤性脑炎多是由于病犬头部遭受击打碰撞等外力，损伤脑膜与脑实质而发病。

图片：脑炎
兴奋、抽搐

2)继发性脑炎。多见于临近部位感染蔓延及其他部位感染(如心内膜炎、败血性子宫炎等)随血液转移至脑部引起体温过高，在关闭的火车车厢内长途运输及过度疲劳也可能引起浆液性脑炎。

【症状】患犬表现的临床症状与炎性病灶在脑组织中的位置、大小有很大关系。多数病例都表现出以意识障碍为特征的神经症状。其共同症状为：不同程度发烧，食欲减少或废绝，常有惊厥，眼球震颤，咬肌痉挛，流涎。功能性丧失引起各种程度的麻痹，共济失调，轻瘫或瘫痪等。急性病例意识障碍，精神沉郁，目光无神，运动失调。经数小时后，常出现兴奋症状，眼结膜充血，狂躁不安，磨牙及脉搏加快，有时乱奔，大声吠叫，胡乱跑或做圆周运动或后退、惊恐，甚至不认主人，每当触及身体即发出嚎叫，如捕捉便要咬人。慢性病例多伴有脑内积水。大脑穹窿部的脑膜发炎时，神志不清，兴奋或痉挛。

【诊断】如果临床症状明显，结合病史调查、现症观察及病情发展过程，进行分析和论证，可以建立诊断。若临床病症不十分明显，可以进行穿刺，采取脑脊髓液检查，其中蛋白质与细胞的含量显著增多，化脓性脑膜脑炎，脑脊髓液中的沉淀物除嗜中性粒细胞外，尚有病原微生物，若因病毒或中毒性因素引起的，则淋巴细胞增多。

【治疗】治疗原则：加强护理，治疗原发病，降低颅内压，消除炎症，调整大脑皮层功能以及对症治疗等。

1)降低脑内压。可用20%甘露醇液1 g/kg. BW，静脉注射。必要时用速尿2 mg/kg. BW，皮下注射，4次/d。同时，应用糖皮质激素类药物，如地塞米松、强的松龙。

2)抗菌消炎。常用青霉素和磺胺类等能通过血脑屏障的药物。病毒所致无特效药物。拜有利 2.5 mg/kg.BW，口服或肌注，2 次/d。

3)对症治疗。对于兴奋不安的病犬可给予镇静剂和抗惊厥药，如苯巴比妥 2~5 mg/kg.BW，口服；当心力衰竭时可用安钠咖、强尔心、复方樟脑合剂等强心剂。

4)加强护理。将病犬置于阴凉通风处，保持犬舍安静，多铺垫草，防止外伤。给予牛奶、鸡蛋、肉汤等易消化的营养丰富的食物。

（2）中暑。

【引导问题】请回答下列单项或多项选择题，并详细解析。

1)（　　）是指在炎热季节，日光直接照射动物头部，引起脑膜充血和脑实质急性病变，导致中枢神经系统功能严重障碍的现象。

A. 日射病　　　　　　B. 热射病　　　　　　C. 癫痫　　　　　　D. 肝脑病

2)下列哪些情况下易发生热射病？（　　）

A. 烈日下长时间训练　　　　　　B. 密闭的运输车箱内

C. 密闭的室内　　　　　　　　　D. 烈日下长途跋涉

3)下列哪项不是中暑的临床表现？（　　）

A. 体温显著升高　　B. 神经症状　　　　C. 肾脏衰竭　　　　D. 呼吸障碍

4)对于中暑治疗成败的关键是（　　）。

A. 强心　　　　　　B. 供氧　　　　　　C. 降温　　　　　　D. 输血

【相关知识】

中暑又称热衰竭，按致病因素的不同，分为日射病和热射病。在强烈的日光直射下，引起脑及脑膜充血和脑实质的急性病变，导致中枢神经系统功能严重障碍现象，称为日射病；在高温和高湿度而又通风不良的环境中，新陈代谢旺盛，产热多，散热少，体内积热，引起严重的中枢神经系统功能紊乱的现象，称为热射病。临床上以体温显著升高，循环衰竭和一定的神经症状为特征。

图片：中暑症状

【病因】在强烈的日光直射下，长途跋涉，长时间的训练或竞赛，可发生日射病。在密封的室内、运输车箱内、船舱内或犬箱内，因温度过高，湿度过大，通风不良，容易引起热射病。另外，体质肥胖，心脏衰弱，被毛粗厚，汗腺缺乏，长期休闲，缺乏锻炼，饮水不足，缺乏食盐等均是中暑诱因。

【症状】根据临床表现的不同。可将中暑分为痉挛型、衰竭型及热射病型。

1)痉挛型。表现精神兴奋，狂暴不安，意识异常，眼球突出，共济失调。突然倒地，肌肉痉挛和抽搐，有时四肢做游泳样运动。体温升高，心动亢进，呼吸急促，瞳孔散大。

2)衰竭型。精神沉郁，四肢无力，站立不稳，卧地不起，呈昏迷状态。肌肉颤抖，皮肤干燥。心音微弱，呼吸浅表无力，肺部可发现湿性啰音。

3)热射病型。体温急剧升高达 41 ℃以上，反复呕吐，突然晕厥倒地，意识丧失，脉搏疾速而微弱。呼吸急促，节律失调，出现陈—施氏呼吸。张口伸舌，口吐白沫或血沫。结膜发绀；终因心脏停搏而死亡。

【治疗】迅速消除病因，将犬放在阴凉、通风良好的环境中安静休息，给予清凉饮水。

1)降温。采取灌肠或冰袋冷敷，灌服冷盐水等措施；氯丙嗪 1~2 mg/kg.BW，肌注。

　　2)维护心肺功能。强心补液，可肌注安钠咖，复方生理盐水以每小时 10 mL/kg.BW 的速度静脉滴注。纠正酸中毒用 5％碳酸氢钠 5～15 mL/次，静脉滴注。

　　3)抗凝血、抗休克。症状严重时静注肝素 1 mg/kg.BW，地塞米松 1 mg/kg.BW，肌注或静注。呼吸障碍、黏膜发绀时，充分输氧。

　　【预防】为防止本病的发生，高温季节应做好防暑工作，给以充足的饮水，每日凉水冲澡，加强犬、猫舍的通风，加喂绿豆汤等解暑食物。有条件的可安装空调防暑降温。

　　(3)脊髓损伤。

　　【引导问题】请回答下列单项或多项选择题，并详细解析。

　　1)脊髓损伤是外力作用引起脊髓组织的( )。

　　A. 震荡 　　　　　B. 挫伤 　　　　　C. 压迫性损伤 　　　　　D. 功能障碍

　　2)犬、猫急性脊髓损伤多数为( )。

　　A. 直接性物理损伤 B. 肿瘤压迫 　　　　C. 细菌感染 　　　　　D. 中毒

　　3)下列哪项不是急性脊髓损伤的临床表现？( )

　　A. 截瘫 　　　　　B. 尿潴留 　　　　　C. 粪失禁 　　　　　D. 肾脏衰竭

　　4)为获取脊髓损伤精的损伤位置和损伤程度，下列哪一项检查不适合？( )

　　A. X 射线检查 　　　B. CT 　　　　　C. MRI 　　　　　D. B 超检查

　　【相关知识】

　　脊髓损伤是外力作用引起脊髓组织的震荡、挫伤或压迫性损伤。临床上有急性损伤和慢性脊髓压迫两种。

　　【病因】犬、猫急性脊髓损伤多数为直接性物理损伤，如高处坠落、投射性损伤、脊椎骨折或脱位，这些多数因为车祸、枪击或钝性外力作用等所致。急性脊髓损伤也是某些脊髓病(如椎间盘疾病)呈现神经症状的潜在性原因；慢性脊髓压迫主要见于进行性疾病，如肿瘤、Ⅱ型椎间盘突出等。

图片：骨髓损伤、截瘫

脊髓损伤的严重性取决于 3 个因素，即速度(压迫力量)、程度(压迫面积)及时间(压迫时间)。了解急、慢性脊髓损伤，对其有效的护理和评估预后都非常重要。

　　【症状】

　　1)急性脊髓损伤。常伴有其他器官的严重损伤，如出血、休克、气道阻塞或骨折等。症状随损伤程度和部位而定。犬、猫突然出现截瘫，卧地不起，痛觉迟钝或丧失，阴茎垂脱，尾弛缓，尿潴留，便秘或粪尿失禁。严重时呼吸、脉搏频数，可很快死亡。胸髓损伤时，反射保持不变或增强，由于胸廓麻痹不能参与呼吸运动，只有增强膈肌运动，从而出现腹式呼吸。腰髓前三分之一受损时，后肢反射不变或增强。腰髓中三分之一受损时，因股神经核受损而膝反射消失。荐髓前端受损时，跟腱反射消失。

　　2)慢性脊髓压迫。其临床神经症状逐步发展，可持续数周或数月，有时急性发作，伴有脊髓病理性骨折、脊髓出血或脊髓梗死等。

　　【诊断】

　　1)急性脊髓损伤。根据病史、症状和神经学检查可以作出初步诊断。并可依据脊髓损伤程度和有无疼痛，确定其预后。常用止血钳钳夹肢末端，若无痛觉，则提示预后不良。为获取精确的损伤位置和损伤程度，应做 X 射线检查，包括 X 射线平片摄影、脊髓造影，必要时用现代影像技术(CT 和 MRI)诊断。

2)慢性脊髓压迫。其诊断方法与急性脊髓损伤相同，其中脊髓造影对所有的慢性病例则更为重要。

【治疗】

1)急性脊髓损伤。首先限制动物活动，防止脊髓的再度损伤。对疼痛不安的动物，可使用镇痛剂或镇静剂。将动物放在平板上，用绷带临时固定，避免脊柱扭转、伸屈。对发生休克、呼吸窘迫者，应立即予以抢救。皮质类固醇药常规用于治疗脊髓损伤，其中临床常用地塞米松，开始大剂量(2～4 mg/kg.BW)静注，以后逐渐减少。最好用长效甲泼尼松龙，犬、猫剂量分别为 2～30 mg/kg.BW、10～20 mg/kg.BW，肌注或静注。

已证实，脊髓损伤后危害严重之一是受损神经元内钙的蓄积，导致神经元死亡。用钙通道拮抗剂尼莫地平或氟桂利嗪治疗可产生一定的效果。

一旦全身病情稳定，应抓紧手术治疗。手术的目的是通过减压术解除脊髓的压迫。如伴随脊髓损伤性膀胱或肠麻痹，要定时导尿和灌肠，排除积尿和积粪。瘫痪的病例，要经常调换褥垫和躺卧姿势，防止发生褥疮。

2)慢性脊髓压迫。尽管慢性病例脊髓出血和水肿并不是主要因素，但在治疗上，人们习惯用皮质类固醇药，因许多宠物经治疗后病情得到改善。手术可以考虑，但要慎重，因为对一些严重神经缺陷、脊髓组织已发生变化者，术后可能会加重病情的发展。

(4)癫痫。

【引导问题】请回答下列单项或多项选择题，并详细解析。

1)(　　)是由于大脑皮层功能障碍引起的中枢神经系统功能失调的一种慢性疾病。

A. 脑炎　　　　　　B. 日射病　　　　　　C. 热射病　　　　　　D. 癫痫

2)下列哪些原因能诱发癫痫的发生？(　　　)

A. 大脑皮层受到过度刺激　　　　　　B. 脑寄生虫病

C. 犬瘟热　　　　　　D. 脑炎

3)真性癫痫的临床表现可分为(　　　)。

A. 先兆期　　　　　B. 前驱症状期　　　　C. 发作期　　　　D. 发作后期

4)临床上诊断癫痫需要和哪些疾病相鉴别？(　　　)

A. 脑积水　　　　　B. 脑外伤　　　　　C. 脑肿瘤　　　　　D. 脑炎

【相关知识】

癫痫是由于大脑皮层功能障碍引起的中枢神经系统功能失调的一种慢性疾病，呈现周期性突然发生以及暂时性意识丧失和肌肉痉挛为特征的脑功能异常。

【病因】按其病因可分为真性(功能性)癫痫和症状性(器质性)癫痫。

图片：癫痫症状

真性癫痫其病因尚不清楚，往往因体内、外环境的改变而诱发，与遗传因素有关，胎儿在母体内受各种不良因素作用而致使大脑皮层发育缺陷，胎儿因脑缺氧而引起某些脑组织缺损。德国牧羊犬、猎兔犬、荷兰卷尾犬的癫痫具有遗传性。犬的第一次癫痫发作在 6 月龄到 5 岁，发病率为 1%，雌犬多于雄犬，发作频率有随年龄增多的倾向。症状性癫痫的原因是多方面的。脑炎、脑寄生虫、脑震荡、脑水肿等常呈现癫痫发作。传染病引起的犬瘟热、结核病、狂犬病等常呈现癫痫发作。营养代谢病引起的如低血钙症、低糖血症、低镁血症等，常呈现癫痫发作。中毒病引起的如铅、汞等重金属中毒，有机磷、

有机氟等农药中毒，二氧化碳中毒等，常呈现癫痫发作。外耳道炎、内分泌功能紊乱、过敏反应等均可继发本病。过度刺激如惊吓与恐吓也会引起某些神经质犬发病。

【症状】癫痫发作的特点为突然性、暂时性和反复性。主要症状是突然发生意识障碍，倒地不起，肌肉先呈强直性痉挛，后转为阵发性痉挛，同时伴有瞳孔散大，流涎及粪尿失禁。犬的真性癫痫由四个阶段组成：前驱期，前驱症状期，发作期和发作后期。

1)前驱期。表现不安，焦虑及微细的行为异常。

2)前驱症状期。病犬安静，知觉丧失。

3)发作期。临床表现分为大发作、小发作、局限性发作和精神运动性发作。

①大发作(定型发作)。大发作是宠物常见的一种类型。发作前的先兆症状：皮肤感觉过敏，不断点头或摇头，用后肢扒头等，极短暂，仅为数秒。大发作发生时，宠物突然倒地，惊厥，全身僵硬，呈现强制性或阵发性痉挛，10～30 s不等，四肢伸直，口吐白沫，角弓反张，轧齿咀嚼，眼睛斜视，眼球旋转，瞬膜突出，瞳孔散大。排粪、排尿失禁，流涎。大发作可持续1～2 min。发作后恢复正常，惊厥消失，意识感觉恢复。

②小发作(非定型发作)。小发作宠物极为少见，其特征为短暂的意识丧失，只有几秒，一过性的意识障碍。痉挛症状轻微、短暂，眼睑闪动，眼球旋转，口唇震颤等。

③局限性发作。肌肉痉挛动作限于身体某部分，如面部肌肉或某一肢体。常常由于局限性的小发作引发大发作。

④精神运动性发作。此发作时精神状态异常，如出现癔症、愤怒、幻觉及流涎等。

4)发作后期。发作后期知觉恢复，自行起立，或仍伴有视觉障碍、肌肉无力、沉郁、共济失调等症状。此期可持续数分钟、数小时甚至数天。

【诊断】本病以反复发作和慢性病理过程为特征，而中枢神经系统和其他器官无病理解剖学变化，根据病史、临床症状可作出诊断。继发性癫痫应注意鉴别由犬瘟热、弓形体病、有机磷中毒、破伤风等引起的癫痫。

【治疗】治疗原则：减少发作次数，防止发作时的意外事故。

1)真性癫痫病程长。只能控制或缓解症状，无根治方法。为增强大脑皮层保护性抑制作用，恢复中枢神经系统正常的调节功能，可应用抑制痉挛发作的药物。

扑癫酮(普里米酮)犬每天20～40 mg/kg. BW，分2～3次，皮下注射；猫每天0.125 mg/kg. BW，分2次皮下注射。地西泮每天1.5～5.0 mg/kg. BW，分2～3次口服，如在发作时，可肌注或静注，对犬效果迅速，安全性高，抗痉挛作用强。此外，还可运用一些中药，如犬痉灵，按1～2粒/5 kg. BW，口服，2次/d。苯巴比妥，犬2～6 mg/kg. BW，口服，2～3次/d；猫2～3 mg/kg. BW 口服，4次/d。三溴合剂(溴化钠、溴化钾、溴化铵各0.5 g)口服，2次/d。

2)症状性癫痫。应除去病因，积极治疗原发病，控制或缓解症状，采取抗感染、驱虫、补钙、补镁、颅腔手术摘除肿瘤或寄生虫。

3)加强护理。尤其是在癫痫发作时，要使病犬安静，避免外界刺激，保定头部，以免发生意外。

(5)产后搐搦症。

【引导问题】请回答下列单项或多项选择题，并详细解析。

1)以低血钙为特征的代谢性疾病是(　　)。

A. 骨软症　　　　B. 佝偻病　　　　C. 纤维性骨营养不良　　　D. 产后搐搦症

2)产后搐搦症的主要病因是(　　)。

A. 胎儿从母体摄取钙　　　　　　B. 产后泌乳流失钙

C. 母犬钙补充不足　　　　　　　D. 产仔数过多

3)下列是产后搐搦症的临床主要症状的是(　　)。

A. 运动障碍　　　　B. 呼吸困难　　　　C. 体温升高　　　　D. 口吐白沫

4)下列哪种药物不用于产后搐搦症的治疗？(　　)

A. 青霉素　　　　B. 葡萄糖酸钙　　　　C. 戊巴比妥钠　　　　D. 盐酸氯丙嗪

【相关知识】

产后搐搦症是一种以低血钙为特征的代谢性疾病。表现为肌肉强直性痉挛，意识障碍。本病在产前、分娩过程中及分娩后均可发生，但以产后2～4 周发病最多，且多见于泌乳量高的母犬。

【病因】缺钙是导致发病的主要原因。胎儿骨骼的形成和发育需要从母体摄取大量的钙，产后随乳汁也要排出部分钙。如果母犬得不到钙的及时补充，体内就会缺钙，血钙降低时引起神经肌肉的兴奋性增高，最终导致肌肉的强直性收缩。

图片：犬产后搐搦张口喘吸

视频：犬产后搐搦症状、治疗效果

【症状】病初呈现精神兴奋症状，病犬表现不安，胆怯，偶尔发出哀叫声，步样笨拙，呼吸促迫，不久出现抽搐症状，肌肉发生间歇性或强直性痉挛，四肢僵直，步态摇摆不定，甚至卧地不起。体温升高(40 ℃以上)，呼吸困难，脉搏加快，口吐白沫可视黏膜呈蓝紫色。从出现症状到发生痉挛，短的约 15 min，长的约 12 h，经过较急，如不及时救治，多于 1～2 d 后窒息死亡。

【诊断】结合临床症状，检测血钙含量，如血钙低于 0.67 mmol/L 即可确诊。

【防治】静注 10% 葡萄糖酸钙 5～20 mL(须缓慢注入)，同时静注戊巴比妥钠(剂量为 2～4 mg/kg. BW)，或肌注盐酸氯丙嗪(每次剂量 1.1～6.6 mg/kg. BW)控制痉挛。母犬口服钙片或在食物中添加钙剂。

为预防产后搐搦症，在分娩前后，食物中应提供足量钙、维生素 D 和无机盐等。泌乳期间要注意日粮的平衡和调剂。

(6)狂犬病。

【引导问题】请回答下列单项或多项选择题，并详细解析。

1)狂犬病的特点是(　　)。

A. 潜伏期较长　　　B. 潜伏期较短　　　C. 致死率高　　　D. 致死率低

2)下列容易传染狂犬病的方式是(　　)。

A. 被犬、猫咬伤　　B. 被犬、猫搔伤　　C. 舔舐伤口　　D. 被蝙蝠咬伤

3)狂犬病的病程一般要经历(　　)。

A. 潜伏期　　　　B. 前驱期　　　　C. 兴奋期　　　　D. 麻痹期

4)被犬、猫咬伤后应采取的措施是(　　)。

A. 用 20% 肥皂水冲洗伤口　　　　B. 用 3% 碘酊处理

C. 注射抗狂犬病血清　　　　　　D. 注射狂犬病疫苗

【相关知识】

狂犬病又称恐水症，是一种主要影响神经系统的病毒性疾病。特点是潜伏期长，致死

率高，发病后几乎100%死亡。病犬表现狂暴不安，行动反常，主动攻击人畜，最后呈现全身或局部麻痹而死。

图片：狂犬病的传播、症状

【病原】狂犬病病毒属弹状病毒科，狂犬病病毒属，外形呈柱弹状。核衣壳由作为基因组的单膜负链 RNA 和核蛋白(N)组成。病毒对多数消毒剂敏感。巴氏消毒和煮沸 2 min 均可将其杀死。75%酒精、2%碘酊、1%～2%肥皂水、pH<3.0 和 pH>11.0 的环境以及日光、紫外线等均可使其灭活。室温或冷冻可在动物尸体内保存数天至数月。

【流行特点】本病广泛分布于世界各地，所有温血动物都能感染，但种属不同，易感程度不一。野生动物有可能长期隐匿该毒，使其在全世界的野生动物中广泛流行。最近研究证明，吸血蝙蝠在本病的传播中起着极其重要的作用。在人口稠密的城市，本病主要来源于带毒的犬和猫。病毒主要存在于患病动物的延脑、大脑皮层、海马回、小脑和脊髓中。唾液腺和唾液中也含有大量病毒。本病主要通过舐、咬等直接接触传播。人畜主要通过被发病的犬、猫咬或搔伤而感染。

【症状】本病潜伏期较长，且差异较大，从 3 周到 6 个月以上。这主要取决于被咬部位离中枢的距离、病毒的毒力与数量及被咬动物的种类。典型的狂犬病，分为三期，即前驱期、兴奋期和麻痹期。前驱期一般持续 1～3 d，病畜举动反常，喜藏暗处，对主人表现冷淡或变得过于热情，神经质，喜吃异物，唾液增多。兴奋期病犬变得凶恶，主动攻击人畜，瞳孔散大、目光凝视，角膜变得干燥无光，不认主人，见东西就咬甚至撕咬自己，口流泡沫甚至带血的黏液，发出奇怪的叫声或嘶哑的嚎叫。麻痹期 2～4 d，病犬下颌下垂，张口垂舌，咽肌麻痹，吞咽障碍，满口流涎，行走摇晃，消瘦脱水，终因全身衰竭和呼吸肌麻痹而死。

【诊断】典型的狂暴型病例，根据其狂暴流涎、主动攻击人畜等临床特征，再结合散发、具有咬伤史等即可作出初步诊断。

1)病原学诊断。

①电镜观察。通常采取被检动物的海马回等脑组织制成电镜负染标本或超薄切片，进行观察，如发现有狂犬病病毒存在即可作出诊断。

②病毒分离鉴定。用含 2%健康豚鼠血清或犊牛血清盐水，将被检动物的脑、唾液腺组织制成无菌乳剂，脑内接种 5～7 日龄的小鼠，隔离饲养，盲传 3 代。检查病毒存在与否。

2)血清学诊断。病毒中和试验，酶联免疫吸附试验(ELISA)。

【防治】预防采用狂犬病疫苗注射。3 月龄以上犬可以接种，每年 1 次。

一旦发现狂犬病病犬，应立即捕杀、焚烧并深埋。同时做好环境消毒工作，不宜进行治疗，特别是对养犬者及兽医应更为注意。

人和动物被病犬咬伤，应立即用20%肥皂水冲洗伤口，并用 3%碘酊处理，同时要及时接种狂犬病疫苗。

(7)有机磷中毒。

【引导问题】请回答下列单项或多项选择题，并详细解析。

1)下列不属于有机磷的药物是(　　)。

A. 敌敌畏　　　　B. 敌百虫　　　　C. 磷化锌　　　　D. 马拉硫磷

2)有机磷化合物进入体内与(　　)结合，引起乙酰胆碱在体内蓄积。

　A. 辅酶 A　　　　　B. 乙酰胆碱　　　　C. 胆碱酯酶　　　　D. 脂肪酶

3)下列不属于有机磷中毒引起的毒蕈碱样症状的是(　　)。

　A. 流涎　　　　　　B. 水样腹泻　　　　C. 犬面部抽搐　　　D. 呼吸困难

4)运用阿托品解救有机磷中毒时，达到阿托品化状态的标志是(　　)。

　A. 瞳孔缩小　　　　B. 瞳孔散大　　　　C. 心跳减慢　　　　D. 心跳加快

【相关知识】

　　目前，各国所生产的有机磷杀虫剂品种繁多，并不断更新，如敌敌畏、敌百虫、乐果、三硫磷、丁烯磷、蝇毒磷、马拉硫磷、久效磷等。有机磷药物作为体外抗寄生虫药物，在兽医临床应用较为广泛，如用量过大则可导致有机磷中毒。

图片：犬有机磷中毒、大量流涎

　　【症状】由于药物种类、吸收途径、毒物量及动物个体敏感性的不同，中毒症状出现时间不尽一致，但一般在数分钟至数小时内出现。有机磷中毒的症状主要与副交感神经和骨骼肌过度兴奋有关，具体表现为以下几方面。

　　1)毒蕈碱样症状。病犬表现为流涎、流泪、呕吐、水样腹泻、腹痛、瞳孔缩小、可视黏膜苍白，吸吸迫促甚至呼吸困难，严重者可伴发肺水肿。

　　2)烟碱样症状。病犬面部及舌肌颤动、抽搐，此后逐步发生肌肉组织的进行性麻痹。

　　3)中枢神经系统症状。表现为严重的抑制相，严重者发生抽搐和昏迷。

　　随着病程的加重，病犬出现呼吸肌和支气管麻痹，肺内分泌物增多，肺水肿和心包积液，导致病犬严重缺氧而发生死亡。

　　【病理剖检】经消化道吸收中毒在 10 h 以内的最急性病例，除胃肠黏膜充血和胃内容物可能散有蒜臭外，常无明显变化。经 10 h 以上者则可见其消化道浆膜散在有出血斑，黏膜呈暗红色、肿胀且易脱落。肝、脾肿大。肾浑浊肿胀，被膜不易剥离，切面呈淡红褐色而境界模糊。肺充血，支气管内含有白色泡沫。心内膜可见有不整形的白斑。经过稍久后，尸体内泛发浆膜下小点出血，各实质器官都发生浑浊肿胀。胃肠发生坏死性出血性炎，肠系膜淋巴结肿胀、出血。胆囊膨大、出血。心内、外膜有小出血点。肺淋巴结肿胀、出血。

　　【诊断】根据毒物接触史、临床症状、化验室检查及治疗试验等各方面资料综合判断，具体可参考以下方面。

　　1)了解有机磷杀虫剂接触史。

　　2)副交感神经兴奋症状明显，尤以流涎、瞳孔缩小、肌肉震颤、呼吸迫促、肺水肿和肠蠕动音增强等症状为主。

　　3)胃内容物检查可发现有机磷杀虫剂。

　　4)全血乙酰胆碱酯酶活性检查　血清正常胆碱酯酶活性一般大于 1 000 IU/L，如低于 500 IU/L 则为异常，临床症状明显的有机磷中毒病犬胆碱酯酶活性可下降 80%～90%(一般维持在 100～200 IU/L)。

　　5)治疗试验。阿托品治疗，效果明显。

　　6)鉴别诊断。要注意与士的宁中毒、氯化氢中毒及多聚乙醛中毒的区别。

　　【治疗】

　　1)防止毒物继续吸收。经皮吸收中毒应用肥皂水冲洗，经口摄入者可用催吐、活性炭溶液洗胃等措施。另外，治疗过程中应切实保证治疗人员的安全。

2)特效解毒疗法。目前应用在兽医临床的特效解毒剂主要有两类，一类是生理拮抗剂，即胆碱能神经的抑制剂，主要为阿托品；另一类是胆碱酯酶复活剂，它可使已经磷酰化的胆碱酯酶恢复成能够水解乙酰胆碱的活性物质，如解磷定、双解磷及氯磷啶等。

①硫酸阿托品。硫酸阿托品并不能改变胆碱酯酶的抑制程度，但可通过阻断蕈毒碱受体(M—受体)而发挥作用。其应用剂量达到 0.2～2.0 mg/kg.BW 时可起到扩张瞳孔和抑制流涎的作用。通常情况下，该剂量 1/4 用于静注，其余 3/4 皮下注射，中毒发生后 1～2 d 内可根据临床反应每隔 3～6 h 重复用药。

需要指出的是，阿托品既不能解除乙酰胆碱对横纹肌的作用，也不能恢复胆碱酯酶活性，对轻度中毒病例，单独应用阿托品可得到满意疗效，但对严重中毒病犬，必须结合胆碱酯酶复活剂，方能有效。

②解磷定。剂量一般为 20 mg/kg.BW，静注，必要时 12 h 重复用药 1 次。

除此之外，苯海拉明也可用于有机磷中毒的治疗，但主要是针对出现烟碱样状的病犬，用法为 1～4 mg/kg.BW，口服，每天 3 次。其机理在于减少烟碱能受体的过重负荷。

3)支持疗法。本病支持疗法包括补充体液，调正酸碱平衡，保证通气补氧，纠正呼吸衰竭及给予兴奋不安病犬以镇静剂等。但应避免应用一些禁忌药物如：吗啡、琥珀酰胆碱及吩噻嗪类镇静剂等。

(8)氟乙酸盐中毒。

【引导问题】请回答下列单项或多项选择题，并详细解析。

1)氟乙酸盐中毒的机制是(　　)。

A. 三羧酸循环受阻　　　　　　　　B. 胆碱酯酶受抑制
C. 使血红蛋白变性　　　　　　　　D. 抑制 γ—氨基丁酸

2)氟乙酸盐对所有动物和人都是属于(　　)。

A. 剧毒　　　　　B. 强毒　　　　　C. 弱毒　　　　　D. 对人无毒

3)氟乙酸盐中毒的临床表现是(　　)。

A. 烦躁不安　　　B. 呕吐　　　　　C. 大小便频繁　　　D. 呼吸困难

4)在氟乙酸盐中毒血液生化检验中，血糖会(　　)。

A. 降低　　　　　B. 升高　　　　　C. 正常　　　　　D. 变化无规律

【相关知识】

氟乙酸钠(1080)和氟乙酰胺(1081)是有机氟化合物中最常用的两种，对所有动物和人都是剧毒的，故其应用受到严格控制和管理，通常应用于商业和工业设施中，如粮仓、面粉厂、铁路调运处及造船厂等处。氟乙酸盐本身为无色、无味道和无气味的水溶性药品，用作灭鼠药时常与面包、糠麸及其他食物配制成黑色毒饵，犬只误食毒饵及毒死的鼠、鸟时可发生氟乙酸盐中毒。其中毒剂量为 0.05～0.10 mg/kg.BW。

图片：氟乙酸盐中毒症状

【症状】犬摄入毒品通常于 0.5～2 h 内出现中毒症状。其最初症状是烦躁不安，此后病程进展十分迅速。烦躁不安出现后病犬发生呕吐、易于激怒、大小便频繁、持续性里急后重、呼吸困难，出现口鼻流出泡沫、无目的奔跑、不断嘶叫及可视黏膜发绀等症状。此后，病犬出现间歇性发作，并在狂奔乱跑及发作过程中逐渐衰竭死亡。此过程十分迅速，因呼吸

衰竭常在 2～12 h 内倒地死亡,倒地后呈涉水状。另外,本病另一特殊症状是对各种刺激反应不敏感,这与士的宁中毒不同。

【病理变化】急性氟中毒:出血性胃肠炎,前胃黏膜易剥离。心肌松软,血液稀薄。腹腔积有红色液体,黏膜苍白。皮下蜂窝组织胶样浸润。胸腔及心包囊有透明淡红色液体。胆囊肿大,其壁增厚。

【诊断】根据发病史及特征性临床症状通常可建立诊断,特征性临床症状主要包括:无目的狂奔、嘶叫、里急后重、痉挛及对刺激不敏感等。

毒饵及呕吐物中发现氟乙酸盐,及生化检验血糖升高(因三羧酸循环受阻)有助于建立诊断。死后剖检可见胃肠道及膀胱空虚。

鉴别诊断应注意与士的宁中毒、氯化氰中毒、有机磷中毒及低血钙症的区别。

【治疗】

1)防止毒物吸收。可用催吐或洗胃方法排除毒物,如已出现临床症状,则不能进行催吐,只可洗胃和使用吸附剂(0.5 g/kg. BW)吸附毒物。

2)特效疗法。解氟灵(乙酰胺),犬猫每天 0.1～0.3 g/kg. BW,分 2～4 次肌肉注射,首次用日量 1/2,连用 5～7 d。也可应用单乙酸甘油酯(醋精),每小时 0.55 mg/kg. BW,肌注,总量至 2～4 mg/kg. BW;或 50%酒精 8 mg/kg. BW,口服;或 5%乙酸 8 mL/kg. BW,口服。这三种药物可提高乙酸盐浓度,减少氟乙酸盐向氟乙酸的转化。

3)支持疗法。可应用速效巴比妥控制痉挛,但应防止全身麻醉和呼吸抑制的出现。如出现呼吸衰竭,可输氧或做人工呼吸。如有可能,还应动态监测 ECG 变化,观察心律失常的出现。

(9)低血糖症。

【引导问题】请回答下列单项或多项选择题,并详细解析。

1)低血糖常见于(　　)。

A. 幼犬　　　　　　B. 哺乳母犬　　　　　C. 青年犬　　　　　D. 成年公犬

2)3 月龄前的幼犬,多发生一过性低血糖症,原因为(　　)。

A. 受惊　　　　　B. 受冷　　　　　C. 饥饿　　　　　D. 消化不良

3)幼犬低血糖的临床表现是(　　)。

A. 精神不振　　　　B. 步态蹒跚　　　　C. 肌肉抽搐　　　　D. 体温下降

4)下列可用于幼犬低血糖的治疗药物是(　　)。

A. 10%葡萄糖溶液　B. ATP　　　　　C. 肌苷　　　　　D. 醋酸泼尼松

【相关知识】

低血糖症是指血糖含量过低。本病可见于幼犬和母犬,临床主要表现为神经症状。

【病因】本病的病因主要因血糖来源不足,组织消耗能量增多,血糖去路增加,糖代谢的因素紊乱等。3 月龄前的幼犬,特别是玩赏犬,多发生一过性低血糖症,原因为受惊、受冷、饥饿、消化不良或吸收障碍等。母犬低血糖症多因产仔数过多,以致营养需要增加及分娩后大量泌乳而致。

图片:低血糖症症状

【症状】幼犬病初精神不振、嗜睡。软弱,步态蹒跚,欲站立而摇晃不停,随之出现阵发性颜面部肌肉抽搐、全身肌肉阵发性痉挛,甚至陷入昏迷状态,瞳孔对光反应消失,体

温下降，达 36.5～37 ℃，心音微弱、脉搏细缓。

母犬肌肉痉挛，步态强拘，全身强直性或间歇性痉挛，体温升高达 41～42 ℃，呼吸、心跳加快，尿酮体检查呈阳性反应。

【诊断】根据临床症状结合病史，实验室诊断：血糖明显下降，血糖值可降至 30～50 mg/dL。

【治疗】

1)幼犬。10％葡萄糖溶液或 20％葡萄糖溶液用等量林格氏液稀释，以每小时 10～16 mL/kg.BW 速度静脉点滴。同时使用 ATP 或肌苷，亦可配合皮下注射醋酸泼尼松 0.2 mg/kg.BW。

2)母犬。静注 20％葡萄糖溶液 1.5 mL/kg.BW，或 10％葡萄糖溶液 2.4 mL/kg.BW 与等量林格氏液皮下注射，亦可同时口服葡萄糖 250 mg/kg.BW。

改善饲养环境，日粮中适当增加糖分。

(10)休克。

【引导问题】请回答下列单项或多项选择题，并详细解析。

1)休克不是一种独立的疾病，而是(　　　　)等发生严重障碍时在临床上表现出的症候群。

A. 神经　　　　　　B. 内分泌　　　　　C. 循环　　　　　D. 代谢

2)临床上发生休克的主要原因有(　　　)。

A. 剧烈疼痛　　　B. 严重失血失液　　C. 重度感染　　D. 变态反应

E. 毒物中毒

3)下列属于休克期的临床表现是(　　　)。

A. 兴奋不安　　　　B. 动物反应微弱　　C. 四肢厥冷　　D. 瞳孔散大

4)发生过敏性休克时最常用的急救药物是(　　　)。

A. 洋地黄　　　　　B. 肾上腺素　　　　C. 樟脑磺酸钠　　　D. 强尔心

【相关知识】

休克不是一种独立的疾病，而是神经、内分泌、循环、代谢等发生严重障碍时在临床上表现出的症候群。其中以循环血液量锐减、微循环障碍为特征的急性循环不全，是一种组织灌注不良，导致组织缺氧和器官损害的综合征。

【病因】临床上发生休克的主要原因有：剧烈疼痛、严重失血失液、重度感染、变态反应、毒物中毒等。

图片：休克症状

【症状】通常根据休克病程的演变，休克可分为休克代偿期和休克抑制期。

1)休克代偿期，又称休克初期。动物表现兴奋不安，血压无变化或稍高，脉搏快而充实，呼吸增加，皮温降低，黏膜发绀，无意识地排尿、排粪。这个过程短则几秒即能消失，长者不超过 1 h，所以在临床上往往被忽视。

2)休克抑制期，又称休克期。继兴奋之后，动物出现典型沉郁、食欲废绝、不思饮。动物反应微弱，或对痛觉、视觉、听觉的刺激全无反应。脉搏细而间歇，呼吸浅表不规则，肌肉张力极度下降，反射微弱或消失。此时，黏膜苍白、四肢厥冷、瞳孔散大、血压下降、体温降低、全身或局部颤抖、出汗、呆立不动、行走如醉。此时如不抢救，能导致死亡。

【诊断】待休克完全确立之后，根据临床表现，诊断并不困难，但休克的治疗效果取决

于早期诊断。一般将临床检查和生理化学测定指标作为休克的诊断、治疗和预防的依据。

1）注意齿龈和舌边血液灌流情况。在正常情况下血流充满时间是小于 1 s，这种办法只作为测定微循环的大致状态。

2）测定血压。血压测定是诊断休克的重要指标，休克病畜血压一般降低。

3）测定体温。除某些特殊情况体温增高之外，一般休克时低于正常体温。特别是末梢的变化最为明显。

4）呼吸次数。在休克时，呼吸次数增加，用以补偿酸中毒和缺氧。

5）心率。心率是很敏感的参数，在犬心率每分钟长期超过 150 次，是预后不良的表示。

6）观察尿量。肾功能是诊断休克的另一个参数，正常犬、猫每小时尿量为 $0.5\sim1.0$ mL/kg.BW，休克时肾灌流量减少，当大量投给液体，尿量能达正常的两倍。

以上的临床观察和生理、生化各种指标的测定，可能帮助诊断休克、确定休克程度和作为合理治疗的依据，所有的参数都需要反复多次测定，才能得到正确的结论。

【治疗】

1）及时做好急救。及时止血、镇痛、强心，控制原发感染病灶。术前要纠正体液平衡，手术应在良好麻醉情况下进行，术中要及时彻底止血。

2）镇痛、镇静。可选用安痛定、强痛定等肌注，剧痛时可选用吗啡或杜冷丁，兴奋时用氯丙嗪、安溴合剂。

3）补充血容量。可输入全血、血浆、低分子右旋糖酐或葡萄糖液、复方氯化钠等。在紧急情况下，大量输入生理盐水、5％葡萄糖盐水等也能起到挽救生命的作用。

4）纠正酸中毒。静注 5％碳酸氢钠液。

5）抗过敏。可应用盐酸苯海拉明、盐酸异丙嗪等。

6）强心。可选用肾上腺素、强尔心和安钠咖等。

7）纠正中毒性休克。彻底处理原发病灶并合理应用抗生素或磺胺类药物控制感染的发展。

二、拓展阅读

学习党的二十大精神　　著名兽医学家蔡无忌的生平

●●●●● **作业单**

学习情境 7	表现神经症状宠物病
作业完成方式	以学习小组为单位，课余时间独立完成，在规定时间内提交作业。
作业题 1	以神经系统为主症宠物病的鉴别诊断。
作业解答	请另附页。
作业题 2	案例介绍：主诉：病犬不安，食欲减退，不识主人，不听召唤，对呼叫没反应，有时咬人，经常变换趴卧地点，有时呈现疯狂状态，嚎叫。临床检查：该犬精神沉郁，体温达 40.5 ℃，站立困难，趴卧不动或前肢做游泳状运动。出现抽搐，咬牙切齿、空嚼、眼球震颤。血液学检查，白细胞增加，红细胞正常，血红蛋白正常，淋巴细胞增高。抽取脑脊液检查，蛋白质和白细胞增高。 　　作业要求：根据病例的发病情况、症状及病变，提出初步诊断意见和确诊的方法，并按你的诊断结果提出治疗方案。
作业解答	请另附页。
作业题 3	案例介绍：主诉：巴哥犬，6 岁，雄性，近两个月腹围增大，爱喝水，呼吸费力，呕吐，精神头差。临床检查：该犬精神沉郁，结膜黄染，腹围增大，呕吐，便的颜色变淡，脉搏细弱，呼吸困难。有时全身抽搐，卧地不起，持续 2～3 min 好转。腹腔穿刺有大量腹水。 　　作业要求：根据病例的发病情况、症状及病变，提出初步诊断意见和确诊的方法，并按你的诊断结果提出治疗方案。
作业解答	请另附页。

作业评价	班级		第　　　组	组长签字		
	学号		姓名			
	教师签字		教师评分		日期	
	评语：					

●●●●● **学习反馈单**

学习情境 7	表现神经症状宠物病防治
评价内容	评价方式及标准。

知识目标达成度	评价方式：学生自我评价。 评价标准：能说出表现神经症状宠物病的基本特征、发生发展规律、诊断与治疗方法。
技能目标达成度	评价方式：学生自我评价。 评价标准：会分析表现神经症状宠物病案例，对临床病例，能搜集症状、分析症状、建立诊断，确定防治方案。
素养目标达成度	评价方式：学生自我评价。 评价标准：能够关爱宠物，具有团结合作和严谨认真的意识，具有独立思考、爱岗敬业、安全工作的态度。
反馈及改进	
针对学习目标达成情况，提出改进建议和意见。	

学习情境 8

表现表被状态异常宠物病防治

●●●●● 学习任务单

学习情境 8	表现表被状态异常宠物病防治	学　时	10
布置任务			
学习目标	【知识目标】 1. 了解表现表被状态异常宠物病的基本特征。 2. 理解表现表被状态异常宠物病的发生、发展规律。 3. 掌握表现表被状态异常宠物病的诊断与防治方法。 【技能目标】 1. 能分析临床案例，获得临床诊治疾病的经验。 2. 对临床病例，能搜集症状、分析症状、建立诊断，确定防治方案。 【素养目标】 1. 通过宠物病基本特征的学习，激发学生关爱生命的使命感。 2. 通过案例分析，培养学生团结合作和严谨认真的意识。 3. 通过临床病例诊疗与分析，培养学生独立思考、爱岗敬业、安全工作的态度。		
任务描述	对临床实践中表现表被状态异常的患病宠物进行检查，分析症状，作出诊断，制定并实施治疗方案，提出预防措施。具体任务如下。 1. 运用病史调查、临床症状检查等方法，搜集症状、资料，通过论证分析及类症鉴别等方法，建立初步诊断。 2. 依据初步诊断结果，进行必要的实验室检验及特殊检查，并根据检验、检查结果，作出更确切的诊断。 3. 对诊断出的疾病予以合理治疗，并提出预防措施。		
提供资料	1. 信息单。 2. 教材。 3. 宠物疾病防治精品开放课程网站。		
对学生 要求	1. 按任务资讯单内容，认真准备资讯问题。 2. 按各项工作任务的具体要求，认真实施工作方案。 3. 以学习小组为单位，开展工作，提升团队协作能力。 4. 遵守工作场所的规章制度，注意个人防护与生物安全。		

●●●● 任务资讯单

学习情境 8	表现表被状态异常宠物病防治
资讯方式	阅读信息单与教材；进入本课程网站及相关网站，观看 PPT 课件、教学视频、动画、专业图片等；到图书馆查询；向指导教师咨询。
资讯问题	1.1　宠物创伤、挫伤、血肿、淋巴外渗、疝病、溃疡、窦道和瘘、脓肿、蜂窝织炎、败血症、破伤风的主要病因是什么？ 　　1.2　能引起宠物表被损伤及并发症的常见疾病有哪些，它们之间的主要区别是什么？ 　　1.3　创伤、挫伤、血肿、淋巴外渗、疝病、溃疡、窦道和瘘、脓肿、蜂窝织炎、败血症、破伤风的诊断要点及治疗措施有哪些？ 　　2.1　宠物脓皮病、皮肤癣菌病、隐球菌病、疥螨病、蠕形螨病、耳痒螨病、蜱病、虱病、蚤病、甲状腺功能减退、肾上腺功能亢进、肾上腺功能减退、雌激素过剩主要病因有哪些？ 　　2.2　宠物脓皮病、皮肤癣菌病、隐球菌病、疥螨病、蠕形螨病、耳痒螨病、蜱病、虱病、蚤病、甲状腺功能减退、肾上腺功能亢进、肾上腺功能减退、雌激素过剩的诊断要点及治疗措施有哪些？ 　　2.3　皮肤瘙痒、脱毛的疾病主要有哪些？如何进行鉴别诊断？ 　　2.4　无瘙痒、对称性脱毛的疾病主要有哪些？如何进行鉴别诊断？
资讯引导	1. 李玉冰，刘海 . 宠物疾病临床诊疗技术 . 北京：中国农业出版社，2017 　　2. 张磊，石冬梅 . 宠物内科病 . 北京：化学工业出版社，2016 　　3. 解秀梅 . 宠物传染病 . 北京：中国农业出版社，2021 　　4. 孙维平，王传锋 . 宠物寄生虫病 . 北京：中国农业出版社，2010 　　5. 李志 . 宠物疾病诊治 . 北京：中国农业出版社，2019 　　6. 韩博 . 犬猫疾病学，第 3 版 . 北京：中国农业大学出版社，2011 　　7. 谢富强 . 犬猫 X 线与 B 超诊断技术 . 沈阳：辽宁科学技术出版社，2006 　　8. 周桂兰，高得仪 . 犬猫疾病实验室检验与诊断手册，第 2 版 . 北京：中国农业出版社，2015 　　9. 宠物疾病精品资源开放课： 　　https：//www. xueyinonline. com/detail/232532809

●●●●● **案例单**

学习情境 8	表现表被状态异常宠物病防治	案例训练学时	4
序号	案例内容	案例分析	
8.1	病史调查：古牧犬，4 月龄，雄性，20 kg。该犬半月前由于细小病毒感染住院，经 1 周的治疗，细小病毒感染痊愈，正常饮食饮水，排便正常。最近主人发现该犬颈部有一包块。前来就诊。 　　临床检查：患犬表现精神正常，体温 39 ℃，心率 60 次/min，呼吸 18/min。检查发现该犬颈部背侧和肩胛骨前均有局限肿物，触诊柔软，呈波动感，触摸时有痛感。随后对包块进行穿刺检查，抽出大量脓性液体。 　　[任务]分析案例的病史、临床症状及实验室检查结果，建立初步诊断。给出本病的治疗原则与措施。	本案例的主要病史是细小病毒感染并治愈后出现颈部包块，触诊柔软，呈波动感，随后对包块进行穿刺检查，抽出大量脓性液体，提示脓肿。考虑是细小病毒病治疗过程中由于大量药物经皮下注射，导致注射针孔部发生化脓菌感染，引起化脓性感染。所以本病可初步诊断为：因细小病毒病皮下注射针孔感染引起的脓肿。 　　治疗方案如下。 　　1. 切开排脓，局部冲洗 　　处方 1　0.9％生理盐水反复冲洗创腔，创腔内注入抗生素。 　　2. 全身治疗 　　处方 2　速诺（阿莫西林克拉维酸钾混悬剂），0.1 mL/kg. BW 　　用法：皮下注射，1 次/d。 　　处方 3　头孢噻呋，5 mg/kg. BW。 　　用法：皮下注射，1 次/d。	
8.2	病史调查：加菲猫，1 岁，未绝育，3.1 kg，常规驱虫免疫。吃喝排便正常。半年前开始瘙痒脱毛，病灶不断扩散。曾经在不同医院进行治疗，用过皮特芬喷剂、多可素香波、多可素喷剂、肤多乐喷剂、口服鱼油。三个月前有好转，可是近一个月发现病灶扩散，并且还有扩散的趋势。前来就诊。 　　临床检查：体重 3.1 kg，心率 140 次/min，呼吸 34 次/min，眼、耳、口、鼻、骨骼、肌肉未见明显异常。下颌淋巴结轻微增大，圆形病灶，背部和尾部结痂明显，出现红斑以及抓痕，部分区域出现色素过度沉着。 　　补充问诊：家里是否有其他动物（无），主人是否有感染病灶（手臂有红	本案例的主要病史是瘙痒脱毛，药物治疗有效但复发，提示瘙痒脱毛类疾病。鉴别诊断思路如下。 　　主要症状：全身扩散性红斑，抓痕，结痂，色素沉着。 　　鉴别诊断：皮肤癣菌（犬小孢子菌，须毛癣菌，石膏样小孢子菌等）；浅表脓皮症，细菌性感染，螨虫（蠕形螨，疥螨），过敏（跳蚤，食物，异位性皮炎），免疫系统问题。 　　通过临床症状和实验室检查结果，可诊断为真菌感染继发细菌感染。 　　治疗方案如下。 　　处方 1　对患病猫病变部位大面积剃毛。 　　处方 2　艾威宝抗真菌香波（成分是氯己定加上咪康唑，对真菌细菌都有清除效果）。	

8.2	斑，瘙痒），常规驱虫所用药物（大宠爱和米尔贝肟），是否有胃肠道症状（食物很好，未见腹泻和软便）。 　实验室检查如下。 　伍德氏灯检查：＋＋。 　皮肤刮片：未见明显寄生虫。 　皮肤拔毛镜检和细胞学染色：可见毛干结构不完整，毛囊受损，可见大量小分生孢子。染色后小分生孢子更加明显，同时可见炎性细胞和球菌感染。 　真菌培养（DTM）培养基：选取伍德氏灯下荧光的毛发进行培养。第4 d开始变色，第7 d进行菌落显微镜检查，鉴定为犬小孢子菌。 　[任务]分析案例的病史、临床症状及实验室检查结果，建立初步诊断。给出本病的治疗原则与措施。	用法：药浴，前一周每天使用1次，第二周开始每周使用1～2次，第三周病灶开始愈合，出现毛发生长，两周使用1次。 　处方3　必需脂肪酸。 　用法：口服，1次/d。 　处方4　伊曲康唑。 　用法：使用脉冲疗法口服，5 mg/kg.BW，1次/d，和食物一起服用，使用7 d之后停药7 d为一个疗程，进行三个疗程，三个疗程之后进行真菌培养。 　处方5　特比萘芬。 　用法：外用喷剂，2～3次/d，连续使用7～10 d。 　主人反馈第三周开始猫病灶基本消失，开始长毛，没有出现胃肠道等其他副作用。

●●●● 工作任务单

学习情境 8	表现表被状态异常宠物病防治
项目 1	表现损伤及并发症宠物病防治

　一只短毛京巴，雌性，2岁，毛色白，左腹侧壁皮下有一鸡蛋大的突出物，来宠物医院就诊。

任务 1　诊断

1. 临床诊断

【材料准备】保定用具、听诊器、体温计、穿刺针等。

【工作过程】

（1）调查发病情况。采用交谈或启发式询问的方法，向宠物主人了解患犬的现病史、既往病史和生活史。

[发病情况]该犬在1岁左右时腹侧壁就有这个突出物，有拇指大，具体成因不清楚，没有发现有其他症状，所以也没有进行治疗，昨天该病犬与一大型犬追逐，后发现病犬发蔫，肿物变大、不能站立，遂来院治疗。

[发病情况分析]请分析发病情况调查结果，确定发病特点，初步判定疾病的类别。

（2）临床检查。对病犬进行一般检查及各系统的检查，重点检查病犬的消化系统及表被状态，注意分析肿物产生的原因。必要时对肿物进行穿刺检查。

[临床症状]该犬营养中等，体重8 kg。精神尚可、流涎、食欲废绝。24 h未排便，尿液发黄。脾气暴躁，不让陌生人靠近。体温38.9 ℃，心跳120次/min，快而弱，呼吸80次/min。不愿站立，腹侧壁有肿物，突起皮肤已呈青紫色。触诊肿物较硬有弹性，鸡蛋大，局部增温，

压迫时犬有明显疼痛感，鸣叫、挣扎。穿刺检查，有肠内容排出。强加压迫时，肿物进入腹腔。

[临床症状分析]请分析临床检查结果，确定主要症状，并结合发病情况分析结论，提出可疑疾病。论证分析可疑疾病，并通过鉴别诊断的方法，排除可能性小的疾病，建立诊断。

2. 建立诊断

依据病史、临床症状分析，本病例可诊断为何病？

任务2　治疗

你认为本病例的治疗原则与措施是什么？

（工作任务参考答案见附录）

项目2	表现皮肤瘙痒、脱毛宠物病防治

8月，李某发现其饲养的一只京巴犬经常用爪子抓皮肤，且掉毛现象严重，来宠物医院就诊。

任务1　诊断

1. 临床诊断

【材料准备】保定用具、听诊器、体温计等。

【工作过程】

（1）调查发病情况。通过询问、现场观察等方法，了解患病宠物的发病时间、病后的表现及用药情况，可能的病因等。

[发病情况]开始时病犬鼻、眼部皮肤发红，经常用爪抓挠，后来发痒的部位越来越多，犬不断用脚爪抓挠患部，或啃咬、舔舐患部，患部大面积脱毛，同时病犬因皮肤剧痒而烦躁不安，饮食欲下降，或在墙壁、铁闸门等硬物处摩擦。小区里经常一起玩的犬有两只有相同症状。

[发病情况分析]请分析发病情况调查结果，确定发病特点，初步判定疾病的类别。

（2）临床检查。对病犬进行一般检查，特别注意病犬的皮肤检查，注意分析皮肤病变产生的原因。

[临床症状]犬体重6 kg，体温38.7 ℃，脉搏102次/min，呼吸35次/min。听诊，心音较快，无杂音；呼吸较平稳，无杂音。视诊，可视黏膜苍白，精神萎靡，身体瘦弱，全身均有脱毛现象，以瘙痒部位最为严重；在耳壳周围、嘴端、肢端、胸腹下、脚内侧、尾根等处，可见散在米粒大红色丘疹或脓疱；头部、腹部及背部皮下组织增厚，皮肤失去弹性，并形成不规则的皱褶和黄色结痂，腹中线旁也长满了红斑，有疹状小结节；局部有被啃咬或擦伤而感染形成的溃疡。

[临床症状分析]请分析获得的临床检查结果，确定主要症状，并结合发病情况分析结论，提出可疑疾病。论证分析可疑疾病，并通过鉴别诊断的方法，排除可能性小的疾病，建立诊断。

2. 实验室诊断

【材料准备】

器材：刀片、显微镜、载玻片、盖玻片等。

药品：50%的甘油水溶液。

【检查过程】用刀片刮取病变部位与正常皮肤交界处皮屑，刮到微微出血为止，皮屑置于载玻片上，滴加50%的甘油水溶液，加盖片，在低倍镜下观察。

【检查结果】 镜下观察到多个疥螨虫体。

3. 建立诊断

依据病史、临床症状分析，以及实验室检查结果，本病例可诊断为何病？

任务 2 治疗

你认为本病例的治疗原则与措施是什么？

任务 3 预防

你认为本病例的预防措施是什么？

（工作任务参考答案见附录）

必备知识

一、必备的专业知识和技能

（一）表现损伤及并发症宠物病防治

1. 表现损伤及并发症宠物病类症诊断

见图 8-1。

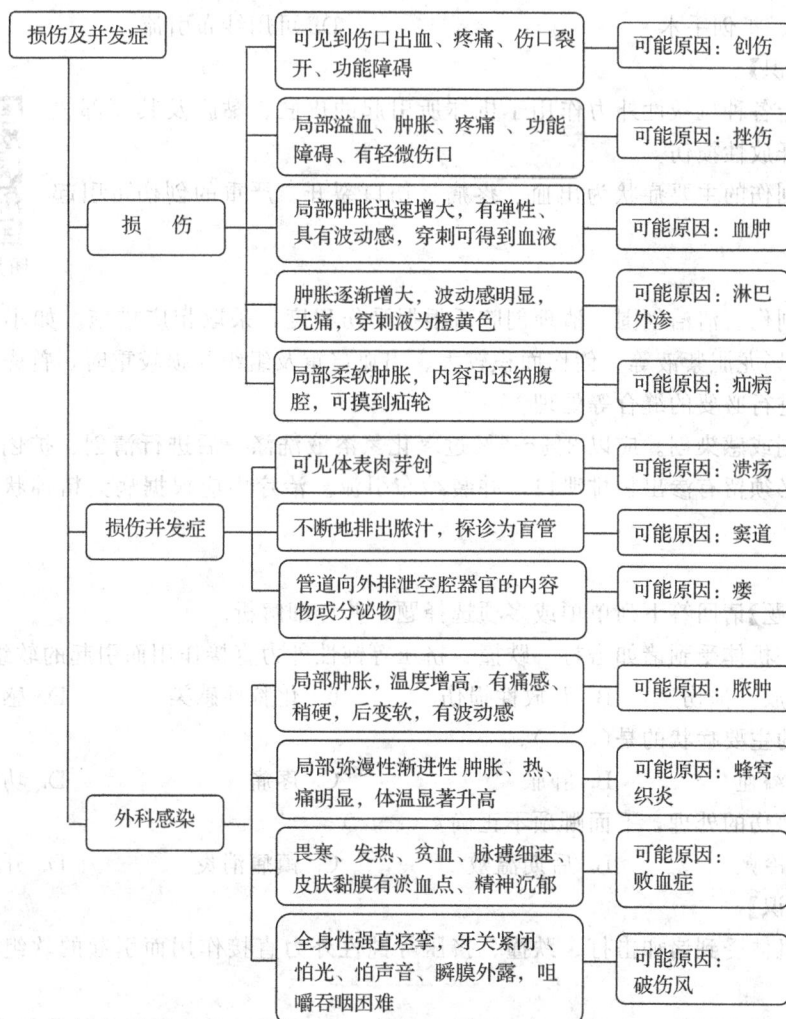

图 8-1 表现损伤及并发症宠物病类症诊断

2. 表现损伤及并发症宠物病

表现损伤及并发症宠物疾病主要有创伤、挫伤、血肿、淋巴外渗、疝病、溃疡、窦道和瘘、脓肿、蜂窝织炎、败血症、破伤风等。

（1）创伤。

【引导问题】请回答下列单项或多项选择题，并详细解析。

1）创伤是指各种机械性外力作用于机体所引起的（　　）发生的开放性损伤。

A. 皮肤　　　　　　B. 黏膜　　　　　　C. 深部软组织　　　　D. 腹膜

2）创伤的主要症状的是（　　）。

A. 出血　　　　　　B. 疼痛　　　　　　C. 血肿　　　　　　D. 伤口裂开

3）对于新鲜创的处理，下面哪项正确？（　　）

A. 清洁创围　　　　　　　　　　　B. 清理创腔

C. 小创伤可直接涂擦碘酒　　　　　D. 大创伤缝合

4）对于陈旧创的处理，下面哪项不正确？（　　）

A. 3％～5％过氧化氢溶液洗涤　　　B. 大创伤直接紧密缝合

C. 清创、扩创手术　　　　　　　　D. 可用纱布引流

【相关知识】

创伤是指各种机械性外力作用于机体所引起的皮肤、黏膜及其深部软组织发生的开放性损伤。

【症状】创伤的主要症状为出血、疼痛、伤口裂开。严重的创伤可引起功能障碍。

【治疗】

图片：创伤症状

1）新鲜创伤。清洁创围、清理创腔后根据受伤程度，采取相应措施。如小创伤可直接涂擦碘酒、5％龙胆紫液等。创伤面积较大、出血严重及组织受损较重时，首先止血，清理创腔，然后进行必要的缝合等处理。

2）陈旧创或感染创。应以3％～5％过氧化氢溶液洗涤，后进行清创、扩创手术，如创缘缝合时，必须留有渗出物排泄口，并装纱布引流。治疗中应根据病犬精神状态，做全身治疗。

（2）挫伤。

【引导问题】请回答下列单项或多项选择题，并详细解析。

1）挫伤是机体受到诸如击打、跌撞、挤压等钝性外力直接作用而引起的软组织（　　）。

A. 非开放性损伤　　B. 开放性损伤　　C. 化脓性感染　　　D. 感染创

2）挫伤的主要症状的是（　　）。

A. 局部溢血　　　　B. 肿胀　　　　　C. 疼痛　　　　　　D. 功能障碍

3）对于挫伤的处理，下面哪项不正确？（　　）

A. 初期冷敷　　　　B. 后期温敷　　　C. 镇痛消炎　　　　D. 开放性治疗

【相关知识】

挫伤是机体受到诸如击打、跌撞、挤压等钝性外力直接作用而引起的软组织非开放性损伤。

【病因】犬受到钝性外力的冲撞、打击、踢伤、坠落等因素均能造成挫伤的发生。

【症状】局部溢血、肿胀、疼痛和功能障碍，患部皮肤有时可出现轻微的致伤痕迹，如被毛逆乱、脱落或表皮擦伤。在浅色皮肤上可见青紫色的淤血斑、肿胀，挫伤若发生于四肢，可出现明显的运动功能障碍（如跛行）。

【防治】挫伤以止血消肿、镇痛消炎、促进受损组织修复为治疗原则。病初（24 h内）应使犬安静、减少运动，使用冷敷或施以压迫绷带包扎，也可用封闭治疗；后期用温热疗法，或局部涂擦刺激性药剂。防止感染，可注射抗生素、磺胺类药物等。

图片：大面积挫伤症状

(3) 血肿。

【引导问题】请回答下列单项或多项选择题，并详细解析。

1）血肿多是因钝性外力打击引起的，犬、猫以（　　）的发生率高。

  A. 体侧部　　　　　　　　B. 耳部　　　　　　　C. 腹部　　　　　　　D. 四肢上部

2）关于血肿的症状错误的是（　　）。

  A. 迅速地增大　　　　　　　　　　　　B. 后期坚实

  C. 初期有弹性具有波动感　　　　　　　D. 缓慢增大

3）对于血肿的诊断，下面哪项正确？（　　）

  A. 穿刺出黄色液体　　　　　　　　　　B. 穿刺出无色透明液体

  C. 局部穿刺抽出血液　　　　　　　　　D. 局部穿刺抽出淡黄色液体

4）对于血肿的处理，下面哪项不正确？（　　）

  A. 较大的血肿可以加压迫绷带　　　　　B. 小的血肿可以自行吸收

  C. 当出现血凝块后将皮肤切开取出血凝块　　　D. 可用纱布引流

【相关知识】

血肿多是因钝性外力打击引起的，犬、猫以体侧部、耳部和四肢上部的发生率高。

【症状】局部的肿胀迅速地增大，有弹性、具有波动感，经过 4 d 左右肿胀逐渐变得坚实，对于白色皮肤的犬、猫可见肿胀的颜色变为褐色；如果出现感染，可以发生脓肿。耳部的血肿常常与淋巴外渗同时出现。

图片：犬耳血肿外科处理、犬胸壁血肿

【诊断】血肿在局部消毒后用注射器穿刺抽出血液即可确诊。

【防治】小的血肿不必治疗可以自行吸收。较大的血肿可以先局部涂布碘酊或者其他消毒药，加压迫绷带；当出现血凝块后将皮肤切开取出血凝块，之后根据切口的大小缝合或者不缝合，切口很小时，可局部涂布抗生素软膏，加创可贴保护。防止犬、猫啃咬患部。

(4) 淋巴外渗。

【引导问题】请回答下列单项或多项选择题，并详细解析。

1）淋巴外渗是在钝性外力的滑擦作用下，淋巴管断裂，淋巴液积聚于局部组织内的一种非开放性损伤。犬较多发生在（　　），猫则以（　　）发生率高。

  A. 耳壳，四肢上部　　　　　　　　　　B. 四肢上部，颈部

  C. 腹部，四肢上部　　　　　　　　　　D. 四肢上部，耳壳

2）淋巴外渗发生后主要症状是（　　）。

  A. 肿胀逐渐增大　　B. 波动感明显　　C. 水肿　　　　　　D. 无痛

3）对于淋巴外渗的诊断，下面哪项正确？（　　）

A. 穿刺出橙黄色液体　　　　　　　　B. 穿刺出无色透明液体

C. 局部穿刺抽出血液　　　　　　　　D. 局部穿刺抽出脓性液体

4）较大的或耳部的淋巴外渗可以穿刺排除，然后注入（　　）。

A. 生理盐水　　　　　　　　　　　　B. 95％的酒精或酒精福尔马林溶液

C. 20％硫酸镁　　　　　　　　　　　D. 75％的酒精

【相关知识】

淋巴外渗是在钝性外力的滑擦作用下，淋巴管断裂，淋巴液积聚于局部组织内的一种非开放性损伤。犬较多发生在四肢上部，猫则以耳壳发生率高。

【症状】淋巴外渗发生后肿胀逐渐增大，波动感明显，不痛。

图片：犬淋巴外渗

【诊断】穿刺液为橙黄色、有黏性的淋巴液，有时伴有少量血液；时间长则淋巴液中的纤维素块析出。

【防治】小的淋巴外渗不必穿刺或切开排液。较大的或耳部的淋巴外渗可以穿刺排除，然后注入95％的酒精或酒精福尔马林溶液（95％酒精100 mL，福尔马林1 mL，碘酊数滴），几分钟后将酒精或酒精福尔马林溶液抽出，反复注入生理盐水冲洗；一次效果不明显时，可以反复应用；耳部的淋巴外渗也可以切开，闭塞淋巴管后，采取穿透全层的压迫性缝合；局部配合抗生素软膏。如果淋巴外渗疱很大，可以切开后用浸有95％的酒精或酒精福尔马林溶液的灭菌纱布填塞创腔，做假缝合，待淋巴外渗停止后，再按照外伤处理。

（5）疝病。

【引导问题】请回答下列单项或多项选择题，并详细解析。

1）疝是指腹部的内脏从天然孔或（　　）脱至皮下或其他解剖腔的一种外科病。

A. 腹股沟　　　　B. 皮肤　　　　C. 病理性破裂孔　　　　D. 腹壁

2）下面关于疝的描述哪项不正确？（　　）

A. 用手推压疝时一般可变小　　　　　B. 脐疝多为后天脐孔破裂所致

C. 腹壁疝必须手术治疗　　　　　　　D. 腹壁疝都是后天造成的

3）公犬发生腹股沟阴囊疝可见（　　）。

A. 阴囊肿大　　B. 腹股沟部位隆起　　C. 阴囊破裂　　D. 腹股沟破裂

4）对于疝的治疗，下面哪项不正确？（　　）

A. 腹股沟阴囊疝需要手术治疗　　　　B. 很小的脐疝可不治自愈

C. 腹壁疝需要手术闭合疝轮　　　　　D. 所有疝都可通过压迫方法治疗

【相关知识】

疝是犬的常发病，是指腹部的内脏从天然孔或病理性破裂孔脱至皮下或其他解剖腔的一种外科病。犬猫常见的疝有脐疝、腹股沟阴囊疝、外伤性腹壁疝。

图片：腹壁疝、脐疝

1）脐疝。

脐疝是指腹腔内容物（一般为肠管或网膜）经脐部脱出至皮下。该病多为先天性脐孔闭锁不良所致。

视频：脐疝的临床检查

【症状】脐部形成圆形或半圆形柔软的肿胀，用手挤压或使犬仰卧肿胀

变小，其内容物可推入腹腔，同时可摸到由扩大的脐孔形成的疝环。疝环直径一般为 1～3 cm，肿胀一般为指腹大至鸡蛋大。

【治疗】很小的脐疝可不治自愈，但应注意防止病犬的腹压过大。较大脐疝应手术治疗。

2）腹股沟阴囊疝。

公犬的腹股沟管扩大使腹腔脏器进入总鞘膜腔，与睾丸并存叫腹股沟阴囊疝，简称阴囊疝。腹腔脏器经扩大的或破裂的腹股沟管脱出至公犬的总鞘膜外或母犬的局部皮下，称腹股沟疝。发病原因多为先天性的遗传因素所致。后天性腹股沟疝主要见于中年未阉割的母犬，可能与性激素的改变而使腹股沟管组织变弱有关。

【症状】可单侧或双侧发病。公犬发病时可见阴囊肿大，柔软无痛。当疝内容物发生嵌闭时则肿胀发硬，有痛、颜色变暗；如为肠管被嵌闭，病犬出现呕吐症状。母犬大的腹股沟疝肿胀可在圆韧带后方扩展至阴门，类似于会阴疝。

【治疗】一般应用手术方法治疗。

3）外伤性腹壁疝。

犬的腹壁受到钝性外力作用（车祸、摔跌等），受伤处肌层破裂而皮肤保持完整使内脏脱出至皮下叫外伤性腹壁疝。腹腔手术后，腹壁内层缝合断开，内脏脱至皮下，这种疝又称切口疝。

【症状】在损伤部位迅速出现肿胀，柔软，用手推压时可变小。一般局部有受伤的痕迹，受伤较重时，触摸有痛、有炎性反应。

【治疗】手术闭合疝轮。

（6）溃疡。

【引导问题】请回答下列单项或多项选择题，并详细解析。

1）皮肤（或黏膜）上经久不愈合的病理性肉芽创称为（   ）。

  A. 瘘   B. 溃疡   C. 化脓   D. 感染

2）溃疡可见于下面哪些情况？（   ）

  A. 某些传染病   B. 分泌物及排泄物的刺激

  C. 异物、机械性损伤   D. 维生素不足和内分泌的紊乱

3）临床上较常见的一种溃疡是（   ）。

  A. 单纯性溃疡 B. 炎症性溃疡   C. 坏死性溃疡   D. 化脓性溃疡

【相关知识】

皮肤（或黏膜）上经久不愈合的病理性肉芽创称为溃疡。

【病因】发生溃疡的原因有多种：即血液循环、淋巴循环和物质代谢的紊乱；神经营养障碍；某些传染病、外科感染和炎症的刺激；维生素不足和内分泌的紊乱；机体衰竭、严重消瘦及糖尿病等；异物、机械性损伤、分泌物及排泄物的刺激；急慢性中毒和某些肿瘤等。

图片：皮肤溃疡模式图、猫肾衰引起的舌溃疡

【分类、症状及治疗】

1）单纯性溃疡。溃疡表面被覆健康肉芽。肉芽表面覆有少量脓性分泌物，干涸后则形成痂皮。溃疡周围皮肤及皮下组织肿胀，皮肤发绀，上皮形成缓慢，新形成的幼嫩上皮呈淡红色或淡紫色，缺乏疼痛感。治疗可使用加 2%～4% 水杨酸的氧化锌软膏、鱼肝油软膏等。

2) 炎症性溃疡。溃疡呈明显的炎性浸润；肉芽组织呈鲜红色，有时呈微黄色；表面被覆大量脓性分泌物，周围肿胀，触诊疼痛。炎症性溃疡是临床上较常见的一种溃疡。治疗时，首先应除去病因，溃疡周围可用青霉素盐酸普鲁卡因溶液封闭；亦可用浸有 20％硫酸镁或硫酸钠溶液的纱布覆于创面。

(7) 窦道和瘘。

【引导问题】请回答下列单项或多项选择题，并详细解析。

1) 窦道和瘘都是狭窄不易愈合的(   )。

    A. 肉芽创伤   B. 组织坏死   C. 病理管道   D. 生理管道

2) 引起窦道的病因有(   )。

    A. 异物机械性刺激   B. 化脓坏死性炎症创伤深部脓汁排出不利

    C. 长期不正确的引流   D. 伤口裂开

3) 后天性瘘较为多见，是由于(   )的创伤或手术之后发生的。

    A. 空腔器官及实质器官   B. 腺体器官及空腔器官

    C. 皮肤及空腔器官   D. 排泄性器官和空腔器官

4) 关于窦道和瘘的区别，下面哪项正确？(   )

    A. 窦道一般呈盲管状   B. 瘘的管道两边开口

    C. 窦道一般两边开口   D. 瘘的管道呈盲管状

【相关知识】

窦道和瘘都是狭窄不易愈合的病理管道，其表面被覆上皮或肉芽组织。窦道可发生于机体的任何部位，借助于管道使深在组织的脓窦与体表相通，其管道一般呈盲管状。瘘可借助于管道使体腔与体表相通或使空腔器官互相交通，其管道是两边开口。

图片：窦道和瘘模式图、犬面部瘘

1) 窦道。

窦道常为后天性的，见于臀部、颈部、股部、胫部、肩胛和前臂部等。

【病因】引起窦道的病因有：①异物机械性刺激；②化脓坏死性炎症创伤深部脓汁排出不利，而有大量脓汁潴留的脓窦，或长期不正确地使用引流等都容易形成窦道。

【症状】从体表的窦道口不断地排出脓汁。窦道口下方的被毛和皮肤上常附有干涸的脓痂。由于脓汁的长期浸渍而形成皮肤炎，被毛脱落。

【诊断】除对窦道口的状态、排脓的特点及脓汁的性状进行细致的检查外，还要对窦道的方向、深度、有无异物等进行探诊，必要时可进行 X 射线诊断。

【治疗】①对疖、脓肿、蜂窝织炎自溃或切开后形成的窦道，可灌注 10％碘仿醚、3％双氧水等以减少脓汁的分泌和促进组织再生。②当窦道内有异物、结扎线和组织坏死块时，必须用手术方法将其除去。③当窦道口过小、管道弯曲，由于排脓困难而潴留脓汁时，可扩开窦道口，根据情况造反对孔或做辅助切口，导入引流物以利于脓汁的排出。④窦道管壁有不良肉芽或形成瘢痕组织者，可用腐蚀剂腐蚀，或用锐匙刮净或用手术方法切除窦道。⑤当窦道内无异物和坏死组织块，脓汁很少且窦道壁的肉芽组织比较良好时，可填塞铋碘蜡泥膏(次硝酸铋 10 g、碘仿 20 mL、石蜡 20 g)。

2)瘘。

先天性瘘是胚胎期间畸形发育的结果，如脐瘘、膀胱瘘及直肠—阴道瘘等。此时瘘管壁上常被覆上皮组织。后天性瘘较为多见，是由于腺体器官及空腔器官的创伤或手术之后发生的。常见的有胃瘘、肠瘘、食道瘘、颊瘘、腮腺瘘及乳腺瘘等。

【分类及症状】瘘可分为以下两种。

①排泄性瘘。其特征是经过瘘的管道向外排泄空腔器官的内容物(尿、饲料、食糜及粪等)。除创伤外，也见于食道切开、尿道切开、瘤胃切开、肠管切开等手术化脓感染之后。

②分泌性瘘。其特征是经过瘘的管道分泌腺体器官的分泌物(唾液、乳汁等)。常见于腮腺部及乳房创伤之后。当动物采食或挤乳时，有大量唾液和乳汁呈滴状或线状从瘘管射出时，是腮腺瘘和乳腺瘘的特征。

【治疗】

①对肠瘘、胃瘘、食道瘘、尿道瘘等排泄性瘘管必须采用手术疗法。

②对腮腺瘘等分泌性瘘，可向管内灌注 20％碘酊、10％硝酸银溶液等。或先向瘘内滴入甘油数滴，然后撒布高锰酸钾粉少许，用棉球轻轻按摩，用其烧灼作用以破坏瘘的管壁。一次不愈合者可重复应用。上述方法无效时，对腮腺瘘可先向管内用注射器在高压下灌注溶解的石蜡，后装着胶绷带；亦可先注入 5％~10％的甲醛溶液或 20％的硝酸银溶液 15~20 mL，数天后当腮腺已发生坏死时进行腮腺摘除术。

(8)脓肿。

【引导问题】请回答下列单项或多项选择题，并详细解析。

1)脓肿主要发生于(　　)。

A. 各种外伤感染化脓菌　　　　　　　B. 输注有刺激性药物

C. 新鲜创　　　　　　　　　　　　　D. 溃疡

2)脓肿的主要症状的是(　　)。

A. 初期，局部肿胀，温度增高，稍硬固　　B. 逐渐增大变软

C. 不久脓肿破溃，流出黄白色黏稠的脓汁　D. 脓肿发生不会引起体温变化

3)对于脓肿的诊断，下面哪项正确?(　　)

A. 穿刺出橙黄色液体　　　　　　　　B. 穿刺出无色透明液体

C. 局部穿刺抽出血液　　　　　　　　D. 局部穿刺抽出脓性液体

4)对于脓肿出现波动的处理，下面哪项不正确?(　　)

A. 应及时切开排脓　　　　　　　　　B. 冲洗脓肿腔

C. 安装纱布引流　　　　　　　　　　D. 保守疗法，涂抹外用药

【相关知识】

任何组织或器官内形成外有脓肿膜包裹、内有脓汁蓄积的局限性脓腔称为脓肿。

【病因】本病主要继发于各种局部性损伤，如刺创、咬创、蜂窝织炎以及各种外伤，感染了各种化脓菌后形成脓肿；也可见于某些有刺激性的药物，如 10％氯化钙、10％氯化钠等，在注射时误漏于皮下而形成无菌性的皮下脓肿。

图片：脓肿症状、抽出脓汁

【症状】各个部位的任何组织和器官都可发生。初期，局部肿胀，温度增高，触摸时有

痛感，稍硬固，以后逐渐增大变软，有波动感。脓肿成熟时，皮肤变薄，局部被毛脱落，有少量渗出液，不久脓肿破溃，流出黄白色黏稠的脓汁。在脓肿形成时，有的可引起体温升高等全身症状，待脓肿破溃后，体温很快恢复正常。发生在深层肌肉、肌间及内脏的深在性脓肿，因部位深，波动不明显，但其表层组织常有水肿现象，局部有压痛，全身症状明显和相应器官的功能障碍。

【诊断】根据临床症状诊断并不困难，必要时可行穿刺。如抽吸到脓汁，即可确诊。

【防治措施】第一，对初期硬固性肿胀，可涂敷复方醋酸铅散、鱼石脂软膏等，或以0.5％盐酸普鲁卡因20～30 mL，苄青霉素钾(钠)40万～80万IU进行病灶周围封闭，以促进炎症消退。第二，脓肿出现波动时，应及时切开排脓，冲洗脓肿腔、安装纱布引流或行开放疗法，必要时配合抗生素等全身疗法。

(9)蜂窝织炎。

【引导问题】请回答下列单项或多项选择题，并详细解析。

1)在(　　)发生的急性弥漫性化脓性炎症称蜂窝织炎。

A. 疏松结缔组织内　　B. 致密结缔组织内　　C. 关节部位　　D. 内脏器官

2)犬的蜂窝织炎常发生在(　　)等部位。

A. 臀部　　　　　　　　B. 大腿部　　　　　　C. 腋部　　　　D. 胸部

3)对于蜂窝织炎的病因描述，下面哪项不正确？(　　)

A. 钙剂漏注可以引起　　　　　　　　B. 邻近组织化脓性感染扩散

C. 咬伤抓伤可以引起　　　　　　　　D. 淋巴外渗可引起

4)对于蜂窝织炎的处理，下面哪项不正确？(　　)

A. 严重的应及时切开排出炎性渗出液　　B. 早期可应用抗生素疗法

C. 初期温敷后期冷敷　　　　　　　　D. 初期保守疗法，涂抹外用药

【相关知识】

在疏松结缔组织内发生的急性弥漫性化脓性炎症称为蜂窝织炎。犬的蜂窝织炎常发生在臀部、大腿部、腋部、胸部等部位。

【病因】多因咬伤、抓伤、刺创等损伤所致，有时也见于静注强刺激性药物而漏于皮下，或因邻近组织化脓性感染扩散以及通过血源性引起本病。

图片：蜂窝织炎引起的皮肤变化、犬耳部蜂窝织炎

【症状】本病呈急性炎症过程，局部和全身症状均很明显。病犬体温升高，精神沉郁，食欲减退，并出现各系统的功能紊乱。发生皮下蜂窝织炎时，病初局部出现弥漫性渐进性肿胀，触诊热痛反应明显，指压留痕，后期多呈坚实感，局部皮肤紧张，无移动性。随着炎症发展，局部肿、热、痛更为加剧，病犬体温显著升高。

【治疗】

1)局部疗法。①控制炎症发展，促进炎症产物消散吸收。最初24～48 h内，可用冷敷(10％鱼石脂酒精、90％酒精、醋酸铅明矾液、栀子浸液)，涂以醋调制的醋酸铅散。用0.5％盐酸普鲁卡因青霉素溶液做病灶周围封闭。当炎性渗出已平息，为了促进炎症产物的消散吸收可用上述溶液温敷。②手术切开。倘冷敷后炎性渗出不见减轻，组织出现增进性肿胀、宠物体温升高或其他症状都有明显恶化的趋向时，为了减轻组织内压，排出炎性渗出液，应立即进行手术切开。

2)全身疗法。早期可应用抗生素疗法、磺胺疗法及盐酸普鲁卡因全身封闭疗法。对宠物要加强饲养管理，特别是多给些富有维生素的日粮。注意纠正水和电解质及酸碱平衡的紊乱，进行合理的输液。

（10）破伤风。

【引导问题】请回答下列单项或多项选择题，并详细解析。

1)破伤风是由（　　）在感染组织中产生的嗜神经毒素引起的一种人兽共患传染病。

　　A. 破伤风球菌　　　　　B. 破伤风杆菌　　　　C. 破伤风梭菌　　　　　D. 真菌

2)破伤风的发生需要具备以下的哪些条件？（　　）

　　A. 创伤　　　　　　　　　　　　　　　B. 破伤风梭菌进入组织深部

　　C. 无氧条件　　　　　　　　　　　　　D. 浅表开放性伤口

3)关于破伤风的症状，下面正确的是（　　）。

　　A. 靠近创伤部位的肢体出现强直和痉挛　　B. 重症形如木马样姿势

　　C. 水肿　　　　　　　　　　　　　　　D. 出血性变化

4)对于破伤风的治疗，下面哪项不正确？（　　）

　　A. 特异的治疗药物是破伤风抗毒素血清　　B. 清整创伤

　　C. 局部和全身投以大量青霉素　　　　　D. 对伤口缝合

【相关知识】

破伤风是由破伤风梭菌在感染组织中产生的嗜神经毒素引起的一种人畜共患传染病。病犬临床主要表现为骨骼肌持续痉挛和对刺激的反射兴奋性增强。

【病因】破伤风梭菌为土壤常在菌，分布于世界各地。它是厌氧菌，大小为$(4\sim8)\mu m\times(0.3\sim0.5)\mu m$，能形成芽孢位于菌体一端，形如鼓槌，无荚膜，能运动。它增殖时能产生破伤风痉挛毒素、溶血毒素和非痉挛毒素。痉挛毒素引起局部组织坏死，非痉挛毒素引起神经末梢麻痹。芽孢型的破伤风梭菌抵抗力强大，在土壤里可存活几十年。本菌对青霉素敏感，磺胺类次之。

图片：破伤风梭菌形态

【流行特点】各种动物对破伤风均有易感性，但程度有差异，其中犬属于易感性较低的一种。创伤是本病的主要感染途径，特别是创面小而深又受土壤污染的创伤。也有临床上找不出伤口的病例，这可能是因创面小，在潜伏期已经愈合的缘故。被致伤物带入组织深部的破伤风梭菌，在无氧条件下繁殖，产生毒素而引起动物发病。

【症状】由于犬对破伤风毒素的敏感性较低，故临床上只在与创伤有关联的局部组织发生强直的病犬较为多见，即在靠近创伤部位的肢体出现强直和痉挛。这类轻症病犬，在治疗护理得当的情况下，一般预后良好。呈现全身强直和痉挛的重症病犬，形如木马样姿势、两耳直立互相靠拢、眼球上翻、口角向后吊起、瞬膜隆起突出、脊椎僵直或向下弯曲、尾向上举起。通常病犬体温不高而且神志清醒，但对声、光等刺激异常敏感。这种急性型病犬，多在$2\sim5$ d因呼吸困难死亡。个别病例可持续一周以上。

【诊断】根据病犬神志清醒，对刺激反射兴奋性增强、肌肉强直、体温正常和多数伴有创伤史等特点，不难作出诊断。对经过缓和的轻症病例或发病初期症状不明显时，应注意与急性肌肉风湿症、狂犬病和脑炎等作鉴别。肌肉风湿症病犬体温升高，患部肌肉有痛感，没有瞬膜外露和反射兴奋性增强症状。狂犬病和脑炎患犬多出现意识紊乱或昏迷，有时也

有牙关紧闭和肌肉痉挛等症状，但瞬膜不突出。个别难诊断的病例，可采取创伤分泌物或坏死组织接种肝片肉汤作病菌的培养检查。

【治疗】早发现及时治疗，要采取综合治疗措施，才能收到良好效果。即在药物治疗同时要清整创伤，并根据本病的特点加强护理。

1）药物治疗。特异的治疗药物是破伤风抗毒素血清，视犬体大小静注抗毒素10万～40万IU。一次大剂量注射比分散为2～3 d注射效果好。破伤风抗毒素对中和毒素有特效，但对已进入神经细胞内的毒素无效，这是强调早期治疗的主要原因。为缓解病犬肌肉强直痉挛，可静注25％硫酸镁2～5 mg/kg. BW。对兴奋不安，全身震颤的病犬可用氯丙嗪2～5 mg/kg. BW，肌注，每天2次。对采食、饮水困难的症犬，应补液补糖。一般认为破伤风致死直接原因与酸中毒有关，因此对重症病犬应静注5％碳酸氢钠溶液。清整创伤，对创面小的深创，用3％双氧水彻底冲洗，局部和全身投以大量青霉素，以控制破伤风梭菌的增殖。

2）加强护理。将病犬置于光线幽暗处饲养，要保持安静，避声避光，减少各种刺激。注意改换体位，防止褥疮。

【预防】对创伤尤其是深创，要用双氧水冲洗消毒，同时注射破伤风抗毒素和青霉素等进行全身抗感染处理。做较大的外科手术时，应注射破伤风抗毒素，早做预防。

(11) 败血症。

【引导问题】请回答下列单项或多项选择题，并详细解析。

1）败血症是指细菌进入（　　　　），并在其中生长繁殖、产生毒素而引起的全身性严重感染。

  A. 血循环   B. 黏膜   C. 深部软组织   D. 脑组织

2）败血症的主要特征下面正确的是（　　　）。

  A. 寒战   B. 高热   C. 皮疹   D. 关节痛

3）对于败血症的综合治疗措施，下面哪项正确？（　　　）

  A. 局部感染病灶的处理   B. 全身疗法大剂量地使用抗生素

  C. 对症疗法   D. 只需局部处理无需全身疗法

【相关知识】

败血症是指细菌进入血液循环，并在其中生长繁殖、产生毒素而引起的全身性严重感染。临床上以寒战、高热、皮疹、关节痛及肝、脾肿大为特征，部分可有感染性休克和迁徙性病灶。

【症状】全身症状明显。体温升高到40 ℃以上，呈稽留热，恶寒战栗，脉搏细数，呼吸快而浅。食欲废绝，贪饮，并常伴发腹泻等，随病程发展，可出现感染性休克或神经系统症状，表现烦躁不安或嗜睡，尿量减少并含有蛋白或无尿，皮肤黏膜有时有出血点。血液学指标有明显的异常变化，死前体温突然下降。最终因器官衰竭而死。

图片：败血症患犬

【诊断】有原发感染灶的情况，诊断败血症常不困难。确诊败血症可通过血液细菌培养。对细菌培养阳性者应做药敏试验，以指导抗生素的选用。同时，配合开展血液电解质、血气分析、血尿常规检查以及反应重要器官功能的监测，对诊治败血症具有积极的临床意义。

【治疗】全身化脓性感染必须尽早采取综合性治疗措施。

1)局部感染病灶的处理。彻底清除所有的坏死组织，切开创囊、流注性脓肿和脓窦，摘除异物，排除脓汁，畅通引流，用刺激性较小的防腐消毒剂彻底冲洗败血病灶。然后局部按化脓性感染灶进行处理。创围用混有青霉素的盐酸普鲁卡因溶液封闭。

2)全身疗法。应早期应用抗生素疗法，大剂量地使用青霉素、链霉素或四环素等和磺胺增效剂如三甲氧苄氨嘧啶(TMP)、增效磺胺－5－甲氧嘧啶注射液或恩诺沙星；同时进行输血、补液和碳酸氢钠疗法；还应当补给维生素和大量给予饮水和应用葡萄糖疗法。

3)对症疗法。目的在于改善和恢复全身化脓性感染时受损害的系统和器官的功能障碍。当心脏衰弱时可应用强心剂，肾功能紊乱时可应用乌洛托品，败血性腹泻时静脉内注射氯化钙。

(二)表现皮肤瘙痒、脱毛宠物病防治

1. 表现皮肤瘙痒、脱毛宠物病类症诊断

见图 8-2。

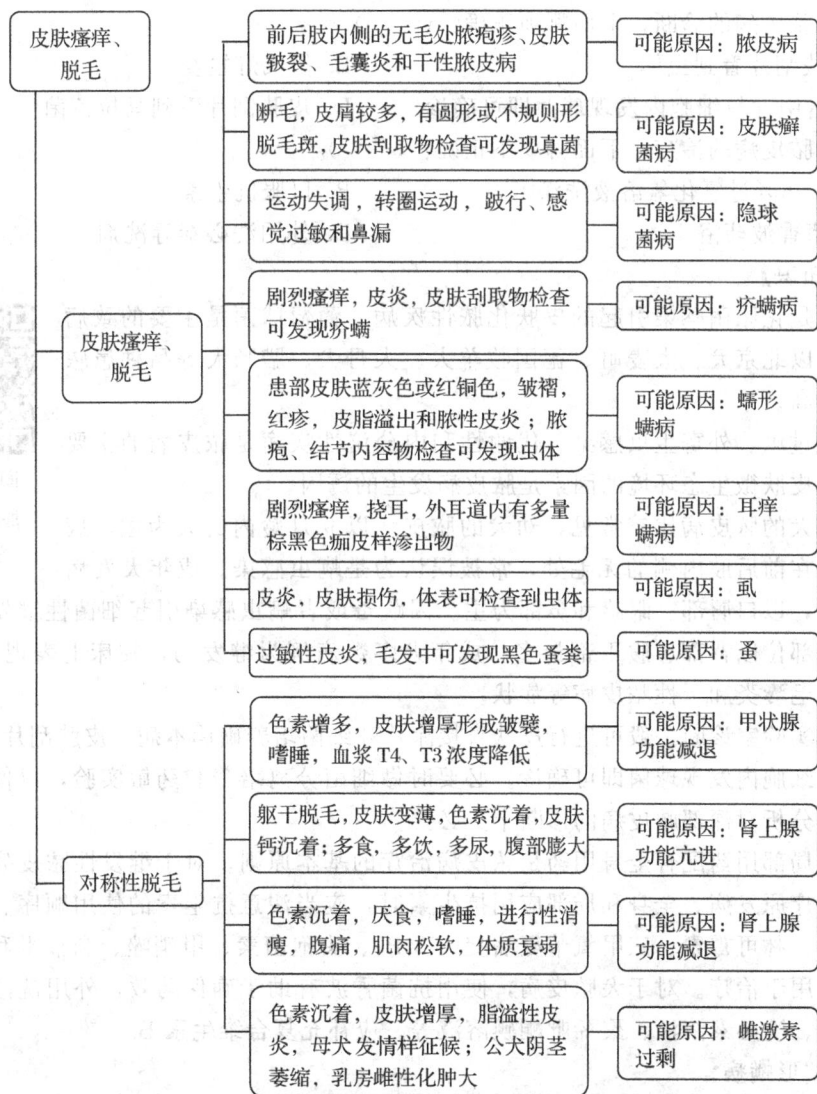

图 8-2　表现皮肤瘙痒、脱毛宠物病类症诊断

2. 表现皮肤瘙痒、脱毛宠物病

表现皮肤瘙痒、脱毛宠物疾病主要有脓皮病、皮肤癣菌病、隐球菌病、疥螨病、蠕形螨病、耳痒螨病、蜱病、虱病、蚤病、甲状腺功能减退、肾上腺功能亢进、肾上腺功能减退、雌激素过剩等。

（1）脓皮病。

【引导问题】请回答下列单项或多项选择题，并详细解析。

1）脓皮病是化脓菌感染引起的皮肤化脓性疾病，（　　　）是主要的致病菌。

　　A. 葡萄球菌　　　　　　B. 链球菌　　　　　　C. 梭菌　　　　　　D. 真菌

2）犬脓皮病的主要症状是（　　　）。

　　A. 幼犬病变主要出现在前后肢内侧的无毛处　B. 脓疱疹

　　C. 皮肤皲裂　　　　　　　　　　　　　　　D. 毛囊炎

3）对于脓皮病的诊断，下面哪项正确？（　　　）

　　A. 皮肤刮片看到虫体　　　　　　　B. 伍氏灯检查

　　C. 在嗜中性粒细胞内发现球菌即可确诊　D. 皮肤刮片看到马拉色菌

4）对于脓皮病的治疗，下面哪项不正确？（　　　）

　　A. 3%～5%过氧化氢溶液洗涤　　　　B. 口服抗生素

　　C. 抗菌香波药浴　　　　　　　　　　D. 外用洗必泰等洗剂

【相关知识】

脓皮病是化脓菌感染引起的皮肤化脓性疾病。葡萄球菌是主要的致病菌。临床上以北京犬、大麦町、德国牧羊犬、大丹犬、腊肠犬等品种患脓皮病的比例高。

【病因】过敏、外寄生虫感染、代谢性和内分泌性疾病是脓皮病的主要病因，影响皮肤微生态环境的因素是脓皮病发生的诱因。

图片：浅表脓皮病、深部脓皮病

【症状】犬的脓皮病比较常见，幼犬的脓皮病以 9 月龄内的犬为主，病变主要出现在前后肢内侧的无毛处，常被误认为是螨虫感染。成年犬发病部位不确定，以口唇部、眼睑和鼻部为主。因跳蚤或者螨虫感染引起细菌性继发感染的病犬，其病变部位以背部、腹下部最多。成年犬多数病例为继发的，临床上表现为脓疱疹、皮肤皲裂、毛囊炎和干性脓皮病等症状。

【诊断】实验室诊断一般可进行皮肤直接涂片和细菌培养确诊本病。皮肤刮片染色镜检，在嗜中性粒细胞内发现球菌即可确诊。必要时做细菌分离培养和药敏实验，以便指导临床用药。血液分析对深部脓皮病的诊断十分必要。

【治疗】局部用药配合全身用药是脓皮病治疗的基本原则。对于继发性脓皮病感染的病例，应先治疗原发病。全身和局部应用抗生素时，应当注意抗生素的使用顺序、剂量和次数，红霉素、林可霉素、三甲氧苄氨嘧啶（TMP）、头孢菌素、甲硝唑、利福平和恩诺沙星等药物可以用于治疗。对于犬脓皮病，使用抗菌香波有助于确保药效，外用洗液可以选择甲硝唑溶液、洗必泰溶液、聚烯吡酮碘溶液等。应补充复合维生素 B。

（2）犬蠕形螨病。

【引导问题】请回答下列单项或多项选择题，并详细解析。

1)犬蠕形螨病是由犬蠕形螨寄生于犬皮肤的(　　)内引起。

A. 表皮　　　　　　　B. 毛囊和皮脂腺　　　C. 深部皮下组织　　　D. 真皮

2)下面哪些是犬蠕形螨病的症状(　　)。

A. 皮肤潮红、充血　　B. 脱毛　　　　　　　C. 水肿　　　　　　　D. 窦道

3)对于犬蠕形螨病实验室诊断,下面哪项正确?(　　)

A. 直接拔毛镜检　　　B. 刮取表面皮屑　　　C. 刮取痂皮　　　　　D. 伍氏灯检查

4)对于犬蠕形螨病的治疗,下面哪项不正确?(　　)

A. 双甲脒药浴　　　　B. 口服伊曲康唑　　　C. 注射伊维菌素　　　D. 外用塞拉菌素

【相关知识】

由犬蠕形螨寄生于犬皮肤的毛囊和皮脂腺内引起。正常情况下,犬体表也有少量蠕形螨存在,当机体应激或抵抗力下降时,大量繁殖,引发疾病。

【症状】病初犬颜面两侧皮肤潮红、充血,继之脱毛并形成许多皱褶,然后扩散到额部、背部、胸腹下甚至全身。患部有 1~5 个小的和周围界限分明的红斑状病变,无痒感,严重时,身体大面积脱毛,浮肿,出现红斑、皮脂溢出和化脓性皮炎,瘙痒。

图片:蠕形螨皮炎模式图、蠕形螨症状、蠕形螨形态

【诊断】根据病史和临床症状可建立初步诊断,也可采用皮肤病诊断液进行确诊。方法:脱毛区用止血钳拔取毛发,放在载玻片上,在载玻片上滴甘油,并盖上盖玻片,显微镜检查,显微镜下找到蠕形螨和虫卵即可确诊。

【治疗】1%伊维菌素,0.02~0.06 mL/kg.BW,皮下注射,每周注射 1 次,连续 3 周。如果皮肤病变面积较大,用双甲脒进行药浴,其用量参照说明书,每次间隔 2 d 左右,连用数次。此外,口服米尔贝肟,外用塞拉菌素,都可以达到治疗的目的。

(3)犬疥螨病。

【引导问题】请回答下列单项或多项选择题,并详细解析。

1)犬属疥螨寄生于犬的(　　),由于其爬行的机械刺激和排泄物、分泌物引起皮肤过敏而致痒。

A. 表皮层　　　　　　B. 毛囊和皮脂腺　　　C. 深部皮下组织　　　D. 真皮

2)下面哪些是犬疥螨病的症状?(　　)

A. 皮肤丘疹　　　　　B. 脱毛　　　　　　　C. 剧痒　　　　　　　D. 结痂

3)对于犬疥螨病的实验室诊断,下面哪项正确?(　　)

A. 直接拔毛镜检　　　　　　　　　　　B. 刮取表面皮屑和被毛

C. 细胞学检查　　　　　　　　　　　　D. 伍氏灯检查

4)对于犬疥螨病的治疗,下面哪项不正确?(　　)

A. 双甲脒药浴　　　　　　　　　　　　B. 口服特比萘芬

C. 注射伊维菌素　　　　　　　　　　　D. 同时治疗细菌继发感染

【相关知识】

犬属疥螨寄生于犬的表皮层,由于其爬行的机械刺激和排泄物、分泌物引起皮肤过敏而致痒。犬疥螨的传播主要是接触性感染,多呈散发。

【症状】疥螨先发生于头部,而后肘部、耳部,严重时常扩散至全身,在临床上,常见

腹下部病灶分布较多。小狗尤为严重，患部有掉毛、红斑、丘疹、脓性疱疹，上有黄色痂皮，奇痒，然后表皮变厚而出现皱褶。由于剧烈瘙痒导致自我擦伤，患部呈红肿、少毛，以致破损，病变处常继发细菌感染。犬属疥螨亦能感染人，引起红色的小丘疹。

【诊断】必要时先剃毛，用蘸油的刀片，与皮肤垂直，朝毛发生长的方向刮取犬的皮屑和被毛，把刮取物均匀涂布在载玻片上，显微镜下观察，发现虫体即可确诊。

图片：疥螨皮炎
模式图、生活模
式图、症状图

【治疗】犬属疥螨生活周期为 3 个月，污染的草垫等物品可再度引起犬的感染，因此彻底地消除犬疥螨至少需 4 周的连续治疗和消毒。

1)将患部被毛剪掉，用温肥皂水洗刷患部，除去污垢和痂皮。再用 12.5％的双甲脒按每 10 kg 水中加入 250 mg 的比例兑水擦洗全身。

2)皮下注射伊维菌素注射液 0.04 mL/kg.BW，间隔 7～10 d 重复注射 1 次。同时配合外用药物治疗，可起到良好的治疗效果。

【预防】

1)隔离患有疥螨病的犬，防止互相感染。

2)注意环境卫生，保持犬舍清洁，通风干燥。建议平时用 5％溴氰菊酯清水稀释 1 000 倍，对犬生活的周围环境进行定期的喷洒消毒。

3)定期给犬洗澡，洗澡时最好用犬专用洗澡剂，减少犬感染疥螨的机会。要用专门的宠物浴液，有含抗螨、抗真菌、营养护理皮肤成分的更好。

4)为减轻瘙痒，促进创部愈合，可服用皮质激素类药物 4～5 d。

(4)耳痒螨病。

【引导问题】请回答下列单项或多项选择题，并详细解析。

1)下面关于耳痒螨病叙述正确的是(　　)。

A. 只发生于犬　　　　　　　　　B. 主要寄生于犬猫耳道内

C. 有高度传染性　　　　　　　　D. 可继发耳血肿

2)下面哪些是耳痒螨的症状？(　　　)

A. 耳道内大量黑褐色分泌物　　　B. 搔抓耳部

C. 耳部脱毛　　　　　　　　　　D. 腥臭味

3)对于耳痒螨病实验室诊断，下面哪项正确？(　　　)

A. 取耳道内分泌物显微镜观察　　B. 耳道细胞学检查

C. 刮取耳缘痂皮　　　　　　　　D. 伍氏灯检查

4)对于耳痒螨病的治疗，下面哪项不正确？(　　　)

A. 耳道清洗、上药　　B. 口服伊曲康唑　　C. 注射伊维菌素　　D. 外用塞拉菌素

【相关知识】

病原为耳痒螨，主要寄生于犬、猫耳道内，有时也爬到身体其他部位引起局部损伤，有高度传染性。

【症状】主要表现为耳道内聚集大量黑褐色至黑色、蜡样或结痂样分泌物，并有腥臭味，耳壳内侧潮红糜烂，犬、猫不断抓耳挠腮，或用头磨蹭地面或笼壁，可导致耳血肿。体表散布拇指盖大血痂并形成脱毛区。如果

图片：耳痒螨
形态、生活模
式图、症状图

继发细菌性耳炎，分泌物常出现化脓性变化。

【诊断】根据病史和临床症状可建立初步诊断。确诊可采样显微镜观察，方法如下：用棉签刮取耳道分泌物，置于载玻片上，滴加液体石蜡 2～3 滴，混匀后加盖玻片，压薄后镜检。若被感染，则虫体和虫卵清晰可见。

【治疗】

1)洗耳及用药。在滴入洗耳液后，在耳根部轻轻揉，待犬、猫甩头将耳内分泌物结痂甩出，用棉球擦拭耳道后，向耳道滴入杀螨杀菌功能的耳药。

2)全身用药。1%伊维菌素，0.02～0.06 mL/kg.BW，皮下注射，每周注射 1 次，连续 3～5 周。也可皮下注射多拉菌素(200 mL∶2 g)，外用塞拉菌素或口服米尔贝肟。

(5)皮肤癣菌病。

【引导问题】请回答下列单项或多项选择题，并详细解析。

1)皮肤癣菌病的病原包括(　　)。

A. 犬小孢子菌　　　　B. 石膏样小孢子菌　　　C. 蜡样孢子菌　　　D. 须毛癣菌

2)下面哪些是皮肤癣菌病的症状？(　　)

A. 圆形或椭圆形脱毛　B. 鳞屑　　　　　　　C. 痂皮　　　　　　D. 丘疹

3)对于皮肤癣菌病实验室诊断，下面哪项不正确？(　　)

A. 细菌培养　　　　　B. 皮肤细胞学检查　　　C. 真菌培养　　　　D. 伍氏灯检查

4)对于皮肤癣菌病的治疗，下面哪项不正确？(　　)

A. 药浴　　　　　　　　　　　　　　　B. 口服伊曲康唑

C. 注射伊维菌素　　　　　　　　　　　D. 补充皮肤保护剂

【相关知识】

是由皮肤癣菌对毛发、爪和皮肤等角质组织引起的真菌性皮肤病，病原主要有犬小孢子菌、石膏样小孢子菌和须毛癣菌等。皮肤病变以鳞屑、痂皮、皮肤形成圆形脱毛或被毛断裂病灶为特征。

【病因】潮湿、温暖的气候，拥挤、不洁的环境以及缺乏阳光照射等是引起本病的主要诱因。

图片：皮肤癣菌感染模式图、镜检小孢子形态、紫外灯检查小孢子菌显苹果绿色、症状图

【症状】本病主要表现是大面积严重脱毛、瘙痒，体表散布红色丘疹，脱毛区覆盖油性厚痂，刮去痂皮裸露潮红或溃烂的表皮，严重者形成溃疡，形成圆形或不规则形脱毛斑，随着病程延长，患部出现色素沉着，毛根易脱，毛干易断。

【诊断】

1)采用伍氏灯检查。犬小孢子感染的毛发可发出苹果绿色荧光，而石膏样小孢子菌和须毛癣菌感染的毛发无荧光或颜色不同，对于确诊犬小孢子菌伍德氏灯敏感率为 50%。

2)皮肤细胞学检查。洁净刀片在病变交界处刮取皮肤，在玻片上均匀薄涂病料，谨慎加热固定，改良瑞氏染色(或 Diff－Quik 染色)显微镜下，从低倍到高倍镜检查，可能发现真菌元素孢子。

3)真菌培养。是采集宠物病变部位毛发或鳞屑，植入 DTM 培养基进行培养，培养后培养基上产生大量孢子菌丝，再挑取这些菌丝进行显微镜镜检，可见到癣菌的 6 大分生孢子，并可明显辨别是犬小孢子菌还是哪一类真菌。这个过程可能需要几天到二十几天，确诊皮

肤癣菌需要进行真菌培养，判断何时停药，需要每隔2～3周反复进行真菌培养，至少连续2～3次结果阴性方可停药。

【治疗】抗真菌药浴治疗，前一周每天使用1次，第二周开始，每周使用1～2次，第三周病灶开始愈合，开始出现毛发生长，两周使用1次；口服抗真菌药物，可选用伊曲康唑，使用脉冲疗法口服，5 mg/kg.BW，每天1次，和食物一起服用，使用7 d之后停药7 d为一个疗程，进行三个疗程，三个疗程之后进行真菌培养；同时配合特比萘芬外用和皮肤营养补充剂联合使用，效果更好。

(6)隐球菌病。

【引导问题】请回答下列单项或多项选择题，并详细解析。

1)隐球菌病的传染源主要是(　　)。

A. 猫　　　　　　　　B. 人　　　　　　　　C.犬　　　　　　　　D. 鸽子

2)隐球菌病主要侵害的是(　　)。

A、中枢神经系统　　　B. 肺　　　　　　　　C. 肾脏　　　　　　　D. 肝脏

3)对于隐球菌病症状，下面正确的是(　　)。

A. 运动失调　　　　　B. 转圈运动　　　　　C. 跛行　　　　　　　D. 鼻漏

4)对于隐球菌病的治疗，下面正确的是(　　)。

A. 抗生素治疗　　　　B. 抗真菌治疗　　　　C. 对症治疗　　　　　D. 抗支原体治疗

【相关知识】

隐球菌病是由新型隐球菌感染所引起的犬的一种亚急性或慢性霉菌病，主要侵害中枢神经系统和肺，也可侵害骨骼、皮肤、黏膜和内脏，是一种猫比犬多见的全身性真菌感染病。最常见的感染源就是腐烂的鸟类排泄物，尤其是鸽子粪便。

图片：隐球菌病—脱毛和溃疡结节

【症状】犬隐球菌病一般表现运动失调、转圈运动、行为异常、跛行、感觉过敏和鼻漏。剖检病犬，可见耳旁窦、鼻甲骨、鼻腔以及脑有化脓性小病灶，脑膜发生黏液脓性炎症。耳、眼睑和脚的周围可发生皮下肉芽肿。

【诊断】确诊可采用检查抗体的间接荧光抗体试验、试管凝集试验以及检查抗原的胶乳凝集试验。

【治疗】两性霉素B是治疗隐球菌病的首选药物，0.05～0.1 mg/kg.BW，用5％葡萄糖稀释后静滴；以后每天增加5 mg，可在滴液中加入氢化考的松25～50 mg减少副作用。如与四环素合用，可提高疗效，减少副作用。也可用球红霉素，1.5～2 mg/kg.BW，静脉滴注。对隐球菌所致的皮肤脓肿，可切开排脓。隐球菌性脑膜炎伴发颅内高压者，必须给予对症治疗。

(7)蜱病。

【引导问题】请回答下列单项或多项选择题，并详细解析。

1)蜱寄生在犬的体表，吸取犬体血液，引起犬的(　　)，同时分泌的神经毒素进入犬体内，引起犬的(　　)。

A. 贫血；神经传导功能障碍　　　　　　　　B. 脱水；神经传导功能障碍

C. 贫血；消化功能障碍　　　　　　　　　　D. 贫血；循环系统障碍

2)蜱叮咬后的主要症状的是(　　　)。

A. 肌肉麻痹　　　　　B. 疼痛　　　　　C. 水肿　　　　　D. 伤口裂开

3)对于蜱病的治疗，下面哪项正确？(　　　)

A. 利用酒精清除患犬体表蜱　　　　　B. 人工直接拉出体表的蜱

C. 伊曲康唑驱蜱　　　　　D. 吡虫啉驱蜱

【相关知识】

蜱，又名壁虱或扁虱，俗称草爬子、八脚子、狗豆子，属于不完全变态节肢动物。它们寄生在犬的体表，吸取犬体血液，引起犬的贫血，同时分泌的神经毒素进入犬体内，引起犬的神经传导功能障碍，呈现肌肉麻痹衰竭死亡，同时还能传播多种疾病。

图片：吸饱血的蜱、未吸血蜱

【症状】患犬有蜱的寄生；病初表现不安、步态不稳或跛行，消瘦，贫血，生长发育阻滞，上行性麻痹，渐进性衰竭死亡。

【诊断】根据临床症状可作出诊断，如发现犬身上虫体可确诊。

【治疗】

1)人工清除患犬体表蜱 2～3 次，可用酒精涂在身上，使蜱头部放松或死亡。几分后再用尖头镊子取出蜱，从口器旁钳住蜱，急速一拉可以把蜱取出，将蜱用火焰烧焦深埋。

2)驱虫，一般首选含二氯苯醚菊酯和吡虫啉成分或含非泼罗尼的药物，这些药物都能起到很好的驱避作用。

【预防】加强日常饲养卫生管理，做好定期预防工作，非泼罗尼滴剂、塞拉菌素滴剂等任选其一，每月 1 次，达到预防的目的。

(8)虱病。

【引导问题】请回答下列单项或多项选择题，并详细解析。

1)犬虱分为犬长腭虱和犬啮毛虱两种，犬长腭虱以吸食(　　　)为主，犬啮毛虱以啮食(　　　)为主。

A. 血液；毛、皮屑　　B. 毛、皮屑；血液　　C. 皮屑；组织液　　D. 组织液；皮屑

2)虱病发生主要是由于(　　　)。

A. 卫生条件差　　　　　B. 饲喂不合理　　　　　C. 天气骤变　　　　　D. 阴冷潮湿

3)虱寄生在犬体表，可引起犬(　　　)。

A. 剧痒　　　　　B. 皮屑　　　　　C. 脱毛　　　　　D. 水肿

4)对于虱病的治疗，下面药物正确的是(　　　)。

A. 塞拉菌素　　　　　B. 非泼罗尼　　　　　C. 林可霉素　　　　　D. 多西环素

【相关知识】

犬虱分为犬长腭虱和犬啮毛虱两种，犬长腭虱以吸食血液为主，犬啮毛虱以啮食毛、皮屑为主。成虫体长 1.5～3mm，卵黏着于被毛上，经 5～9 d 孵化为幼虫，然后吸食血液成长发育为成虫。虱病的发生一般都与卫生管理条件差有关。

图片：虱的形态、虱卵

【症状】由于犬虱的活动或吸食血液而使犬产生剧痒，影响犬的食欲和正常休息，病犬消瘦、被毛脱落或缠结、皮肤脱屑等，大量长期寄生的病犬精神不振，体质衰退。

【诊断】眼观可发现虱和黏附在毛上的卵，即可确诊。

【治疗】体外的常规驱虫药都能去除虱。

【预防】加强饲养管理，每月1次体外驱虫，可以预防虱病的发生。

(9)蚤病。

【引导问题】请回答下列单项或多项选择题，并详细解析。

1)蚤俗称跳蚤，寄生在犬、猫和很多种温血动物身上，以血液为食，吸血时能引起（   ）。

    A. 脓疱   B. 神经症状

    C. 过敏，犬、猫强烈瘙痒   D. 出血变化

2)蚤病的主要症状的是（   ）。

    A. 剧烈瘙痒   B. 可见丘疹红斑   C. 皮屑和结痂   D. 神经症状

3)对于蚤的诊断，下面哪项正确？（   ）

    A. 在体表发现蚤的粪便即可确诊   B. 找到蚤的虫卵即可诊断

    C. 出血变化即可诊断   D. 剧烈瘙痒即可诊断

4)对于蚤的治疗，下面哪项不正确？（   ）

    A. 一定要进行环境消毒   B. 应用体外驱虫药

    C. 配合局部用药   D. 可用特比萘芬治疗

【相关知识】

蚤俗称跳蚤，寄生在犬、猫身上和很多种温血动物身上，以血液为食，吸血时能引起过敏，犬、猫强烈瘙痒。寄生在犬、猫身上的主要为犬蚤、猫蚤、鸡冠蚤等，虫体长1～3mm，深褐色或黄褐色。蚤成年后几乎都在犬、猫身上度过，卵产在地上，幼虫以粪便、灰垢或垫草中的有机物为食，成熟后依附于动物体，吸血引起病症。

图片：蚤过敏患猫肢末端脱毛、皮炎和结痂性疹

【症状】成虫在犬、猫身上叮咬、吸血、释放毒性唾液以及分泌排泄物，对皮肤刺激引起急性皮炎，而且会有剧烈的瘙痒。犬、猫强烈瘙痒不安，啃咬或搔抓，初期会有丘疹、红斑等出现，随病程延长出现脱毛、皮屑和结痂等。一般耳郭下、肩胛、臀部或腿部附近产生皮炎瘢。可以在毛的根部发现蚤的排泄物，煤焦油样的颗粒。

【诊断】在体表发现蚤的成虫或蚤的粪便即可确诊。

跳蚤的排泄物与黑色杂质的区别：用水融化后观察是否是血液即可。

【治疗】吡虫啉对病犬的成虫和环境中的成蚤和幼蚤有杀灭作用。对蚤引起的皮炎可在局部涂擦皮炎平或肤轻松软膏。任何药物对跳蚤卵无效，环境消毒很重要，使用环境杀虫药对环境进行消毒。

【预防】跳蚤繁殖能力很强，卵在环境中可存在数月，因此本病应以预防为主，每月1次体外驱虫药，可预防本病的发生。

(10)甲状腺功能减退症。

【引导问题】请回答下列单项或多项选择题，并详细解析。

1)甲状腺功能减退常见于（   ）的犬。

    A. 2～6岁   B. 4～8岁   C. 1～3岁   D. 5～7岁

2)甲状腺功能减退的主要症状的是（   ）。

    A. 脱毛   B. 嗜睡   C. 畏寒   D. 皮肤色素沉着

3）对于甲状腺功能减退的正确的诊断方法是（　　）。

A. 检测总 T4、游离 T4 和 TSH　　　　B. 无法诊断

C. 治疗性诊断　　　　　　　　　　　D. 甲状腺超声

4）对于甲状腺功能减退的治疗，下面哪项不正确？（　　）

A. 可应用左甲状腺素治疗　　　　　　B. 治疗 8 周未见症状改善，考虑其他疾病

C. 治疗 2 周脱毛明显改善　　　　　　D. 两周后，嗜睡沉郁改善

【相关知识】

甲状腺功能减退是由于甲状腺激素合成或分泌不足而导致机体全部细胞的活性与功能降低的疾病。临床上以代谢率下降、黏膜性水肿、嗜睡、畏寒、皮肤被毛异常为特征。本病常见于犬，猫偶有发生，常发生于 2～6 岁的中年犬。

图片：甲状腺功能减退模式图、脱毛和色素高度沉着、悲伤表情

【症状】犬早期症状是脱毛，典型的皮肤症状是皮肤常呈双侧对称性的非痒性脱毛，脱毛部位由躯体向头部和四肢并逐渐向全身发展。脱毛可能是局部，也可能是全身性的，可能对称的，也可能是非对称的。还可能只局限在尾部，出现标志性的"鼠尾"症状。嗜睡、耐力下降、畏寒、流产、不育、性欲减退、发情间期延长，运动强拘，体温低，伤口经久不愈，排粪迟滞，窦性心动过缓，心电图低电压。青年母犬异常乳溢和不孕。重症病例则皮肤色素过度沉着、皮肤增厚、体重增加，四肢感觉异常，面神经或前庭神经麻痹，精神兴奋，有攻击行为。

【诊断】依据基本症状可建立初步诊断，确诊应依据实验室检查。总甲状腺素（T4）：反应甲状腺功能主要指标，正常范围可排除甲减；T4 下降，不能判断是否有甲减；考虑问题：抑制甲状腺素分泌的药物，糖皮质激素、抗癫痫药、非甾体抗炎药、磺胺类。游离甲状腺素（fT4）：具有生理活性，反应更准确（90％），受外界因素影响小。促甲状腺激素（TSH）：25％假阴性，15％假阳性。诊断方法组合：T4 下降，fT4 下降，TSH 上升，确诊接近 100％。没有条件进行检查的情况下，可以用治疗性诊断。如果治疗后，临床症状消失后，左甲状腺素应逐渐停止给予，如果临床症状复发，可以证实是甲状腺功能减退，并继续用甲状腺素治疗。

【治疗】

1）左甲状腺素。初始剂量 0.02 mg/kg. BW（最大剂量为 0.8 mg），内服，12 h 1 次，控制较好后，每天 1 次。必须连续补充 6～8 周，治疗一周后，食欲有改善，两周后，嗜睡沉郁改善，2 月后，皮肤明显改善。连续用药 6～8 周后评价，症状改善，长期用药。如果治疗 8 周未见症状改善，必须怀疑甲状腺素治疗的问题，怀疑诊断正确性。错误的常有犬肾上腺皮脂功能亢进。

2）对症治疗。伴有肾上腺皮质功能减退者，须先实施类固醇激素替代疗法，后行甲状腺素疗法。一般治疗后 6 周内显效。伴有贫血者加用铁剂，叶酸，维生素 B_{12} 等制剂，伴有充血性心力衰竭，心律不齐及糖尿病，应逐渐增加用药剂量。

（11）肾上腺皮质功能亢进症。

【引导问题】请回答下列单项或多项选择题，并详细解析。

1）肾上腺皮质功能亢进是肾上腺皮质分泌过量的（　　）所引起的疾病。

A. 皮质激素　　　　B. 肾上腺素　　　　C. 地塞米松　　　　D. 雌激素

2)肾上腺皮质功能亢进分为（　　　）。

　A. 垂体依赖性　　　　B. 肾上腺皮质依赖性　C. 激素性　　　　　　D. 医源性

3)关于肾上腺皮质功能亢进症状，下面哪项正确？（　　　）

　A. 多饮多尿　　　　　B. 对称性脱毛　　　　C. 腹部膨大　　　　　D. 皮肤色素沉着

4)对于肾上腺皮质功能亢进的治疗药物正确的是（　　　）。

　A. 肾上腺素　　　　　B. 曲洛司坦　　　　　C. 地塞米松　　　　　D. 泼尼松

【相关知识】

　　本病是由于肾上腺皮质分泌过量的皮质激素（主要是皮质醇）所引起的疾病，也叫库兴氏综合征。一般发生于 6 岁或 6 岁以上的犬（平均为 10 岁），无明显性别倾向，贵宾、腊肠、比格、德牧、拉布拉多常见。本病分为垂体依赖性、肾上腺皮质依赖性和医源性。猫也有发病。

图片：库兴氏综合征皮肤变化模式图、脱毛和丘疹性皮炎、渐进性脱毛

动画：肾上腺皮质功能亢进症发生机理

【病因】

　　1)垂体依赖性肾上腺皮质功能亢进（PDH），发生于垂体肿瘤，是自发性肾上腺皮质功能亢进最常见的原因，占 80%～85%，更倾向发生于小型犬。PDH 犬最主要的异常是过度分泌促肾上腺皮质激素（ACTH），引起双侧肾上腺皮质增生并分泌过量的可的松，生理激素的糖皮质激素对 ACTH 分泌正常的负反馈机制消失，因此仍持续存在过量的 ACTH 分泌。

　　2)肾上腺皮质依赖性，发生于肾上腺皮质肿瘤（AT），占犬自发性肾上腺皮质功能亢进的 15%～20%，更倾向发生于大型犬。常见单侧肾上腺皮质肿瘤，双侧肾上腺皮质肿瘤可发生于犬，但比较罕见。

　　3)医源性肾上腺皮质功能亢进。该病是由于过量使用糖皮质激素控制疾病所致，使用含糖皮质激素的眼、耳或皮肤药物时也可引起发病，尤其是长期用于小型犬。长期使用过量糖皮质激素会抑制下丘脑分泌促肾上腺皮质激素释放激素（CRH）并降低循环血浆 ACTH 浓度，引起双侧肾上腺皮质萎缩。

　　【症状】常表现肾上腺糖皮质激素过多的症状，亦可兼有盐皮质激素和性腺激素过多的症状。患病犬表现多尿，继发性多饮，食欲增强，肝肿大，腹肌无力，腹围膨大且下垂。无瘙痒性的两侧对称性脱毛。皮肤色素过度沉着、皮肤变薄、肌肉萎缩，震颤。

　　【诊断】根据多尿、多饮、垂腹与两侧性脱毛等征候群可初步诊断，确诊和确定病因需要进行垂体—肾上腺皮质轴特异的诊断试验。

　　1)ACTH 刺激试验是检查医源性肾上腺皮质功能亢进的理想试验，诊断库兴准确性约为 80%，可以作为治疗的监测，但是不能鉴别 PHD 和 AT。

　　2)低剂量地塞米松抑制试验（LDDS）可作为确诊库兴的首选试验，准确性约为 85%，可以初步鉴别 PHD 和 AT。正常犬中，静脉注射小剂量地塞米松可抑制垂体分泌 ACTH，引起循环可的松浓度长时间下降（可达 24 h），PHD 患犬的垂体异常会一定程度抵抗地塞米松的负反馈作用，同时地塞米松的代谢清除作用也可能异常加快。小剂量地塞米松用于 PHD 犬时会很快引起血浆的可的松浓度不同程度的下降，而 AT 的犬不受地塞米松剂量的影响。

　　3)高剂量地塞米松抑制试验（HDDS）。约 75% 的 PHD 患犬会表现出抑制作用，只有腹部超声和 IDDS 试验无法确诊 PDH 时，才进行 HDDS 试验。

【治疗】临床治疗通常选择曲洛司坦，抑制可的松生成的作用。曲洛司坦一般分为 60 和 120 mg 的胶囊，体重为 5～20 kg、20～40 kg 和 40～60 kg 犬的分别推荐剂量为 60 mg、120 mg 和 240 mg，每天 1 次，口服。研究表明曲洛司坦可长期(＞1 年)有效地控制肾上腺皮质亢进犬的临床症状。

(12)肾上腺皮质功能减退症。

【引导问题】请回答下列单项或多项选择题，并详细解析。

1)肾上腺皮质功能减退是由于(　　)分泌不足所引起。

A. 肾上腺皮质激素　　B. 肾上腺素　　　　　　C. 地塞米松　　　　　D. 利尿激素

2)肾上腺皮质功能减退可出现下面哪些症状？(　　)

A. 周期性呕吐腹泻　　B. 肌肉无力　　　　　　C. 血压下降　　　　　D. 低血糖

3)肾上腺皮质功能减退(阿狄森氏病)确定诊断除临床表现外，可主要依靠(　　)。

A. X 射线　　　　　　B. 超声　　　　　　　　C. ACTH 刺激试验　　D. 心电

4)对于肾上腺皮质功能减退的维持治疗药物正确的是(　　)。

A. 促肾上腺皮质激素　B. 醋酸氟氢考的松片　C. 肾上腺素注射　　　D. 曲洛司坦

【相关知识】

肾上腺皮质功能减退是由于肾上腺皮质激素分泌不足所引起，常分为原发性和继发性两种。原发性肾上腺皮质功能减退又称阿狄森氏病，多见于特发性肾上腺皮质萎缩，主要是自身免疫的结果。继发性皮质功能减退症，是指因垂体促肾上腺皮质激素(ACTH)而导致糖皮质激素缺乏或长期应用皮质类固醇，抑制垂体—肾上腺体系或垂体功能减弱等。

图片：肾上腺皮质功能减退犬侧位胸廓片、心电图

【症状】急性型表现为低血容量性休克症候群，若治疗不及时则很快死亡。慢性型主要表现为精神沉郁，食欲不振，肌肉无力，周期性呕吐、便秘、腹痛、腹泻，体重减轻，脱水，晕厥，兴奋不安，血压下降，呈现低血糖的症候。

【诊断】根据皮肤黏膜色素沉着等典型临床症状可初步诊断。诊断过程中，钠钾比非常重要，经常表现低钠高钾的变化，钠钾比可反映电解质浓度的变化，常用作诊断肾上腺皮质功能减退的诊断工具。钠钾比正常为(27～40)∶1。在原发性肾上腺皮质功能减退时比值常低于 27，且可能低于 20。但钠钾正常也不能排除肾上腺皮质功能减退症。确诊此病需要通过 ACTH 刺激试验，ACTH 刺激后血浆可的松浓度＜2μg/dL，确诊肾上腺皮质功能减退。ACTH 刺激后血浆可的松浓度正常，即＞5μg/dL，可排除肾上腺皮质功能减退。测定血中 ACTH 增加，方可确诊。ACTH 刺激后血浆可的松浓度介于 2～5μg/dL 间无决定意义。刺激试验不能鉴别原发性肾上腺皮质功能减退和垂体衰竭引起的继发性肾上腺皮质功能减退以及继发于长期使用皮质类固醇引起的原发性肾上腺皮质功能减退。

【治疗】对于急性病例先纠正脱水电解质不平衡和酸中毒，可静注生理盐水、琥珀酸钠脱氢皮质醇和碳酸氢钠，还要给予长期维持的治疗。用葡萄糖生理盐水增加血糖浓度。当病情稳定时，可每天口服醋酸氟氢考的松片，但不宜间断给药，长期使用。

(13)犬雌激素过剩症。

【引导问题】请回答下列单项或多项选择题，并详细解析。

1)关于犬雌激素过剩症正确的是( )。

A. 公、母犬均可发生 　　　　　　　　B. 母犬发病率高于公犬

C. 仅发生于母犬 　　　　　　　　　　D. 仅发生于公犬

2)犬雌激素过剩症可出现下面哪些症状?( )

A. 皮肤左右对称性脱毛 　　　　　　　B. 皮肤色素沉着

C. 母犬表现发情样征候 　　　　　　　D. 腹围增大皮肤变薄

3)对于犬雌激素过剩症的治疗正确的是( )。

A. 摘除卵巢、子宫 　　　　　　　　　B. 给予甲状腺素,促进被毛生长

C. 肾上腺素注射 　　　　　　　　　　D. 曲洛司坦

【相关知识】

犬雌激素过剩症在公、母犬均可发生,母犬表现为卵巢功能不均衡 I 型,公犬表现为雌性化综合征。母犬发病率高于公犬。

【症状】病犬多数为母犬,年龄5~8岁,全身瘙痒,皮肤左右对称性脱毛,脱毛部分有时可波及至全身,只剩头部和四肢末端变化不大。皮肤色素沉着,呈脂溢性皮炎。临床表现有发情样征候,外阴部肿胀,阴道流出分泌物,乳房变大,有时从乳头流出一些奶水样的液体。还有些犬表现多饮多尿,继发感染时还可引起子宫蓄脓症。公犬性欲减退、交配无力、乳房和乳头雌性化肿大。有的公犬分泌乳汁。

图片:雌激素过剩症脱毛、色素沉着

【诊断】根据有发情样症候的内分泌性皮肤病多怀疑本病。确诊还需进行直接测定血清中性激素水平。

【治疗】摘除卵巢、子宫。给予甲状腺素,促进被毛生长。丙酸睾丸酮0.5 mg/kg.BW,5 d注射1次,具有抗雌激素的作用。

二、拓展阅读

学习党的二十大精神　　　　　　　　宠物健康的潜在危害,人畜共患病不容小觑!

●●●● 作业单

学习情境 8	表现表被状态异常宠物病防治
作业完成方式	以学习小组为单位，课余时间独立完成，在规定时间内提交作业。
作业题 1	说出脓肿、血肿、淋巴外渗的鉴别诊断要点。
作业解答	请另附页。
作业题 2	叙述脓皮病、皮肤癣菌病、螨病的实验室诊断方法。
作业解答	请另附页。
作业题 3	案例介绍：泰迪犬，2 岁，主诉最近几天身上非常痒，不停抓挠，已经出现皮肤破损和结痂，和该犬经常玩的犬得了疥螨。 　　作业要求：根据病例的发病情况、症状及病变，提出初步诊断意见和确诊的方法，并按你的诊断结果提出治疗方案，给出该病的预防方法。
作业解答	请另附页。

作业评价	班级		第　　组	组长签字	
	学号		姓名		
	教师签字		教师评分		日期	
	评语：				

●●●● 学习反馈单

学习情境 8	表现表被状态异常宠物病防治
评价内容	评价方式及标准。
知识目标达成度	评价方式：学生自我评价。 　　评价标准：能说出表现表被状态异常宠物病的基本特征、发生发展规律、诊断与治疗方法。
技能目标达成度	评价方式：学生自我评价。 　　评价标准：会分析表现表被状态异常宠物病案例，对临床病例，能搜集症状、分析症状、建立诊断，确定防治方案。
素养目标达成度	评价方式：学生自我评价。 　　评价标准：能够关爱宠物，具有团结合作和严谨认真的意识，具有独立思考、爱岗敬业、安全工作的态度。
反馈及改进	
针对学习目标达成情况，提出改进建议和意见。	

学习情境 9

表现眼部异常宠物病防治

●●●●● 学习任务单

学习情境 9	表现眼部异常宠物病防治	学　时	4
布置任务			
学习目标	【知识目标】 1. 了解表现眼部异常宠物病的基本特征。 2. 理解表现眼部异常宠物病的发生、发展规律。 3. 掌握表现眼部异常宠物病的诊断与防治方法。 【技能目标】 1. 能分析临床案例，获得临床诊治疾病的经验。 2. 对临床病例，能搜集症状、分析症状、建立诊断，确定防治方案。 【素养目标】 1. 通过宠物病基本特征的学习，激发学生关爱生命的使命感。 2. 通过案例分析，培养学生团结合作和严谨认真的意识。 3. 通过临床病例诊疗与分析，培养学生独立思考、爱岗敬业、安全工作的态度。		
任务描述	对临床实践中表现眼部异常的患病宠物进行检查，分析症状，作出诊断，制定并实施治疗方案，提出预防措施。具体任务如下。 1. 运用病史调查、临床症状检查等方法，搜集症状、资料，通过论证分析及类症鉴别等方法，建立初步诊断。 2. 依据初步诊断结果，进行必要的实验室检验及特殊检查，并根据检验、检查结果，作出更确切的诊断。 3. 对诊断出的疾病予以合理治疗，并提出预防措施。		
提供资料	1. 信息单。 2. 教材。 3. 宠物疾病防治精品开放课程网站。		
对学生 要求	1. 按任务资讯单内容，认真准备资讯问题。 2. 按各项工作任务的具体要求，认真实施工作方案。 3. 以学习小组为单位，开展工作，提升团队协作能力。 4. 遵守工作场所的规章制度，注意个人防护与生物安全。		

●●●●● 任务资讯单

学习情境 9	表现眼部异常宠物病防治
资讯方式	阅读信息单及教材；进入本课程的精品课网站及相关网站，观看 PPT 课件、视频；到图书馆查询；向指导教师咨询。
资讯问题	1.1　犬、猫眼部解剖结构包括哪些？ 　　1.2　犬、猫眼睫毛生长有什么特点？ 　　1.3　以往学过的疾病中有哪些伴有眼睛异常表现？ 　　1.4　犬、猫眼虫病（吸吮线虫病）是如何发生的？患眼虫病的临床症状有哪些？如何进行诊断、防治？ 　　1.5　眼睑内翻是如何发生的？诊断要点有哪些？怎样进行治疗？ 　　1.6　眼睑外翻是如何发生的？诊断要点有哪些？怎样进行治疗？ 　　1.7　瞬膜腺突出是如何发生的？诊断要点有哪些？怎样进行治疗？ 　　1.8　眼球脱出是如何发生的？怎样进行治疗？ 　　1.9　白内障是如何发生的？诊断要点有哪些？怎样进行治疗？ 　　1.10　青光眼是如何发生的？诊断要点有哪些？怎样进行治疗？ 　　1.11　角膜炎有哪些临床表现？如何治疗？ 　　1.12　结膜炎有哪些临床表现？如何治疗？ 　　1.13　犬瘟热的临床特征有哪些？眼部临床变化如何？ 　　1.14　犬传染性肝炎临床特征有哪些？眼部临床变化如何？ 　　1.15　猫传染病中哪些有眼部异常表现？各自诊断要点有哪些？ 　　1.16　糖尿病的并发症中眼睛临床变化如何？ 　　1.17　归纳总结以眼睛异常为主症的宠物病的鉴别诊断。
资讯引导	1. 李玉冰，刘海 . 宠物疾病临床诊疗技术 . 北京：中国农业出版社，2017 　　2. 张磊，石冬梅 . 宠物内科病 . 北京：化学工业出版社，2016 　　3. 解秀梅 . 宠物传染病 . 北京：中国农业出版社，2021 　　4. 孙维平，王传锋 . 宠物寄生虫病 . 北京：中国农业出版社，2010 　　5. 李志 . 宠物疾病诊治 . 北京：中国农业出版社，2019 　　6. 韩博 . 犬猫疾病学，第 3 版 . 北京：中国农业大学出版社，2011 　　7. 谢富强 . 犬猫 X 线与 B 超诊断技术 . 沈阳：辽宁科学技术出版社，2006 　　8. 周桂兰，高得仪 . 犬猫疾病实验室检验与诊断手册，第 2 版 . 北京：中国农业出版社，2015 　　9. 宠物疾病精品资源开放课： 　　https://www.xueyinonline.com/detail/232532809

●●●●● **案例单**

学习情境9	表现眼部异常宠物病防治	案例训练学时	2
序号	案例内容	案例分析	

9.1	6月，一只英国斗牛犬因频繁流泪、眼睑红肿来宠物医院就诊。 病史调查：该英国斗牛犬，雄性，1岁，按时驱虫免疫。最近频繁流泪，眼睑发红，眼屎增多，有异味。 临床检查：该犬体重26 kg，体温、脉搏、呼吸无异常。可见患犬双侧眼睑红肿，上下眼睑缘向内翻转，睫毛持续摩擦眼球表面，且眼屎增多，眼周出现脓性分泌物，并伴有异味。 [任务]分析案例的病史、临床症状及实验室检查结果，建立初步诊断。给出本病的治疗原则与措施。	本案例的主要病史是频繁流泪，眼睑红肿，提示眼部异常为主症宠物疾病。临床检查的主要症状是双侧眼睑红肿，眼睑缘向内翻转，眼周出现脓性分泌物可提示该犬由于双侧眼睑内侧弯曲，睫毛、眼睑缘皮肤对眼球造成持续性刺激，出现流泪、分泌物增加等症状。所以本病可初步诊断为双侧上下眼睑内翻。 治疗方案为眼睑内翻矫正术。 1. 术前准备 对该患犬进行皮下注射硫酸阿托品1 mL等待15 min后，皮下注射舒泰50 10 mg/kg.BW，进行麻醉，确定生命体征正常后将患犬侧卧保定，眼部朝上。眼部用无菌生理盐水冲洗干净，患处剃毛，并用5%碘酊消毒，再用75%酒精脱碘。 2. 手术过程 手术采用改良Holtz-Celus成形术，首先于内翻眼睑缘3 mm处，用镊子提起右眼皮肤，并用弧形止血钳夹取皮肤，并适当调整夹取皮肤多少，夹取宽度依照内翻矫正程度进行调整，直到内眼睑完全被矫正为止。用力钳夹1 min，松开止血钳，用手术镊夹住褶皱皮肤，并用眼部手术剪迅速沿止血钳压痕将其多余部分剪除，切口呈月牙形，并注意止血。然后使用4号线从切口两侧向中间结节缝合皮肤，针距2 mm。使创缘紧密。 缝合完成后，将患犬翻身，对另一侧进行保定，按同样的方法进行矫正手术。术后10~14 d拆线。 3. 术后护理 患眼使用氯霉素眼药水点眼，每天3~4次，直到拆线，以缓解炎症反应。用注射头曲松钠等抗菌药物皮下注射，防止继发感染。另外，给犬戴项圈，防止抓挠，直至拆线，避免二次损伤。 一周后检查患犬创口愈合良好，进行拆线，内翻已完全矫正。

●●●● 工作任务单

学习情境 9	表现眼部异常宠物病防治
项目	表现眼部异常宠物病防治方法

11 月，一雪橇幼犬因眼部肿痛来宠物医院就诊。

任务 1　诊断

1. 临床诊断

【材料准备】棉签、秤、温度计、听诊器、保定工具等。

【工作过程】

(1)调查发病情况。通过询问、现场观察等，了解患病宠物发病时间、发病日龄及治疗情况；了解宠物的免疫接种和驱虫情况；综合分析，确定发生疾病的类型：普通眼科病、传染病、寄生虫病、营养代谢病等。

[发病情况]主诉：该犬 6 月龄，打过疫苗。1 月龄时曾用左旋咪唑驱过虫，以后没有再驱过虫。平时采食狗粮外还经常吃些生肉和生鸡蛋。主人在一个月前发现患犬眼睛流泪、眼眵多，经常用爪子抓挠眼部，精神状态和食欲均正常。近日食欲不佳。

[发病情况分析]请分析发病情况调查结果，确定发病特点，初步判定疾病的类别。

(2)临床检查。对病犬进行一般检查及各系统的检查。主要进行眼部检查，包括对眼睑、眼结膜、角膜、瞳孔等的检查。

[临床症状]该犬体重 5.7 kg，体温：38.7 ℃，心跳 100 次/min，呼吸 16 次/min。患犬两侧眼睛畏光、流泪，有大量脓性分泌物。眨眼频繁，频频用趾爪搔抓眼部，呈现痛痒，眼睑红肿。翻开该犬眼睑，左侧眼结膜红肿。等待一段时间后，看到大量白色半透明线形虫体游移于眼球表面，以棉签擦拭试图取出此虫时，虫体迅速缩回眼睑内。

[临床症状分析]请分析临床检查结果，确定主要症状，并结合发病情况分析，提出可疑疾病。

2. 实验室诊断

【材料准备】

器材：眼科镊子、甘油酒精、载玻片、盖玻片、显微镜。

【检查过程】

(1)2%利多卡因点眼 2～3 滴，按摩 5～10 s，麻醉状态下翻开上下眼睑用眼科镊子取出虫体。

(2)将虫体放在载玻片上，滴 1～2 滴甘油酒精(甘油 5 mL、70%酒精 95 mL)，盖上盖玻片，置显微镜下观察虫体形态。虫体乳白色，半透明，呈线状，长 1～2 cm，头尾稍细，有的虫体尾部卷曲，有长短交合刺各一根。除头尾两端外，全身体表有横纹皱褶。

3. 建立诊断

依据病史、临床症状及实验室检查结果，本病例可诊断为何病？

任务 2　治疗

你认为本病例的治疗原则与措施是什么？

任务 3　预防

你认为本病例中疾病的预防措施有哪些？

(工作任务参考答案见附录)

必备知识

一、必备的专业知识和技能

1. 表现眼部异常宠物病类症诊断

见图 9-1。

眼部异常

眼睑异常
- 眼睑缘向眼球方向卷曲、流泪、眼屎、频频眨眼 → 可能病因：眼睑内翻
- 睫毛向内生长、揉眼、羞明流泪、角膜混浊、结膜充血 → 可能病因：倒睫
- 眼睑缘向外翻转、结膜露出及充血、流泪、眼屎 → 可能病因：眼睑外翻
- 眼睑裂、眼睑缘增厚、周围脱毛和分泌物、结膜充血 → 可能病因：眼睑炎
- 眼角有流泪痕迹、泪管阻塞 → 可能病因：流泪症

结膜和瞬膜异常
- 内眼角出现红色肿物、逐渐增大、流泪 → 可能病因：瞬膜腺脱出
- 结膜充血、肿胀、眼眵、流泪 → 可能病因：结膜炎
  - 眼内可见虫体 → 可能病因：眼虫病
  - 犬：双相热、呼吸困难、腹泻、神经症状、硬脚垫 → 可能病因：犬瘟热
  - 猫：发热、角膜充血、口腔溃疡、喷嚏、流鼻涕、咳嗽 → 可能病因：猫传染性鼻气管炎、猫杯状病毒感染

眼球异常
- 眼球凸出、眼部疼痛、瞳孔散大和固定、视觉突然丧失 → 可能病因：青光眼
- 眼球脱出眼眶、不能自回、疼痛 → 可能病因：眼球脱出
- 晶状体混浊呈灰白色、视力障碍 → 可能病因：白内障
  - 多饮多尿、食欲亢进、消瘦 → 可能病因：糖尿病
- 角膜混浊、表面粗糙或部分缺损、角膜血管充血 → 可能病因：角膜炎
  - 眼内可见虫体 → 可能病因：眼虫病
  - 蓝白色角膜翳，前期有发热、流涕、呕吐、腹泻、牙龈出血点 → 可能病因：犬传染性肝炎
  - 咳嗽、呼吸困难、淋巴结肿大、胃肠炎 → 可能病因：组织胞浆菌病
  - 发热、进行性消瘦、眼前房混浊、虹膜炎、神经症状 → 可能病因：猫传染性腹膜炎（干型）
  - 猫：发热、结膜红肿、口腔溃疡、喷嚏、流鼻涕、咳嗽 → 可能病因：猫传染性鼻气管炎、猫杯状病毒感染

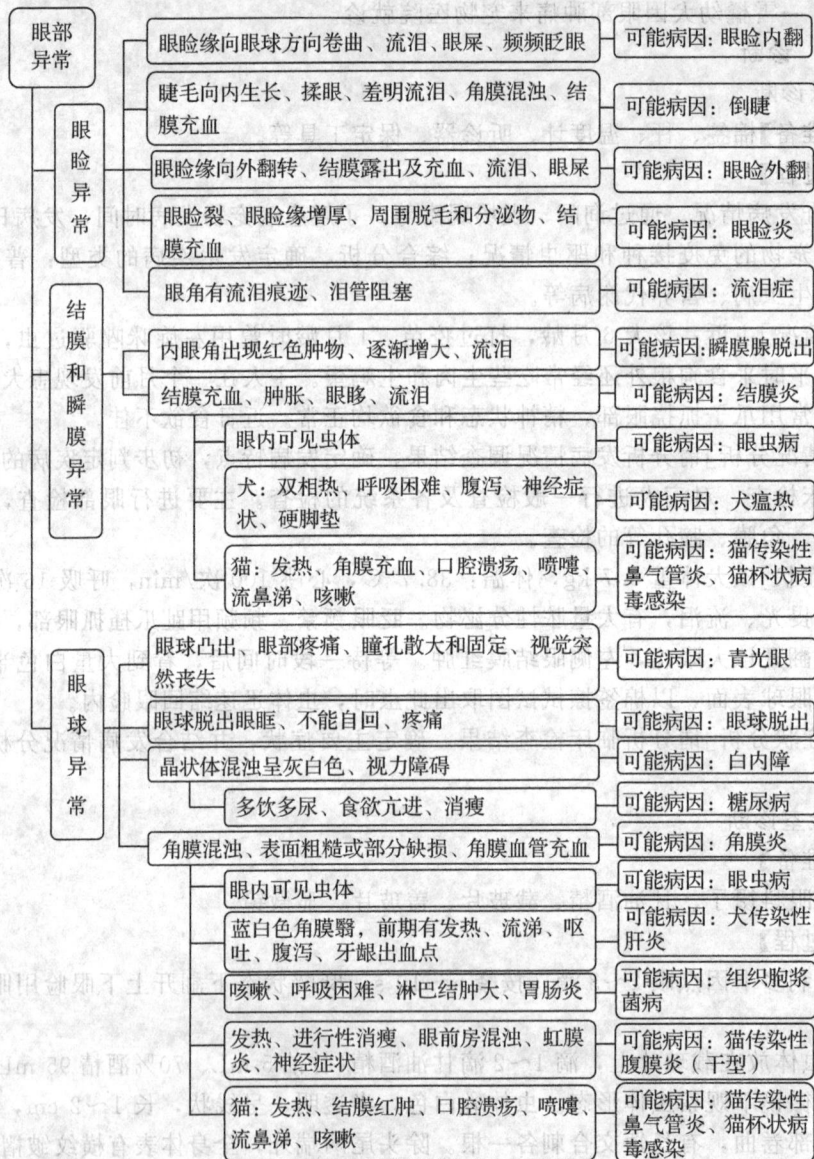

图 9-1　表现眼部异常宠物病类症诊断

2. 表现眼部异常宠物疾病

表现眼部异常宠物疾病主要有眼虫病、眼睑内翻、倒睫症、结膜炎、角膜炎、猫传染性腹膜炎（见学习情境 1）、犬传染性肝炎（见学习情境 2）、猫传染性鼻气管炎（见学习情境 2）。

(1)眼虫病。

【引导问题】请回答下列单项或多项选择题，并详细解析。

1)关于吸吮线虫的寄生位置，不正确的是(　　)。

A. 瞬膜囊　　　　　　　B. 结膜囊　　　　　C. 泪管　　　　　　　D. 小肠

2)犬眼虫病经(　　)感染。

A. 蝇类舐食犬猫眼分泌物传播　　　　　B. 蚊虫叮咬

C. 食入虫卵　　　　　　　　　　　　　D. 胎盘

3)下列不是犬眼虫病的特征症状的是(　　)。

A. 结膜炎　　　　　　　B. 角膜炎　　　　　C. 蓝白色角膜翳　　　D. 眼部奇痒

4)关于犬眼虫病的治疗措施不正确的是(　　)。

A. 左旋咪唑注射液点眼，取出虫体　　　　B. 2%利多卡因点眼麻醉，取出虫体

C. 伊维菌素常规皮下注射　　　　　　　　D. 氯霉素眼药水点眼治疗

【相关知识】

犬、猫眼虫病(吸吮线虫病)主要由丽嫩吸吮线虫寄生于犬、猫等瞬膜囊、结膜囊和泪管，引起结膜炎。因本虫多发现于亚洲地区，故又称东方眼虫。

图片：犬眼内吸吮线虫

【病原】丽嫩吸吮线虫虫体细长，在犬眼结膜囊内时呈淡红色，半透明，虫体为乳白色。体表除头尾两端外，均具有横纹。雄虫体长 7~11.5 mm，左右交合刺不等长。肛前乳突 8~12 对，肛后乳突 2~5 对。雌虫体长 7~17 mm。卵胎生。

虫卵近圆形，壳薄而透明，在子宫内的虫卵大小为(54~60)μm×(34~37)μm。在近阴门端的卵内已含盘曲的幼虫。卵壳逐渐变薄成为幼虫的鞘膜。产出的幼虫为(350~414)μm×(13~19)μm。

【生活史】成虫寄生于犬、猫的眼结膜囊及泪管内，亦可寄生于羊、兔子和人眼部。

雌虫在终末宿主结膜囊和瞬膜下产卵，卵迅速孵出第一期幼虫，浮游于眼分泌物和泪液中。蝇类在舐食眼分泌物时食入幼虫，幼虫在蝇体内 3 次蜕皮，约经 2~4 周发育为感染期幼虫。当蝇再舐食其他宿主眼分泌物时，感染期幼虫突破喙进入宿主眼结膜囊，逐渐发育成熟，雌雄成虫交配。幼犬从感染到成虫产卵需 35 d 左右，成虫寿命可达 2 年以上。

【流行特点】

1)感染来源。患病和带虫犬、猫。

2)感染途径。蝇类舐食犬、猫眼分泌物进行传播。

3)感染季节。在寒冷地区仅流行于夏秋两季，在温暖地区，吸吮线虫可整年流行，与蝇类的季节消长相吻合。

【症状】虫体可引起结膜炎、角膜炎。临床上可见眼结膜潮红、畏光、流泪和角膜混浊等症状。眼部奇痒，患病宠物表现极度不安，常将眼部在其他物体上摩擦，摇头，用前肢抓挠患眼。炎性过程加剧时，眼内有脓性分泌物流出，常将上下眼睑黏合。严重者可致角膜糜烂、溃疡、甚至穿孔，最后导致失明。当结膜因发炎而肿胀时，可使眼球完全被遮蔽。

【诊断】在眼内发现吸吮线虫即可确诊。虫体爬至眼球表面时，很容易被发现。或用手轻压眼眦部，然后用镊子把第三眼睑提起，查看有无活动虫体。

【治疗】

1）局部治疗。用5％盐酸左旋咪唑注射液1～2 mL，由病犬眼角徐徐滴入眼内，用手轻揉1～2 min，翻开上下眼睑，看到线虫游出眼球表面，用镊子夹灭菌湿纱布或棉球轻轻擦拭黏附其上的虫体。再用生理盐水冲洗患眼，用药棉拭干，涂布四环素或红霉素眼膏。也可使用2％利多卡因点眼2～3滴，按摩5～10 s，翻开上下眼睑在麻醉状态下取出眼内虫体，然后滴入含抗螨虫药的滴眼液，连用2～3 d，同时应用抗生素滴眼液预防继发感染。临床上可用伊维菌素稀释液局部滴眼，每2天1次，连用2～3次。

2）全身治疗。左旋咪唑8 mg/kg.BW，口服，每天1次，连用2 d；除了柯利牧羊犬等伊维菌素过敏犬外，可使用伊维菌素常规皮下注射。

【预防】在疫区每年初春季节，对全部犬猫进行预防性驱虫；并应根据当地气候情况，在蝇类大量出现之前，再对犬、猫进行一次普遍性驱虫，以减少病原体的传播。注意环境卫生，减少蝇类孳生。

（2）眼睑内翻症。

【引导问题】请回答下列单项或多项选择题，并详细解析。

1）眼睑内翻症多发生于面部皮肤皱褶、松弛的犬，包括（　　）。

A. 沙皮犬　　　　　B. 松狮犬　　　　　C. 英国斗牛犬　　　　　D. 圣伯纳犬

2）造成眼睑内翻的病因不包括（　　）。

A. 发育缺陷性眼睑内翻　　　　　B. 急性或疼痛性眼病

C. 烫伤、烧伤等造成的瘢痕收缩　　　　　D. 犬瘟热

3）下列不是犬眼睑内翻的特征症状的是（　　）。

A. 眼睑缘向眼球方向内卷曲　　　　　B. 眼结膜出现伪膜

C. 频频眨眼　　　　　D. 流泪

4）关于眼睑内翻手术治疗措施不正确的是（　　）。

A. 只需局部麻醉

B. 全身麻醉

C. 侧卧保定，患眼在上

D. 一般4～6月龄或面部特征已成熟时手术理想

【相关知识】

眼睑内翻是指眼睑缘向眼球方向内卷曲，睫毛刺激角膜和球结膜的异常状态，其结果可导致结膜和角膜的炎症、溃疡，甚至角膜穿孔。本病多发，尤其面部皮肤皱褶、松弛的犬易发，如沙皮犬、松狮犬等。多数犬6月龄之前发病，但有的到1岁后才发生。

图片：犬眼睑内翻、手术矫正术示意图

【病因】引起眼睑内翻的原因很多，可分为先天性、痉挛性和后天性三种。

1）先天性眼睑内翻。为发育缺陷性眼睑内翻，由品种和遗传引起。见于小眼球或睑板异常，轻型病例仅下眼睑缘外侧内翻，也有上眼睑或下眼睑部分乃至全部内翻，多见于沙皮犬、松狮犬、英国斗牛犬、圣伯纳犬和运动型犬等。

2）痉挛性眼睑内翻。见于某些急性或疼痛性眼病，如角膜擦伤、角膜溃疡、角膜炎、眼内异物、结膜炎、虹膜炎、倒睫及睫毛异生等继发眼轮匝肌痉挛而使眼睑内翻。本病常

发生于一侧眼睑。

3）后天性眼睑内翻。化学物质（酸、碱等）、烫伤、烧伤等的斑痕收缩，均可造成眼睑内翻。

【症状】眼睑缘向眼球方向内卷曲，常见一侧或两侧睑内翻，有的上、下眼睑均内翻。轻度眼睑内翻时，表现轻微不适、流泪。严重者，眼睑内翻过度，眼难睁开，频频眨眼、畏光、睑痉挛以及分泌物增加，进而发生严重结膜炎和角膜炎。病程长者，角膜血管增生、色素沉着及角膜溃疡等。因三叉神经受刺激，持续疼痛、患病宠物抓挠患眼，患眼损伤更严重。

【诊断】根据眼睑向内侧弯曲即可确诊。

【治疗】

1）痉挛性眼睑内翻。多数病因消除，其内翻有所好转。为减轻其对眼球的刺激，可安置软隐形镜片或临时做眼睑缝合，2～3 周拆除缝线。如无效，需施行眼睑内翻矫正术。

2）后天性眼睑内翻。可采用眼外眦固定术，缩短睑裂以矫正眼睑内翻。根据眼睑内翻矫正程度，在眼外眦上、下眼睑切开同等大小的皮瓣。上眼睑皮瓣切除掉，保留下眼睑皮瓣，并将其缝合至上眼睑皮肤缺损部。

3）先天性眼睑内翻。多数病例可施手术矫正术。一般在 4～6 月龄或面部特征已成熟时手术理想。沙皮犬可在 3 周龄先做眼睑临时缝合，以防止严重角膜病变，常用眼睑假缝合，即一侧眼睑做 3 针垂直褥状缝合，将内翻的眼睑外翻矫正，以后再做永久性手术矫正。眼睑内翻矫正术见图 9-2。

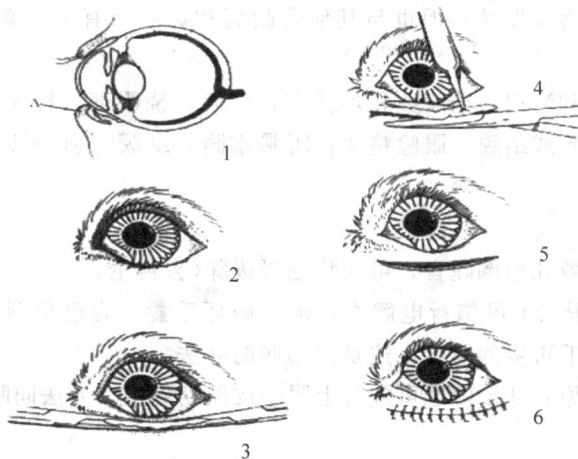

图 9-2　眼睑内翻矫正术

①麻醉与保定。全身麻醉或镇静剂配合局部麻醉。侧卧保定，患眼在上。

②术式。局部剃毛、消毒，常用改良霍尔茨－塞勒斯（Holtz－Celus）氏手术。距下眼睑缘 2～4 mm 用镊子镊起皮肤，并用一把或两把直止血钳钳住。夹持皮肤的多少，视内翻严重程度而定。用力钳夹皮肤 30 s 后松开止血钳。镊子提起皱起的皮肤，再用手术剪沿皮肤皱褶的基部将其剪除。切除后的皮肤创口呈半月形。最后用 4 号丝线结节缝合，闭合创口。缝合要紧密，针距为 2 mm。

③术后护理。一般术后前几天因肿胀，眼睑似乎矫正过度，以后则会恢复正常。术后

患眼用抗生素眼膏或抗生素眼药水，每天3～4次。颈部需戴颈圈，防止自我损伤病眼。术后10～14 d拆除缝线。

(3)倒睫症。

【引导问题】请回答下列单项或多项选择题，并详细解析。

1)关于倒睫的病因，说法不正确的是(　　)。

A. 多发生于英国可卡犬　　　　　　　B. 多发生于短头品种犬

C. 一般多为原发性　　　　　　　　　D. 一般多为继发性

2)倒睫症的临床表现不包括(　　)。

A. 眼睑痉挛　　　　　　　　　　　　B. 流泪

C. 出现第三眼睑增生　　　　　　　　D. 结膜炎和角膜炎

3)倒睫症可采取的治疗方法不包括(　　)。

A. 眼球摘除术　　　B. 电解毛囊　　　C. 倒睫手术　　　D. 拔除睫毛

4)关于倒睫症，说法不正确的是(　　)。

A. 猫无睫毛，故本病仅发生于犬　　　B. 可引起患犬失明

C. 患犬出现角膜浑浊　　　　　　　　D. 患犬出现畏光流泪

【相关知识】

倒睫指睫毛从正常毛囊长出，向内生长，接触角膜、结膜引起刺激性症状。正常睫毛是由眼睑缘向前向外生长，起保护眼球的作用。猫无睫毛，故本病仅发生于犬。倒睫症最常见于英国可卡犬及短头品种犬。

【病因】本病一般为原发性，但也与其他眼睑病和鼻皱褶有关，常累及上眼睑外侧。

图片：犬倒睫症

【症状】眼睑痉挛和流泪，结膜炎和角膜炎。患犬抓挠眼部，畏光流泪，不敢睁眼。睫毛向内倾倒，接触角膜或结膜，眼睑痉挛，闭眼难睁，结膜充血，甚至出现角膜混浊、角膜溃疡。

【治疗】

1)拔除睫毛。少数几根倒睫者，可用睫毛镊拔除(会再生长)。

2)电解毛囊。5根以上可施行电解术，永久破坏毛囊。为避免倒睫再生，可用电解法破坏毛囊，以减少睫毛再生的机会，这是最彻底的办法。

3)倒睫手术。对原发性倒睫也可施行上眼睑皮肤切除术。方法同眼睑内翻矫正术。

(4)结膜炎。

【引导问题】请回答下列单项或多项选择题，并详细解析。

1)结膜炎的发病原因包括(　　)。

A. 眼睑或结膜外伤　　　　　　　　　B. 犬瘟热

C. 过敏　　　　　　　　　　　　　　D. 日光的长期直射

2)结膜炎的临床表现不包括(　　)。

A. 畏光　　　　　　　　　　　　　　B. 结膜充血红肿流泪

C. 眼睑痉挛　　　　　　　　　　　　D. 眼睑内翻

3)结膜炎可采取的治疗方法不包括(　　)。

A. 除去病因　　　B. 遮避光线　　　C. 手术治疗　　　D. 清洗患眼

4)关于结膜炎的预防，说法正确的是(　　　)。

A. 应改善患犬的营养　　　　　　　　　　B. 增加维生素供给量

C. 积极治疗原发病　　　　　　　　　　　D. 减少或避免外界刺激

【相关知识】

结膜炎是指眼睑结膜和眼球结膜受外界刺激和感染而引起炎症时常见的一种眼病。临床上以畏光、流泪、结膜潮红、肿胀、疼痛和眼分泌物增多为特征。

图片：结
膜炎症状

【病因】结膜内含有丰富的毛细血管和感觉神经末梢，还含有大量能产生免疫力的淋巴组织，对来自体内或外界的刺激极其敏感。结膜炎不仅是结膜对外来刺激的一种反应，而且往往是全身疾病(如犬瘟热、猫病毒性鼻气管炎)的局部表现。常见的刺激有以下几种。

1)机械性因素。眼睑位置改变如眼睑内翻、睫毛异生等，眼睑或结膜外伤，或结膜囊内异物，如灰尘、草屑、被毛、昆虫等。

2)化学性因素。如石灰粉、熏烟，或给宠物洗澡或体表驱虫时，被毛清洁剂或驱虫剂误入眼内。

3)感染性因素。常见于多种传染病的经过中，如：犬瘟热、犬传染性肝炎、猫传染性鼻气管炎、猫杯状病毒感染、呼肠弧病毒、支原体、衣原体感染。

4)过敏性因素。临床上有极少数的犬会因注射疫苗或滴用某种眼药水，可能出现过敏性结膜炎；有的犬在吸入由空气传播的过敏原如花粉、芽孢等也可引起过敏性结膜炎。

5)光学性因素。眼睛遭受夏季日光的长期直射，或被紫外线或 X 射线照射等。

【症状】各型结膜炎的共同症状是畏光、流泪、结膜充血红肿、眼睑痉挛，有较多的渗出物和白细胞浸润。

1)卡他性结膜炎。临床上最常见的病型，结膜潮红、肿胀充血、流出浆液、黏液或黏液脓性分泌物，炎症严重时，眼睑肿胀、畏光，当炎症波及球结膜时，结膜潮红，水肿更明显，甚至突出外翻。慢性型结膜充血和水肿轻微，分泌物较少，随着病程延长，结膜可增厚。

2)化脓性结膜炎。多由化脓菌或病毒引起，除具有结膜炎共同症状外，其主要表现为眼内流出多量脓性分泌物，时间越久分泌物越浓稠，常常使上、下眼睑黏合在一起，化脓性结膜炎常常波及角膜而形成角膜溃疡。

3)滤泡性结膜炎。主要见于衣原体感染，也可见于其他因素引起的慢性结膜炎。由于长期受到刺激引起结膜淋巴细胞增生，在睑结膜和瞬膜表面出现多数小而圆、色泽苍白发亮的滤泡。同时伴有较多浆液性或黏液性分泌物。

4)伪膜性结膜炎。主要见于猫支原体和衣原体感染。在结膜和瞬膜表面经常覆盖一层由炎性细胞、纤维蛋白和黏液构成的灰白色不透明薄膜，称为伪膜。伪膜易于剥离，剥离后的结膜有轻度出血现象。

【治疗】

1)除去病因。若是症候性结膜炎，则应以治疗原发病为主。

2)遮避光线。将犬放到光线较暗处或包扎眼绷带；当分泌物多时，不宜用眼绷带。

3)清洗患眼。用 3% 硼酸、1% 明矾溶液或生理盐水清洗患眼。

4）对症治疗。

①急性卡他性结膜炎。结膜充血、肿胀明显时，可用冷敷疗法，分泌物变为黏液并增多时，改用热敷。选用广谱抗生素眼药水点眼，配合应用醋酸氢化可的松眼药水效果更好。晚间可使用眼药膏。若分泌物已减少或趋于吸收过程时，可用收敛药，如 0.5%～2% 硫酸锌溶液，每天 2～3 次。

②急性结膜炎。可用 0.5% 盐酸普鲁卡因注射液 2～3 mL 溶解氨苄青霉素 5 万～10 万IU，加入地塞米松磷酸钠 2 mg，做眼睑皮下注射，上下眼睑皮下各注射 0.5～1 mL，也可做球结膜注射。

③慢性结膜炎。治疗以刺激、温敷为主。局部可用较浓的硫酸锌或硝酸银棒轻擦上下眼睑，擦后立即用硼酸水冲洗，然后再进行温敷。也可用 2% 黄降汞眼膏涂于结膜囊内。

某些病例可能与机体的全身营养失调或维生素缺乏有关，因此，应改善患犬的营养，并增加维生素供给量。

（5）角膜炎。

【引导问题】请回答下列单项或多项选择题，并详细解析。

1）角膜炎的病因包括（　　　）。

A. 外伤　　　　　　B. 有毒气体　　　　　C. 眼虫病　　　　　D. 细菌感染

2）下列哪个症状不是角膜炎的主要症状（　　　）。

A. 畏光　　　　　　B. 流泪　　　　　　　C. 角膜混浊　　　　D. 倒睫

3）角膜炎的治疗原则包括（　　　）。

A. 除去病因　　　　B. 消炎止痛　　　　　C. 促进吸收　　　　D. 预防感染

4）下列关于角膜炎，说法不正确的是（　　　）。

A. 角膜炎最好的治疗方法是采取手术治疗

B. 严重的可发生角膜穿孔

C. 犬传染性肝炎恢复期出现的"蓝眼病"即为角膜翳

D. 可出现角膜混浊或角膜翳

【相关知识】

角膜炎是指角膜因受微生物、外伤、化学及物理性因素影响而发生的炎症，为犬、猫常见眼病。临床上以畏光、流泪、眼睑疼挛、结膜水肿、充血、角膜混浊、角膜新生血管和角膜溃疡等为特征。

【病因】多由于外伤（尖锐物体的刺伤、宠物间的打斗等）或异物误入眼内引起，或睑内翻、睑外翻、睫毛异常生长等引起。化学性损伤如有毒气体、用药不当均可引起发病。角膜暴露、细菌感染、营养障碍、继发于结膜炎等邻近组织病变等均可诱发本病。此外，在某些传染病、寄生虫病如传染性肝炎、犬瘟热、眼虫病等也可继发本病。眼眶窝浅、眼球比较突出的犬发病率较高。

图片：角膜炎、角膜溃疡、肉芽肿样增生

【症状】畏光、流泪、疼痛、眼睑闭合、角膜混浊、角膜损伤或溃疡，严重的可发生角膜穿孔。各种角膜炎共有症状是角膜面上形成不透明的白色瘢痕即角膜混浊或角膜翳。角膜混浊是角膜水肿和细胞浸润的结果（如多形核白细胞、单核细胞和淋巴细胞等），致使角膜表层或深层变暗而浑浊。浑浊可为局限性或弥漫性，也有呈乳白色和橙黄色的。新的角

膜混浊有炎症症状，界限不明显，表面粗糙隆起。陈旧的角膜混浊没有炎症症状，境界明显。深层浑浊时，由侧面视诊，可见到在浑浊的表面被有薄透明层；浅层浑浊则见不到薄透明层，多呈蓝色云雾状。犬传染性肝炎恢复期，常见单侧性间质性角膜炎和水肿，呈蓝白色，有角膜翳。

【治疗】本病的治疗原则是除去病因，消炎止痛，促进吸收，预防感染。

1)消除炎症，首先用 3％硼酸溶液或灭菌生理盐水冲洗患眼，除去异物和分泌物。然后于结膜囊滴入抗生素眼药水(或眼膏)，防止虹膜粘连，可用 0.5％～1％硫酸阿托品滴眼，每天 2 次，并用泼尼松龙新霉素、1％氯霉素、5％碘仿、5％碘化钾等涂于眼内。

2)为消退新生血管和控制角膜混浊，促进角膜混浊的吸收，可用 0.5％醋酸可的松溶液点眼，也可用青霉素 20 万 IU、0.5％普鲁卡因溶液、地塞米松 5.0 mg 混合液注射于患眼眶上方的凹陷处，并斜向后内下方刺入 2～3 cm。干性角膜炎用灭菌乳 0.5～1 mL，同时口服维生素 A、B 族维生素、维生素 C、维生素 D。

3)角膜穿孔时，严密消毒，防止感染。对于直径小于 2～3 mm 的角膜破裂，可用眼科无损伤缝针和可吸收缝线进行缝合。

4)中药治疗。中成药如拔云散、决明散、明目散等对慢性角膜炎有一定疗效。

二、拓展阅读

学习党的二十大精神　　　　　中国畜牧兽医教育的先驱——盛彤笙院士

●●●●● **作业单**

学习情境 9	表现眼部异常宠物病防治
作业完成方式	以学习小组为单位，课余时间独立完成，在规定时间内提交作业。
作业题 1	表现眼部异常宠物病的鉴别诊断。
作业解答	请另附页。
作业题 2	案例介绍：主诉：该犬 6 岁，在 5 岁半时开始发病：流眼泪，经常用爪搔挠眼部，逐渐从眼角内开始出现小肉芽状肿胀物，突出于眼角，呈粉红色。起初仅为左眼发病，后右侧继发发病。临床检查：病犬眼部肉芽状肿胀物已增大到豌豆大小，颜色为紫红色。结膜潮红，患犬消瘦、毛乱无光、精神沉郁。 作业要求：根据病例的发病情况、症状及病变，提出初步诊断意见和确诊的方法，并按你的诊断结果提出治疗方案。写出对该病的防治方法？
作业解答	请另附页。

作业题3	案例介绍：5月10日，一松狮犬来院就诊。主诉：该犬3岁，一周前双眼睁不开，行走撞墙，食欲不振。临床检查：双侧眼睑内翻。 　作业要求：根据病例的发病情况、症状及病变，提出初步诊断意见和确诊的方法，并按你的诊断结果提出治疗方案。写出对该病的防治方法？			
作业解答	请另附页。			
作业评价	班级		第　　　组	组长签字	
	学号		姓名		
	教师签字		教师评分		日期	
	评语：				

●●●● 学习反馈单

学习情境9	表现眼部异常宠物病的防治
评价内容	评价方式及标准。
知识目标达成度	评价方式：学生自我评价。 评价标准：能说出表现眼部异常宠物病的基本特征、发生发展规律、诊断与治疗方法。
技能目标达成度	评价方式：学生自我评价。 评价标准：会分析表现眼部异常宠物病案例，对临床病例，能搜集症状、分析症状、建立诊断，确定防治方案。
素养目标达成度	评价方式：学生自我评价。 评价标准：能够关爱宠物，具有团结合作和严谨认真的意识，具有独立思考、爱岗敬业、安全工作的态度。
反馈及改进	
针对学习目标达成情况，提出改进建议和意见。	

课程量化评价单

纸笔考试各学习情境配分表

教材内容 （考试范围）	学习 情境1	学习 情境2	学习 情境3	学习 情境4	学习 情境5	学习 情境6	学习 情境7	学习 情境8	学习 情境9	合计
教学时间（课时）	20	14	10	8	10	6	8	10	4	90
占分比例 理想	22.2%	15.6%	11.1%	8.9%	11.1%	6.7%	8.9%	11.1%	4.4%	100%
占分比例 实际	22%	16%	11%	9%	11%	7%	9%	11%	4%	100%

纸笔考试双向细目表

教学目标		1.0 记忆		2.0 理解		3.0 运用		4.0 分析		5.0 评价		6.0 创造		合计	
教材内容	试题形式	配分	题数	配分	题数	配分	题数	配分	题数	配分	题数	配分	题数	配分	题数
学习情境1	判断题							1	1					1	1
	选择题	2	1			2	1	2	1					6	3
	简答题	5	1											5	1
	叙述题														
	综合题											10	1	10	1
	小计	7	2			2	1	3	2			10	1	22	6
学习情境2	判断题	1	1			1	1							2	2
	选择题	2	1	2	1									4	2
	简答题														
	叙述题							10	1					10	1
	综合题														
	小计	3	2	2	1	1	1	10	1					16	5
学习情境3	判断题	1	1	1	1									2	2
	选择题	2	1			2	1							4	2
	简答题			5	1									5	1
	叙述题														
	综合题														
	小计	3	2	6	2	2	1							11	5

续表

教学目标		1.0 记忆		2.0 理解		3.0 运用		4.0 分析		5.0 评价		6.0 创造		合计	
教材内容	试题形式	配分	题数	配分	题数	配分	题数	配分	题数	配分	题数	配分	题数	配分	题数
学习情境4	判断题	1	1	1	1									2	2
	选择题	2	1											2	1
	简答题			5	1									5	1
	叙述题														
	综合题														
	小计	3	2	6	2									9	4
学习情境5	判断题														
	选择题	2	1			2	1	2	1					6	3
	简答题	5	1											5	1
	叙述题														
	综合题														
	小计	7	2			2	1	2	1					11	4
学习情境6	判断题	1	1	1	1									2	2
	选择题														
	简答题	5	1											5	1
	叙述题														
	综合题														
	小计	6	2	1	1									7	3
学习情境7	判断题			1	1									1	1
	选择题	2	1	2	1	2	1	2	1					8	4
	简答题														
	叙述题														
	综合题														
	小计	2	1	3	2	2	1	2	1					9	5
学习情境8	判断题														
	选择题	2	1			2	1	2	1					6	3
	简答题			5	1									5	1
	叙述题														
	综合题														
	小计	2	1	5	1	2	1	2	1					11	4

续表

教学目标		1.0 记忆		2.0 理解		3.0 运用		4.0 分析		5.0 评价		6.0 创造		合计	
教材内容	试题形式	配分	题数	配分	题数	配分	题数	配分	题数	配分	题数	配分	题数	配分	题数
学习情境9	判断题														
	选择题	2	1	2	1									4	2
	简答题														
	叙述题														
	综合题														
	小计	2	1	2	1									4	2
配分合计	判断题	4	4	4	4	1	1	1	1					10	10
	选择题	16	8	6	3	10	5	8	4					40	20
	简答题	15	3	15	3									30	6
	叙述题							10	1					10	1
	综合题											10	1	10	1
	合计	35	15	25	10	11	6	19	6			10	1	100	38

注：1. 试题形式指填空题、选择题、判断题、简答题、计算题、分析题、综合应用等形式；

2. 试卷结构应包含主观题和客观题，具体题型由制定人确定，题型不得少于4种；

3. 每项配分值为本项所含小题分数的和；

4. 本表各项目视教学目的、实际教学及命题需要可进行适当调整。

附　录

附录1　表现消化系统症状宠物病防治参考答案

【工作任务参考答案】

项目1　表现流涎宠物病防治

任务1　诊断

1. 临床诊断

附表1-1　发病情况分析

发病特点	分析结论
①争食鸡骨后，突然发病。 ②流涎。 ③频频吞咽、干呕。	提示流涎伴有吞咽障碍类疾病，可能是由鸡骨引起的咽或食道的疾病。

附表1-2　临床症状分析

主要症状	提示疾病
①流涎。 ②频频吞咽，干呕。 ③口、咽检查未见异常。	提示食道阻塞，也可能存在食道肿瘤或食道炎。

附表1-3　鉴别诊断

可疑疾病	鉴别要点	鉴别结论
食道炎	原发性食道炎在争食鸡骨前一般就会有食欲减退或呕吐的症状，与病例表现不符。	排除
食道肿瘤	会有较长时间发展过程，在本次发病前会表现出吞咽障碍等症状，与病例表现不符。	排除
食道阻塞	主要症状采食中突然发病、流涎、干呕、频做吞咽动作，均出现于病例症状中。	不排除

2. X射线诊断

在心基的后方发现一个呈不规则形较大的高密度阴影。

3. 建立诊断

本病诊断为因鸡骨引起的心基后方食道阻塞。

任务2　治疗

由于阻塞物太大，用内窥镜无法取出，决定采取手术方法。

【材料准备】

(1)手术器械：胃管1个、手术刀2把、手术剪3把(直1把、弯1把、腹膜剪1把)、手术镊2把(有齿镊1把、无齿镊1把)、血管钳8把(直2把、弯6把)、钳式持针器2把

(16 cm1 把、12 cm1 把)、巾钳 4 把、缝合针 8 枚（△1/2　12×17　3 枚，○1/2　12×17 3 枚，○1/2　7×17　2 枚)7# 缝合丝线 1 轴，10# 缝合丝线 1 轴，12# 缝合丝线 1 轴，吸水纸 5 张，隔离创巾 2 个，废物桶一个，高压灭菌器一个，多功能插座一个等。

(2)药品及敷料：2%碘酊棉球、75%酒精棉球、0.1%新洁尔灭 1 瓶、止血纱布 5 包(10 块/包)、生理盐水 6 瓶(500 mL/瓶)、160 万 IU 青霉素 6 支、100 万 IU 双氢链霉素 6 支，5%葡萄糖注射液 500 mL，25%维生素 C 20 mL，ATP 40 mg 辅酶 A 100 IU 维生素 B_6 2 mL 50%葡萄糖 10 mL、复方氯化钠 500 mL。

【工作过程】

(1)手术前的准备如下。

①手术室及手术床用清水刷洗，然后用 3%来苏儿喷洒消毒，再用清水冲洗。

②手术器械及敷料高压蒸汽灭菌。

③患病宠物的准备：全身用舒泰肌注 30 mg 全身麻醉→仰卧保定在手术床上，插入胃导管→术部剪毛、剃毛、用温肥皂水彻底清洗用无菌纱布擦干→用 2%碘酊棉球由术野中心向外周的方向涂擦 2 遍，间隔 2 min，再用 75%酒精棉球涂擦脱碘→用 0.5%盐酸普鲁卡因术部直线形浸润麻醉→创巾隔离。

④外科手术人员手臂的准备与消毒：指甲剪短磨光，有倒钑刺的要拔除，有新鲜创的要包扎，有化脓创的不能参加手术。

(2)手术过程如下。剑状软骨后方至脐部的连线→皱襞切开皮肤及皮下组织约 10 cm，暴露腹直肌及筋膜，注意止血→皱襞切开筋膜暴露腹膜，注意止血→用手术刀把腹膜戳一小孔，用腹膜剪在有钩探针的引导下剪开腹膜暴露大网膜、胃大弯和脾→在胃与腹壁切口之间垫上大块温生理盐水纱布将胃与腹壁切口隔离→沿胃大弯与小弯之间血管较少的部位切口，先在预定切口两端做牵引线，然后再切开胃壁 3 cm，止血→胃管顶住异物，用长镊子从贲门伸入食管基部，缓缓地取出鸡骨→温生理盐水冲洗胃壁切口后，用可吸收缝合线以螺旋缝合法全层缝合胃壁→用温生理盐水溶解 160 万 IU/支青霉素 2 支后彻底冲洗胃壁后再用可吸收纵缝合线，库兴氏缝合胃壁浆肌层→用温生理盐水溶解 160 万 IU/支青霉素 2 支后彻底冲洗腹腔→清点敷料、器械，用 10# 丝线依次螺旋缝合腹膜、筋膜，每缝合一层用生理盐水冲洗，撒布青霉素粉→结节缝合皮肤，用生理盐水冲洗后涂擦碘酊→用无菌纱布打上结系绷带。

(3)术后护理如下。

1)术后护理处方。

①ATP 40 mg，辅酶 A 100 IU，维生素 B_6 4 mL，50%葡萄糖 10 mL，5%葡萄糖 250 mL。用法：混合后一次静注，每天 1 次，连用 5 d。

②复合氨基酸 250 mL。用法：一次静注，每天 1 次，连用 5 d。

③青霉素 320 万 IU，地塞米松 5 mg，生理盐水 50 mL。用法：混合后一次腹腔注射，每天 1 次，连用 3 d；然后改为静注，每天 1 次，连用 2 d。

2)单独放在通风良好、温暖、光照充足的厩舍内。

3)术后 3 d 禁食、禁水，3 d 后逐渐增量喂以易消化的粥样的食物。

4)每天用 2%碘酊棉球涂擦术部。

5)防止雨淋、灰尘、蚊蝇、自己和其他动物抓挠和啃咬。

6)根据伤口愈合情况，7～10 d 拆除皮肤缝合线。

病犬经治疗 6 d 后，已经饮食基本恢复正常。

任务3 预防

饲喂时要定时定量，不能让宠物过度饥饿。应在其他食品吃完之后再喂给骨头。训练中要防止犬误食异物。

项目2 表现呕吐宠物病防治

任务1 诊断

1. 临床诊断

附表1-4 发病情况分析

发病特点	分析结论
①食入多量的鸡骨。 ②呕吐。 ③呕吐物中含有鸡骨、黏液、血块、胃黏膜碎片。	提示上消化道呕吐类疾病，可能是由鸡骨引起的上消化道损伤类疾病。

附表1-5 临床症状分析

主要症状	提示疾病
①呕吐、呕吐物中含有鸡骨、黏液、血块、胃黏膜碎片。 ②前腹部触诊敏感、疼痛。	提示胃炎、胃内异物，也可能由磷化锌中毒引起。前腹部疼痛、呕吐也可提示胰腺炎。

附表1-6 鉴别诊断

类似疾病	鉴别要点	鉴别结论
磷化锌中毒	主要症状呕吐物有大蒜味、暗处有蓝色的磷光等症状，没有出现在病例症状中。	排除
急性胰腺炎	主要症状剧烈腹痛、腹泻等，没有出现在病例症状中。	排除
胃炎	主要症状是呕吐、腹痛，均出现于病例症状中。	不排除
胃内异物	主要症状与胃炎相同，仅依据临床检查不能确定胃内是否有异物。	待排除

由鉴别诊断可以看出，病犬的主要症状均可以出现在胃炎或胃内异物的病程中，仅依靠临床症状不能判定是哪一种病，初步诊断为胃炎，胃内异物待排除。确诊还需进行胃镜诊断。

2. 胃镜诊断

该犬的胃黏膜肿胀、潮红，有多量的黏液，在靠近幽门部的胃黏膜有3处严重的出血灶。

3. 建立诊断

本病可诊断为急性胃炎。

任务2 治疗

【材料准备】

器材：开口器、胃管、漏斗、注射器、输液管等。

治疗药物：溴米钠注射液、止血敏等与胃炎治疗相关的药物。

【工作过程】

对犬急性胃炎可采用止血、止吐、止痛疗法和支持疗法。

(1)溴米钠注射液2 mL。用法：一次肌注。

(2)止血敏 2 mL。用法：一次肌注。

(3)乌贼骨 15 g，川楝子 8 g，白芨 5 g，炒白术 15 g，木香 10 g，丹参 10 g，三七 10 g，浙贝 10 g，元胡 12 g，生姜 5 g。用法：混合研细末，温开水送服。

(4)5％葡萄糖注射液 50 mL，25％维生素 C 2 mL，肌苷 50 mg。用法：混合后一次静注。

病犬经精心治疗 5 d 后痊愈出院。

任务 3　预防

(1)平时注意不要让犬大量采食粗硬难于消化的食物和刺激性的食物。

(2)口服刺激性药物时要先喂以胃黏膜保护剂如(淀粉黏浆剂、米粥等)。

项目 3　表现腹泻宠物病防治

任务 1　诊断

1. 临床诊断

附表 1-7　发病情况分析

发病特点	分析结论
①病初呕吐，而后发热、腹泻。 ②当地 5 家的犬出现类似病情，已有 3 家犬死亡。 ③按细菌性肠炎、寄生虫性肠炎治疗均无效。	提示伴有腹泻、呕吐的传染性疾病。

附表 1-8　临床症状分析

主要症状	提示疾病
①体温升高。 ②呕吐带有血丝。 ③腹泻、粪便如番茄汁样、腥臭难闻。	结合发病特点提示犬细小病毒性肠炎、犬瘟热、沙门氏菌性肠炎、冠状病毒性肠炎、钩虫病等。

附表 1-9　鉴别诊断

类似疾病	鉴别要点	鉴别结论
犬瘟热	通常先有双相热及呼吸系统症状，然后才出现呕吐、腹泻等消化道症状，与病例的表现不符。	排除
沙门氏菌性肠炎	应用庆大霉素、氟派酸、恩诺沙星、痢特灵治疗应该有效，与病例表现不符。	排除
钩虫病	病程长，下痢和便秘交替出现，粪便带血呈沥青样，少有脱水及虚脱症状，与病例表现不符。	排除
犬冠状病毒性肠炎	主要症状是发热、呕吐、腹泻、血便等，均出现于病例症状中。	不能排除
犬细小病毒性肠炎	出血性肠炎型主要症状呕吐、腹泻、便血，粪便如番茄汁样，均出现于病例症状中。	不能排除

由鉴别诊断可以看出，病犬的主要症状均可出现在犬冠状病毒性肠炎及犬细小病毒性肠炎病程中，仅依靠临床症状不能判定是哪一种病，确诊需进行实验室诊断。

2. 建立诊断

在此病例检测过程中细小病毒检验为"＋"，犬冠状病毒检验为"－"，结合临床症状，诊断为犬细小病毒性肠炎。

任务 2　治疗

【工作过程】

对犬细小病毒性肠炎主要应用单克隆抗体或高免血清治疗，抗生素治疗和支持疗法。

(1)犬细小单克隆抗体 20 mL，阿米卡星注射液 10 mL，溴米钠注射液 4 mL，维生素 K_3 注射液 4 mL。用法：以上各药分别肌注，每天 1 次，连用 1 周。

(2)臭椿皮 15 g，地榆炭 6 g，炒银花 6 g，黄柏 10 g，茅术 6 g，赤苓 5 g，猪苓 5 g，焦山楂 15 g。用法：研细末与温开水混合在病初灌肠，每天 1 次，连用 4 d。

(3)粳米 30 g，炮姜 2 g，赤石脂 10 g，人参 15 g。用法：病至后期，脉搏细弱，四肢末梢冰凉时水煎服，每天 1 次，连用 3 d。

(4)5％葡萄糖注射液　250~500 mL；25％维生素 C 2 mL，肌苷 0.1 g。用法：一次静注，每天 1 次，连用一周。

任务 3　预防

(1)发生犬细小病毒病时，首先要立即隔离病犬，并对其污染的环境进行严格消毒用 3％氢氧化钠溶液对犬舍及活动场地全面彻底消毒，被污染的饮水用 4％漂白粉溶液消毒，用 3％来苏尔清洗饲养用具。

(2)深埋病死犬及被污染的饲料、排泄物。

(3)禁止健康犬到污染的环境活动，可以有效控制住疾病的流行。

(4)对于其他没发病的犬，可以先注射犬细小病毒高免血清 2 d，每天 1 次，连用 3 d 后，如未发现异常，立即注射犬四联弱毒苗(细小病毒、犬瘟热、犬副流感、犬腺病毒)，2 周后再注射一次。

(5)预防接种，提高犬群免疫力。在疫区犬 45 日龄时开始注射犬四联弱毒活苗，间隔 2~3 周进行 3 次注射，一般可保护 1 年。

项目 4　表现腹痛宠物病防治

任务 1　诊断

1. 临床诊断

附表 1-10　发病情况分析

发病特点	分析结论
①剧烈运动后突然发病。 ②犬坐、呻吟、口吐白沫。	提示急性腹痛病或急性心、肺功能障碍。

附表 1-11　临床症状分析

主要症状	提示疾病
①前腹部稍膨大，触诊膨大部紧张有弹性，冲击有荡水音，叩诊有钢管音(金属音)。 ②突然发生剧烈腹痛。 ③干呕、口吐白沫。	提示胃扭转－扩张综合征、急性胃扩张，但应于肠变位、急性中毒、急性心力衰竭相鉴别。

附表 1-12　鉴别诊断

类似疾病	鉴别要点	鉴别结论
犬胃扭转－扩张综合征	主要症状突然腹痛、呼吸困难、前腹部膨大、触诊膨大部紧张有弹性，冲击有荡水音，叩诊有钢管音，干呕、口吐白沫等，均出现于病例症状中。	不排除
犬急性胃扩张	临床症状与犬胃扭转－扩张综合征基本相同。	不排除
肠变位	主要症状呕吐，呕吐物以食糜为主，腹部触诊有香肠样肠段及局限性臌气肠段等，均未出现在病例症状中。	排除
急性中毒	通常会有接触毒物的病史、消化道刺激症状、神经症状，这些主要症状没有出现在病例症状中。	排除
原发性急性心力衰竭	没有前腹部囊性膨胀症状。	排除

由鉴别诊断可以看出，病犬的症状可以出现在急性胃扩张或胃扭转－扩张综合征的病程中，仅依靠临床症状不能判定是哪一种病，确诊需进行胃管探诊。

2. 胃管探诊

胃管插不到胃内，腹痛和腹胀没有缓解，排除原发性胃扩张。

3. 建立诊断

本案例诊断为胃扭转－扩张综合征。

任务 2　治疗

【材料准备】支持疗法用具、手术器械及药品及敷料参照任务 1 进行准备。

【工作过程】

(1)支持疗法。止痛、补液、强心。

①氟尼新葡甲胺，10 mg。用法：一次肌注。

②5％葡萄糖注射 500 mL，25％维生素 C 20 mL，ATP40 mg，辅酶 A100 IU，维生素 B_6 2 mL，50％葡萄糖 10 mL。用法：混合后一次静注。

③复方氯化钠 500 mL。用法：一次静注。

(2)手术疗法。

①术前准备。详见项目 1 的相关信息单。

②手术过程。确定切口位置：剑状软骨后方至脐部的连线→皱襞切开皮肤及皮下组织约 10 cm，暴露腹直肌及筋膜，注意止血→皱襞切开筋膜暴露腹膜，注意止血→用手术刀把腹膜戳一小孔，用腹膜剪在有钩探针的引导下剪开腹膜暴露大网膜、胃大弯和脾→在胃与腹壁切口之间垫上大块温生理盐水纱布将胃与腹壁切口隔离→将胃整复到自然位置，通过胃管放出胃内的气体和液体，使胃内压力降低→往往严重的胃扭转－扩张综合征都伴发脾出血和坏死，所以要将脾与胃之间韧带上的血管一一结扎牢固后，摘除脾脏→将胃幽门部的浆膜肌层用 10# 丝线固定在右侧的腹底壁上，防止复发→用温生理盐水溶解 160 万 IU/支青霉素 2 支后彻底冲洗腹腔→清点敷料、器械，用 10# 丝线依次螺旋缝合腹膜、筋膜，每缝合一层用生理盐水冲洗，撒布青霉素粉→结节缝合皮肤，用生理盐水冲洗后涂擦碘酊→用无菌纱布打上结系绷带。

(3)术后护理。参照项目 1 进行操作。

病犬经精心治疗后第 4 d 痊愈。

任务 3　预防

防止宠物过食是预防胃扩张发生的有效措施。此外，严禁饮食后急剧运动。

【必备知识引导问题参考答案】

1. 表现流涎宠物病防治

口炎　1. C　2. ABCD　3. D　4. B

咽炎　1. B　2. D　3. C　4. C

牙周炎　1. CD　2. ABCD　3. ABCD　4. D

食道阻塞　1. ABC　2. ABC　3. A　4. C

猫获得性免疫缺陷症　1. ABD　2. ABC　3. C　4. BCD

2. 表现呕吐宠物病防治

胃炎　1. C　2. AB　3. D　4. A

胃内异物　1. ABCD　2. ABC　3. ABC　4. A

胃食管套叠症　1. D　2. AB　3. ABC　4. A

磷化锌中毒　1. BD　2. ABC　3. ABCD　4. C

安妥中毒　1. B　2. ABC　3. D　4. D

3. 表现腹泻宠物病防治

肠炎　1. ABCD　2. ABCD　3. A　4. C

犬细小病毒感染　1. CD　2. A　3. C　4. ABCD

犬冠状病毒病　1. B　2. A　3. AB　4. ABCD

大肠杆菌病　1. A　2. AB　3. B　4. A

沙门氏菌病　1. B　2. A　3. B　4. B

猫泛白细胞减少症　1. AB　2. A　3. C　4. B

蛔虫病　1. B　2. ABCD　3. ABCD　4. B

绦虫病　1. B　2. ABCD　3. ABCD　4. D

钩虫病　1. B　2. B　3. ABCD　4. AB

球虫病　1. BC　2. A　3. ABC　4. A

4. 表现腹痛宠物病防治

胃扭转－扩张综合征　1. B　2. ABC　3. ABCD　4. B

便秘　1. CD　2. ABCD　3. ABCD　4. CD

肠梗阻　1. A　2. ABCD　3. ABCD　4. AB

肠套叠　1. C　2. ABCD　3. ABCD　4. AB

腹膜炎　1. AB　2. ABCD　3. ACD　4. B

肝炎　1. CD　2. ABCD　3. ABCD　4. C

脂肪肝　1. AB　2. ABCD　3. ABCD　4. ABCD

肝硬化　1. ABC　2. ABCD　3. ABC　4. AB

胰腺炎　1. B　2. ABC　3. ABCD　4. ABCD

华支睾吸虫　1. BC　2. A　3. ABCD　4. ABC

华支睾吸虫　1. BC　2. A　3. ABCD　4. ABC

猫传染性腹膜炎　1. BC　2. ABC　3. ABCD　4. CD

附录 2 表现呼吸系统症状宠物病防治参考答案

【工作任务参考答案】

项目 1 表现咳嗽流鼻液且发热不明显宠物病防治

任务 1 诊断

1. 临床诊断

附表 2-1 发病情况分析

发病特点	分析结论
①右侧鼻部流红色脓性鼻液。 ②病程已有 1 个月。 ③使用多种抗生素未见好转。	提示以流鼻液为主症的非细菌性慢性疾病。

附表 2-2 临床症状分析

主要症状	提示疾病
①一侧鼻孔流大量红色脓性的鼻液。 ②鼻液黏着部鼻面溃疡，色素丢失。	提示由鼻内异物、感染、增生物或出血性疾病引起的鼻部出血性疾病。

附表 2-3 鉴别诊断

类似疾病	鉴别要点	鉴别结论
鼻内肿瘤	鼻内肿瘤可以造成鼻腔慢性出血，与病例的主要症状相符合。	不排除
鼻内异物	鼻内异物可以造成鼻腔损伤性出血，与病例的主要症状相符合。	不排除
单纯性鼻炎	抗生素治疗应有效果，但病例经抗生素治疗无效。	排除
凝血不良	在鼻腔出血的同时，可引起身体多处组织器官出血，与病例主要症状不符。	排除
全身性高血压	多突然发生，出血量多，与病例症状不符。	排除
曲霉菌性鼻炎	主要症状鼻面或鼻翼上的色素丢失、鼻部溃疡、损伤、出血等，均出现在病例症状中。	不排除

2. 实验室诊断

附表 2-4 实验室诊断

检查项目	结果	提示可能疾病及状态
鼻分泌物细胞显微镜检测	白细胞、红细胞、细菌、真菌。	细菌、真菌感染
X 射线检查	患犬右侧（上方）鼻甲处密度增高。	鼻内肿瘤 鼻内异物 鼻真菌感染 鼻内息肉 寄生虫感染
鼻 CT 检查	显示鼻甲骨被破坏，内有异常团块。	
全血细胞计数（CBC）检查	①白细胞在参考值高限。 ②中性粒细胞，幼稚型中性粒细胞增多。 ③淋巴细胞和单核细胞减少。	机体仍处于炎症期
鼻分泌物真菌培养	其中 1 份培养出真菌，经鉴定为烟曲霉。	鼻部烟曲霉感染

3. 建立诊断

根据病史调查、临床症状、实验室检验诊断该患犬为烟曲霉感染引起的曲霉菌性鼻炎。

任务2 治疗

【材料准备】

器材：呼吸麻醉机、骨凿、骨锤、梅氏剪、组织镊、注射器、输液管等。

药品：阿托品，丙泊酚、异氟醚、伏立康唑等。

【工作过程】

确定治疗方案：手术和药物疗法相结合。

治疗方案如下。

(1)麻醉。阿托品(皮下注射，0.05 mg/kg.BW)麻前给药，丙泊酚(4 mg/kg.BW，静脉注射)诱导麻醉，异氟醚吸入麻醉。

(2)手术过程。用骨凿和骨锤取掉患犬右侧鼻骨一长方形骨片。暴露术野后用梅氏剪和组织镊取出真菌团块。然后用大量温生理盐水冲洗并抽吸出血凝块和组织碎屑。之后安置鼻腔内福利管，用于之后抗真菌药的投放。

(3)术后护理。术后常规护理。并根据药敏结果，术后使用两性霉素B稀释液冲洗鼻腔，每天2次，每次1 h。同时使用伏立康唑进行治疗。

任务3 预防

曲霉菌性鼻炎多由一些其他的鼻部疾病，如肿瘤、异物、创伤或者免疫缺陷等，导致机体抵抗力降低，进而继发菌感染。预防本病需加强日常管理，提高宠物抵抗力，避免鼻腔异物或外伤损伤。

项目2 表现咳嗽流鼻液且发热明显宠物病防治

任务1 诊断

1. 临床诊断

附表2-5 发病情况分析

发病特点	分析结论
①4只幼犬相继发病。 ②流鼻液。 ③4只幼犬均未接种疫苗。	提示以咳嗽流鼻液为主要症状的传染病。

附表2-6 临床症状分析

主要症状	提示疾病
①4只幼犬相继发病，症状相似。 ②体温升高。 ③流鼻液、咳嗽、气喘、眼眵多。	提示犬瘟热、犬副流感、犬传染性气管支气管炎、犬疱疹病毒感染、犬传染性肝炎。

附表2-7 鉴别诊断

类似疾病	鉴别要点	鉴别结论
犬瘟热	早期可出现发热、流鼻涕，流眼泪、咳嗽、呼吸困难等症状，与病例主要症状相符。	不排除

类似疾病	鉴别要点	鉴别结论
犬副流感病毒感染	可出现发热、咳嗽、流眼泪、流鼻液、呼吸困难等症状，与病例主要症状相符。	不排除
犬传染性气管支气管炎	可出现发热，幼犬成窝发性痉挛性咳嗽、流鼻液、呼吸困难等症状，与病例主要症状相符。	不排除
犬疱疹病毒感染	3周龄以上幼犬表现流鼻涕、打喷嚏、干咳等上呼吸道症状，与病例主要症状相符。	不排除
犬传染性肝炎	咳嗽症状不明显，主要表现呕吐、血性腹泻、牙龈有出血点等，与病例主要症状不符。	排除

2. 实验室诊断

病例中对两只幼犬进行检测，白细胞总数减少（提示可能为病毒性疾病），犬瘟热试剂盒检验均为阳性。

3. 建立诊断

本病诊断为犬瘟热病毒感染。

任务2 治疗

【材料准备】

器材：消毒用具、注射器、输液管等。

药品：犬瘟热单克隆抗体、干扰素、犬三联血清（犬瘟热、犬细小病毒病、犬传染性肝炎）、清开灵注射液、双黄连注射液；常用抗生素（如：庆大霉素、头孢曲松钠、阿米卡星、氨苄青霉素等）；生理盐水、林格氏液、50%葡萄糖；祛痰灵（中药清热化痰制剂）、糜蛋白酶；复合维生素B、维生素C、ATP、肌苷、18种氨基酸、地塞米松等。

【工作过程】

确定治疗方案：犬瘟热的治疗原则为抗病毒、防止继发感染，对症治疗和支持疗法。

治疗处方如下。

(1)犬瘟热单克隆抗体8 mL。用法：皮下注射。

(2)干扰素0.5 mL。用法：皮下注射。

(3)清开灵1 mL，皮下注射。

(4)复合维生素B 2 mL。用法：皮下注射。

(5)祛痰灵10 mL。用法：口服。

(6)生理盐水50 mL，头孢曲松钠0.5 mL。用法：混合静注。

(7)林格氏液50 mL，50%葡萄糖6 mL，维生素C 0.5 mL，ATP 0.5 mL，肌苷0.5 mL。用法：混合静注。

(8)18种氨基酸20 mL。用法：静注。

(9)糜蛋白酶1支，地塞米松5 mg×1支，庆大霉素8万IU×1支。用法：混合雾化吸入。

以上药物每天给药1次。犬瘟热单克隆抗体连续使用3 d，雾化4 d，其他用药不变。

治疗效果：经过7 d的治疗有2只好转并逐渐康复，1只因为严重的呼吸道感染而死亡；另一只幼犬时好时坏，饮食欲不佳，十余天后颜面部、四肢相继出现痉挛、肌肉抽搐现象。给予扑癫酮缓解症状，预后不良。

任务3 防治

1. 严格隔离

严格禁止病犬和健康犬接触。

2. 彻底消毒

犬舍及环境可使用次氯酸钠、来苏儿等进行消毒。

3. 免疫接种

未见症状的接触犬（假定健康犬）立即用犬瘟热高免血清进行被动免疫，1～2 mL/kg.BW。待疫情稳定后，再注射犬瘟热疫苗。

【必备知识引导问题参考答案】

1. 表现咳嗽流鼻液且发热不明显宠物病防治

鼻炎　1.C　2.A　3.D　4.B

喉炎　1.D　2.B　3.ABCD　4.ABC

扁桃体炎　1.ABC　2.D　3.D　4.C

气管支气管炎　1.D　2.B　3.A　4.D　5.B

肺毛细线虫病　1.ABC　2.C　3.A　4.AB

2. 表现咳嗽流鼻液且发热明显宠物病防治

感冒　1.C　2.D　3.A　4.B

支气管肺炎　1.AB　2.C　3.B　4.D

异物性肺炎　1.D　2.A　3.C　4.B

胸膜炎　1.D　2.A　3.D　4.ABC

犬瘟热　1.A　2.D　3.ABCD　4.ABCD

犬传染性肝炎　1.A　2.B　3.A　4.D

犬传染性气管支气管炎　1.A　2.C　3.D　4.D

犬副流感病毒感染　1.B　2.C　3.D　4.ABC

犬疱疹病毒感染　1.A　2.AB　3.D　4.ABCD

猫传染性鼻气管炎　1.C　2.ABCD　3.D　4.ABCD

弓形虫病　1.B　2.ABCD　3.C　4.ABC

附录3　表现心血管系统症状宠物病防治参考答案

【工作任务参考答案】

项目1　表现心音异常宠物病防治

任务1　诊断

1. 临床诊断

附表3-1　发病情况分析

发病特点	分析结论
不爱活动、强行驱赶时气喘、咳嗽。	提示心血管系统疾病或呼吸系统病。

附表 3-2 临床症状分析

主要症状	提示疾病
①心率快、有心杂音。 ②牙龈、舌苔略发绀。 ③呼吸增快、肺泡呼吸音增强。	提示心内膜炎、犬恶丝虫病、贫血、肺气肿。

附表 3-3 鉴别诊断

类似疾病	鉴别要点	鉴别结论
肺气肿	多在剧烈运动后发生，肺泡呼吸音主要表现为减弱，可听到破裂性啰音及捻发音，与病例主要症状不符。	排除
贫血	主要症状是可视黏膜苍白，与病例主要症状不符。	排除
心内膜炎	主要症状持久或周期性发热、不耐运动、运动中出现咳嗽气喘、有心内杂音等，均出现在病例中。	不排除
犬恶丝虫病	由于犬恶丝虫的寄生，可表现不耐运动，慢性咳嗽，运动加剧时咳嗽加剧，心悸亢进，心律不齐，有心内杂音，与病例主要症状相符。	不排除

2. 实验室诊断

镜下观察到线形的虫体经鉴定为犬恶丝虫微丝蚴。

3. 建立诊断

在病犬血液中检查到了微丝蚴，结合临床诊断可确诊为犬恶丝虫病。

任务 2　治疗

【材料准备】

器材：消毒用具、注射器、输液管等。

药品：美拉索明、伊维菌素。

【工作过程】犬的治疗主要是驱杀成虫和微丝蚴及对症治疗。

(1)驱杀成虫。美拉索明，常用砷制剂，安全性比硫乙胂胺高，但仍有肾毒性和肝毒性。

(2)驱除微丝蚴。驱杀成虫和微丝蚴之间相隔 6 周时间。伊维菌素：$0.05\sim0.1$ mg/kg.BW，1 次皮下注射，间隔 2 周重复应用。

(3)对症治疗。主要是强心、利尿、保肝等。

(4)预后。因犬恶丝虫主要寄生在右心室和肺动脉，致死性疾病，感染晚期一般预后不良。犬恶丝虫病很难治疗，但极易预防。

任务 3　预防

(1)搞好环境及犬体卫生，防蚊、灭蚊是预防本病的重要措施。

(2)在蚊虫活跃季节，可选用米尔贝肟、伊维菌素、塞拉菌素等进行预防。

(3)对流行地区的犬，应定期进行血检，有微丝蚴的犬应及时治疗。

项目 2　表现贫血、黄疸宠物病防治

任务 1　诊断

1. 临床诊断

附表 3-4　发病情况分析

发病特点	分析结论
①发病率 56.3％，病死率 15％，病死犬多为 2～8 月龄幼犬、青年犬。 ②发热、黄疸、呕吐、腹泻。 ③按传染性肝炎治疗无效。 ④犬群接种过五联苗。	①提示以发热、黄疸为主症的传染性疾病。 ②排除传染性肝炎的可能性较大。 ③接种犬五联苗不能预防钩端螺旋体病。

附表 3-5　临床症状分析

主要症状	提示疾病
①体温升高，2～3 d 后降至常温。 ②可视黏膜及皮肤黏膜黄染。 ③呕吐、腹泻，有的呕血、便血或鼻出血。 ④尿液呈棕黄色，尿蛋白检查阳性。 ⑤触诊腰区或背腹部前区，有疼痛感。	提示钩端螺旋体病、犬巴贝斯虫病、附红细胞体病、犬传染性肝炎。

附表 3-6　病理变化分析

病变特点	提示疾病
①全身淋巴结肿胀，扁桃体出血。 ②浆膜、黏膜出血、黄染。 ③肝肿胀呈土黄色，胆囊扩张，胆汁充盈。 ④肾肿胀，肾皮质出血。	病变特点与钩端螺旋体病相似。

附表 3-7　鉴别诊断

类似疾病	鉴别要点	鉴别结论
犬巴贝斯虫病	本病是由蜱传播的，常在体表毛少的部位发现蜱，多呈慢性经过，不易发生暴发式流行，与病例主要症状不符。	排除
附红细胞体病	本病多呈隐性经过，应激等因素刺激，使机体抵抗力下降时发生。剖检血液稀薄，不易凝固。与病例主要症状不符。	排除
犬传染性肝炎	病例的流行情况与主要症状（如出血、黄疸）与犬传染性肝炎类似，但是按犬传染性肝炎治疗无效。	排除
钩端螺旋体病	本病可呈急性暴发式流行，病程短，死亡快，发热、黄疸、出血性素质，剖检有明显的肝、肾病变等，与病例主要症状相同。	不排除

由鉴别诊断可以看出，病犬的症状可以出现在钩端螺旋体病的病程中，初步诊断为钩端螺旋体病，确诊还需进行实验室诊断。

2. 实验室诊断

在犬尿液中见到呈带钩状"C"形或"?"形等能翻转、屈曲和快速旋转运动的菌体。结合 PCR 诊断阳性，确诊为钩端螺旋体。

3. 建立诊断

在病犬尿中检查到了钩端螺旋体，并且 PCR 检测钩端螺旋体呈阳性，

本次犬病可以确诊为钩端螺旋体病。

任务 2 治疗

【材料准备】

器材：消毒用具、注射器、输液管等。

药品：3％氢氧化钠溶液、4％漂白粉溶液、氨苄西林、拜有利、5％葡萄糖注射液、25％维生素 C、肌苷、1％呋塞米(速尿)注射液。

【工作过程】

(1)立即隔离病犬，并对其污染的环境进行严格消毒，深埋病死犬及被污染的饲料、排泄物。

(2)对犬急性钩端螺旋体病主要应用抗生素治疗和支持疗法。

①氨苄西林 22 mg/kg.BW，注射用水 5～10 mL，全群犬，分别一次肌注，每天 2 次，连用 5 d。拜有利 5 mg/kg.BW，口服，每天 1 次，连用 5 d。

②5％葡萄糖注射液 250～500 mL，25％维生素 C 2 mL，肌苷 0.1 g，一次静注，每天 1 次。

③1％呋塞米(速尿)注射液 2 mg/kg.BW，一次肌注。按以上处方治疗 2 d 后，就不再有犬死亡，5 d 后病犬基本康复。

任务 3 预防

(1)消除带菌、排菌的各种动物(传染源)，如通过检疫及时处理阳性及带菌动物，消灭犬舍中的啮齿动物等。

(2)定期对饲料、饮水、犬舍和其他用具严格消毒，可以有效减少环境中的钩端螺旋体。消灭蜱、蚊子等吸血昆虫，可以防止菌血症期间钩端螺旋体通过吸血昆虫传播。

(3)预防接种，提高犬群免疫力。注射菌苗包含灭活的犬钩端螺旋体和出血性黄疸钩端螺旋体二价菌苗。通过间隔 2～3 周进行 3～4 次注射，一般可保护 1 年。

(4)由于钩端螺旋体病是人犬共患病，接触病犬的人员应采取适当的预防措施。病犬的尿液具有高传染性，应尽量避免接触尿液，特别是黏膜、结膜和皮肤伤口不能接触尿液。

【必备知识引导问题参考答案】

1. 表现心音异常宠物病防治

心力衰竭 1. ABC 2. ABCD 3. D 4. BC

心包炎 1. AB 2. CD 3. C 4. C

心肌炎 1. B 2. ABC 3. C 4. ABCD

心内膜炎 1. B 2. D 3. ABCD 4. AC

犬恶丝虫病 1. A 2. D 3. ABCD 4. D

2. 表现贫血、黄疸宠物病防治

贫血 1. ABC 2. ABCD 3. ABC 4. B

钩端螺旋体病 1. ABCD 2. C 3. D 4. D

附红细胞体病 1. C 2. AD 3. ACD 4. B

犬巴贝斯虫病 1. A 2. B 3A 4A

抗凝血杀鼠药中毒 1. ABCD 2. AC 3. A 4. ABD

洋葱(大葱)中毒 1. AB 2. D 3. B 4. ABC

附录4 表现泌尿系统症状宠物病防治参考答案

【工作任务参考答案】

项目 表现泌尿系统症状宠物病防治

任务1 诊断

1. 临床诊断

附表4-1 发病情况分析

发病特点	分析结论
①尿频。 ②拱背、跛行。 ③按风湿病治疗无效。	提示泌尿系统疾病。

附表4-2 临床症状分析

主要症状	提示疾病
①肾区敏感,运动时步态拘谨。 ②两后肢及腹下阴囊部皮下浮肿。 ③尿量减少,排尿全程尿色均呈轻度暗红色。	提示肾炎,还应与膀胱炎、尿道炎进行鉴别诊断。

附表4-3 鉴别诊断

类似疾病	鉴别要点	鉴别结论
膀胱炎	表现为终末血尿,没有皮下浮肿症状,与病例的主要症状不符。	排除
尿道炎	表现为初期血尿,没有皮下浮肿症状,与病例的主要症状不符。	排除
肾炎	主要症状肾区疼痛、少尿、全程血尿、皮下水肿等,均出现在病例主要症状中。	不排除

由鉴别诊断可以看出,病犬的症状可以出现在犬肾炎的病程中,因此,初步诊断为肾炎。确诊还需进行实验室诊断。

2. 建立诊断

通过临床诊断初步诊断为肾炎。实验室检查尿样蛋白质检查为阳性,尿沉渣检查中发现白细胞、红细胞及红细胞管型及少量肾上皮细胞,进一步证实本病可诊断为肾炎。

任务2 治疗

【材料准备】

器材:消毒用具、注射器、输液管等。

药品:3%氢氧化钠溶液、4%漂白粉溶液、青霉素、双氢链霉素、5%葡萄糖注射液、25%维生素C注射液、肌苷、1%速尿注射液。

【工作过程】 依据犬的病情,制定了加强护理、抗菌消炎、抑制免疫反应、利尿与尿路消毒的综合性治疗方案。

(1)将病犬置于温暖和通风良好的笼舍中,给予高能量低蛋白食物,限制食盐。

(2)5%葡萄糖盐水250 mL,地塞米松1 mL,25%维生素C 500 mg,青霉素160万IU,10%樟脑磺酸钠5 mL。用法:一次静注。

（3）速尿 2 mL。用法：一次肌注。

治疗两天后，水肿基本消除，病情明显好转，体温、呼吸、脉搏恢复正常。第四天患犬基本康复，并能接受正常训练。

任务 3　预防

（1）加强管理，防止犬受寒感冒，以减少病原微生物的侵袭和感染。

（2）禁止喂饲有刺激性或发霉、腐败、变质的饲料。

（3）发生急性肾炎时，应采取有效的治疗措施，彻底消除病因以防复发或转为慢性肾炎。

【必备知识引导问题参考答案】

表现泌尿系统症状宠物病防治

肾炎　1. ABC　2. C　3. C　4. A

膀胱炎　1. AB　2. ABCD　3. ABCD　4. ABCD

尿道炎　1. AB　2. ABCD　3. ABCD　4. ABCD

尿石症　1. ABCD　2. ABCD　3. ABCD　4. ABC

前列腺炎　1. C　2. ABCD　3. ABCD　4. ABCD

尿崩症　1. AC　2. AC　3. ABCD　4. B

甲状旁腺功能亢进症　1. A　2. AB　3. ABCD　4. B

甲状腺功能亢进症　1. C　2. AB　3. ABCD　4. ABC

附录 5　表现生殖系统症状宠物病防治参考答案

【工作任务参考答案】

项目 1　表现流产宠物病防治

任务 1　诊断

1. 临床诊断

附表 5-1　发病情况分析

发病特点	分析结论
①阴道排出分泌物。 ②在妊娠后期发生腹围变小。 ③该犬曾经多次发生类似病情。	提示以流产为主症的疾病。

附表 5-2　临床症状分析

主要症状	提示疾病
①阴道排出大量分泌物和分解产物。 ②阴道探诊宫颈口开放。	提示普通流产，也可能是由布氏杆菌病或弓形虫病引起的流产。

附表 5-3　鉴别诊断

类似疾病	鉴别要点	鉴别结论
弓形虫病	在发生流产症状的同时，会伴有明显的发热、黏膜苍白、眼和鼻有分泌物、咳嗽、呼吸困难，剧烈的出血性腹泻等症状，与病例的主要症状不符。	排除

续表

类似疾病	鉴别要点	鉴别结论
布氏杆菌病	属于慢性传染病，在发生流产的同时全身症状不明显，与病例的主要症状相符。	不排除
普通流产	主要表现为妊娠后期发生、阴道口有分泌物、腹围变小、体温正常，与病例的主要症状相符。	不排除

2. 实验室诊断

(1)血常规检查。WBC、NEU、MONO 均高于正常值，有炎性感染。

(2)血液生化检查。生化结果显示 BUN 值高于正常值。

(3)X 射线检查。未见明显胎儿骨骼。

(4)虎红平板凝集试验。布氏杆菌病检测为阴性。

3. 建立诊断

根据临床诊断、血液检查、X 射线检查及布氏杆菌检测得出结论，本病诊断为自发性流产。

任务 2 治疗

【材料准备】

器材：消毒用具、注射器、手术刀、手术剪、缝针、缝线、止血钳、镊子等。

药品：0.1%新洁尔灭溶液、75%酒精溶液、头孢曲松、5%葡萄糖注射液、25%维生素C注射液、肌苷、甲硝唑、犬眠宝、2%利多卡因等。

【工作过程】

(1)建议主人考虑手术摘除子宫和卵巢。由于该犬有先天性髋关节发育不良的情况，若下次配种很容易重复发病，而且可能会将先天性疾病遗传给下一代。决定手术摘除子宫和卵巢。

(2)施行子宫和卵巢摘除术。

①手术部位选在脐部下方腹部正中线处，分层切开。

②找出子宫和卵巢，先拉断左侧的卵巢支持韧带，使用三钳法结扎并切除左侧子宫角和卵巢。

③以相同方法摘除右侧卵巢和子宫角，做好双重结扎，再以相同方法双重结扎和切除子宫颈部。

④采用可吸收线分两层以连续缝合法关闭腹壁伤口，最后皮肤切口以不可吸收线缝合关闭。

(3)术后治疗：对病犬进行抗菌消炎，强心补液，纠正酸碱平衡的治疗。

①消炎用头孢曲松 20 mg/kg.BW，0.9%氯化钠注射液 100 mL。用法：一次静注，每天2次，连用5 d。

②5%葡萄糖注射液 200 mL，25%维生素C注射液 2 mL，肌苷 0.1 g，止血敏 0.5 g。用法：一次静注，每天1次，连用3 d。

③甲硝唑 10 mg/kg.BW。用法：一次静注，每天2次，连用5 d。

④碘甘油。用法：伤口处涂抹，每两天1次。

术后连续输液5 d，该犬第三天给予饮食，精神食欲均可。带回家继续观察，建议若无明显异常，5 d 后再复诊拆除部分缝线，每天自行清创上药，24 h 戴颈圈，禁止洗澡和剧烈运动。复诊该犬未见明显异常，伤口处干燥，拆除一半缝线，3 d 后再次复诊拆除剩余缝线，伤口愈合良好，建议再戴颈圈 3 d，伤口涂外用百多邦，每天 1 次。

任务 3　预防

（1）确保母犬妊娠前和妊娠中身体健康，育种母犬应按时注射疫苗，妊娠母犬不得注射弱毒疫苗，因为这可能影响胎儿的存活。育种母犬和妊娠母犬布氏杆菌检测应呈阴性，一旦发现阳性，立即隔离。妊娠母犬发生疱疹病毒性流产，感染母犬应与易感母犬分开。

（2）母犬饲料应全价，随着犬妊娠日龄的推移，饲料量应相应增加以满足胎儿发育的需要。因妊娠后期，妊娠母犬应比非妊娠时增重约 30%。

项目 2　表现难产宠物病防治

任务 1　诊断

1. 临床诊断

附表 5-4　发病情况分析

发病特点	分析结论
①孕犬已到预产期，强烈努责，但不见生产。 ②阴道内有多量液体流出。	提示孕犬发生难产。

附表 5-5　临床症状分析

主要症状	提示疾病
①阴道口有大量液体，没有胎儿娩出。 ②骨盆狭窄。 ③应用缩宫素，不见效果。	提示产道性难产，临诊时注意与产力性难产、胎儿性难产鉴别诊断。

附表 5-6　鉴别诊断

类似疾病	鉴别要点	鉴别结论
产力性难产	一般应用缩宫素，会有助产效果，与病例的主要症状不符。	排除
产道性难产	一般是由于产道狭窄引起的，而本病例存在骨盆狭窄的情况，与病例的主要症状相符。	不排除
胎儿性难产	本病例有可能在产道性难产的同时存在胎儿过大或胎势、胎位、胎向等异常症状。	待排除

2. 建立诊断

通过对可疑疾病的论证分析及鉴别诊断，可以初步诊断为骨盆狭窄性产道性难产，胎儿性难产待排除。

任务 2　治疗

依据初步诊断结果，无论产道异常性难产还是伴发了胎儿性难产，在治疗上均适合剖腹取胎。

【材料准备】

器材：消毒用具、注射器、手术刀、手术剪、缝针、缝线、止血钳、镊子等。

药品：0.1% 新洁尔灭溶液、75% 酒精溶液、头孢曲松、5% 葡萄糖注射液、25% 维生素 C 注射液、肌苷、甲硝唑、犬眠宝、2% 利多卡因等。

【工作过程】

剖腹产过程使用的清创液必须加热到 35～40 ℃，否则会引起子宫及切口收缩，不利于手术进行。

（1）在脐孔后沿腹正中线做一切口，应注意勿伤及切口两侧已增大的乳房。

（2）抓住一侧子宫角将整个子宫缓慢拉出，必要时可扩大腹壁切口。在子宫与腹壁切口之间应实行严密的隔离。

（3）根据胎儿的数目和位置，在方便取出全部胎儿的子宫角或子宫体正中线上做一小切口，然后在探针或镊子的保护下扩大切口到能取出胎儿为止。

（4）轻轻挤压靠近切口处的胎儿，当胎儿被推至切口处时将其连同胎膜一起拉出，结扎或剪断脐带，将胎儿转入产箱护理，如此重复直到取出所有胎儿及胎膜。

（5）清除子宫内组织，冲洗子宫，撒布抗生素后缝合子宫切口，第一层采用全层螺旋缝合子宫切口，第二层采用浆肌层的内翻缝合。摘除创巾及器械，彻底清洗子宫壁和腹腔。清点所用物品，防止遗留于腹腔。

（6）向腹腔撒布抗生素后，闭合腹壁切口，分别依次缝合腹膜、肌肉及皮肤各层。

（7）术后对病犬应用抗生素及对症治疗。

①头孢曲松 20 mg/kg.BW，0.9％氯化钠注射液 100 mL。用法：一次静注，每天 2 次，连用 5 d。

②甲硝唑 10 mg/kg.BW。用法：一次静注，每天 2 次，连用 5 d。

③催产素 10 IU。用法：肌注。不充分的子宫收缩可抑制胎盘血液供应而危及胎儿。

术后按上述方法进行治疗，伤口处涂抹碘伏消毒。2 d 后病犬即可进食，7 d 后术部愈合良好，术后 12 d 拆除缝合线。

任务 3 预防

（1）避免兴奋性的和神经质的母犬或骨盆变形或产道先天异常的母犬交配繁殖。

（2）进行繁殖的公母犬应为同一品种，尤其是要避免大型公犬与小体型的母犬交配。

（3）加强饲养管理，保持日粮平衡。妊娠母犬要经常锻炼，以保持良好的身体状况。

（4）定期进行妊娠检查，发现异常及时处理。并制定保健措施和做好接生准备。

项目 3 表现子宫、卵巢功能紊乱宠物病防治

任务 1 诊断

1. 临床诊断

附表 5-7　发病情况分析

发病特点	分析结论
①5 岁母犬未产过仔，20 d 前发情，但没有配种。 ②腹围增大、呕吐、多饮多尿。 ③发热。	提示腹围增大并伴有明显的炎症表现性的疾病。

附表 5-8　临床症状分析

主要症状	提示疾病
①腹围增大。 ②阴道排出大量分泌物。	提示子宫蓄脓、腹膜炎。

附表 5-9　鉴别诊断

类似疾病	鉴别要点	鉴别结论
腹膜炎	可表现腹围增大等症状，但阴道无分泌物，与病例的主要症状不符。	排除
子宫蓄脓	开放型子宫蓄脓通常在发情后期发病，主要症状腹部增大、有波动感，阴道有分泌物流出等，与病例主要症状相符。	不排除

2．实验室诊断

(1)血常规检查　白细胞明显增多。

(2)X 射线检查　该犬有先天性髋关节发育不良的情况。

(3)B 超检查　发现提示子宫积液或积脓。

3．建立诊断

综合临床诊断、血液检查、B 超和 X 射线检查结果，该犬病可诊断为子宫蓄脓，同时伴有先天性髋关节发育不良。

任务 2　治疗

【材料准备】

器材：消毒用具、注射器、止血带、伊莉莎白圈、滴管、胶布等。

药品：己烯雌酚、缩宫素、拜有利等。

【工作过程】

(1)扩张子宫颈，促进毒物排出。先注射己烯雌酚 0.6 mg，第 2 d 开始注射缩宫素，每 0.5 h 注射 1 次，首次 5 IU，第 2 次 10 IU，第 3 次 5 IU，隔日可再同样注射 1 次。

(2)抗菌消炎。可选用拜有利 25 mg，用法：每天 1 次，连用 7 d。

(3)对症治疗。5％葡萄糖注射液 200 mL，25％维生素 C 注射液 2 mL，肌苷 0.1 g，止血敏 0.5 g。用法：一次静注，每天 1 次，连用 3 d。

治疗效果：药物治疗良好，经 7 d 治疗，症状消失。本病可能复发，用药治愈的母犬有 70％在 2 年内复发。

任务 3　预防

预防子宫蓄脓的最好方法是实施绝育手术或卵巢、子宫摘除术。

项目 4　表现乳房功能紊乱宠物病防治

任务 1　诊断

1．临床诊断

附表 5-10　发病情况分析

发病特点	分析结论
①母犬断奶后不食。②母犬乳房肿大。	提示乳腺疾病。

附表 5-11　临床症状分析

主要症状	提示疾病
①多个乳腺红、肿、热、痛。②乳汁呈黄色。	提示乳腺疾病、也可能患有产后感染。

附表 5-12 鉴别诊断

类似疾病	鉴别要点	鉴别结论
产后感染	可以造成乳腺的炎症，但同时伴有阴道排出不洁分泌物的症状，与病例的主要症状不符。	排除
乳房炎	主要症状乳区疼痛、肿胀、有黄色分泌物从乳头流出等，与病例主要症状相符。	不排除

由鉴别诊断可以看出，病犬的主要症状均出现在乳房炎病程中，初步诊断为乳房炎。为进一步确诊，可进行实验室检查。

2. 实验室检查

(1)血常规检查。检查结果显示该犬 WBC、NEU、MONO 均高于正常值，有炎性感染。

(2)细菌涂片染色。染色镜检，可见双球或短链排列的革兰氏阳性球菌。

3. 建立诊断

综合临床诊断、血液检查结果及微生物检验得出的结论，该犬所患疾病诊断为因葡萄球菌感染引起的化脓性乳房炎。

任务 2 治疗

【材料准备】

器材：消毒用具、注射器、手术刀、手术剪、缝针、缝线、纱布、镊子等。

药品：0.1％新洁尔灭溶液、3％双氧水、氨苄西林、5％葡萄糖注射液、25％维生素 C 注射液、肌苷、2％利多卡因等。

【工作过程】

(1)消除炎症，防止感染。氨苄西林 20 mg/kg. BW，0.9％氯化钠注射液 100 mL，一次静注，每天 2 次，连用 5 d。

(2)强心补液，调节酸碱平衡。5％葡萄糖注射液 200 mL；25％维生素 C 注射液 2 mL，肌苷 0.1 g，一次静注；10％碳酸氢钠注射液 20 mL，静注；林格氏液 100 mL，静注。每天 1 次，连用 3 d。

(3)病变乳区每天用热毛巾热敷，促进局部血液循环。

治疗的第 2 天该犬恢复往日精神状况，采食如前，乳腺仍然肿胀。但已较治疗前明显变软，疼痛减弱，经 5 d 治疗后痊愈。

任务 3 预防

(1)确保母犬妊娠前和哺乳期母犬舍清洁。

(2)定期清洗母犬乳房，若乳头破损，待伤口痊愈后再进行哺乳。

(3)断奶要循序渐进，奶涨时要人工挤乳，然后清洗乳房。

【必备知识引导问题参考答案】

1. 表现流产宠物病防治

流产 1. A 2. C 3. CD 4. B

布鲁氏杆菌病 1. B 2. A 3. ABCD 4. ABCD

2. 表现难产宠物病防治

难产 1. C 2. A 3. A 4. ABCD

阴道脱 1. C 2. B 3. ABCD 4. D

产道损伤　1. ABC　2. ABCD　3. D　4. ABCD

3. 表现子宫、卵巢功能紊乱宠物病防治

子宫蓄脓　1. B　2. ABC　3. C　4. D

子宫内膜炎　1. C　2. ABCD　3. A　4. ABC

卵巢囊肿　1. A　2. ABD　3. A　4. ABCD

4. 表现乳房功能紊乱宠物病防治

乳房炎　1. B　2. ABCD　3. ABCD　4. A

产后无乳　1. A　2. ABCD　3. D　4. C

附录6　表现运动异常宠物病防治参考答案

【工作任务参考答案】

项目　表现运动异常宠物病防治

任务1　诊断

1. 临床诊断

附表 6-1　发病情况分析

发病特点	分析结论
①被出租车撞倒后发病。 ②右后肢肿胀，不敢着地。	提示由钝性外力作用引起的运动障碍类疾病。

附表 6-2　临床症状分析

主要症状	提示疾病
①右后肢明显肿胀、疼痛，明显变短。 ②三肢跳跃前进。	提示挫伤、膝关节或髋关节脱位、骨折。

附表 6-3　鉴别诊断

类似疾病	鉴别要点	鉴别结论
挫伤	是因钝性外力作用引起的软组织损伤，患部表现为溢血、肿胀、疼痛和功能障碍，与病例症状相符合。	不排除
膝关节或髋关节脱位	是因直接或间接暴力作用，引起脱位关节肿胀、疼痛，患肢出现明显的运动障碍（如三脚跳前进），与病例症状相符合。	不排除
骨折	是车辆冲撞等外力作用可引起的，引起局部出血、肿胀、疼痛、功能障碍（四肢骨折时发生严重跛行，有时三脚跳前进），与病例症状相符合。	不排除

　　通过分析病情及鉴别诊断可以看出，该犬主要是因车辆冲撞而造成的右后肢运动障碍。在钝性外力作用下，如果主要损伤了肌肉、血管，则病情处于挫伤阶段。如果同时造成了关节脱位或骨折，则病情更加严重。目前，仅凭临床症状分析还不足以确切判断损伤的程度，确诊还需进行 X 射线诊断。

　　2. X 射线诊断

　　由 X 射线检查结果可确诊本病例为右后肢股骨骨折。

3. 建立诊断

本病诊断为因车辆冲撞引起的右后肢股骨骨折。

任务2　治疗

根据骨折的部位与移位情况，采用髓内针内固定方法进行治疗。

【材料准备】

器材：常规手术器械、电动骨钻、骨钳、骨锉、髓内针、医用钢丝等。

药品：生理盐水、头孢曲松钠、速眠新、阿托品、止血敏、5％葡萄糖注射液、50％葡萄糖注射液、25％维生素C注射液、肌苷、甲硝唑、盐酸曲马多注射液、2％盐酸利多卡因注射液、0.1％肾上腺素。

【工作过程】

(1)术前禁食1 d。术前30 min，止血敏2 mL，肌注；5％葡萄糖生理盐水250 mL，头孢曲松钠1 g，50％葡萄糖注射液20 mL，10％葡萄糖酸钙10 mL，维生素C 1 g，缓慢静注，维持到手术结束。

(2)术前准备。硫酸阿托品注射液0.01 mg/kg.BW，皮下注射；20 min后，速眠新0.1 mL/kg.BW，肌注。进入全身麻醉状态后，左侧卧保定，患肢置于上方，另三肢固定于手术台上，患肢及对侧肢剃毛、消毒，将后爪用一次性手套包扎。右后肢股部外侧局部分点注射2％盐酸利多卡因配液10 mL(2％盐酸利多卡因注射液5 mL、0.1％肾上腺素0.4 mL、生理盐水15 mL)。依次铺好隔离巾、创巾，暴露手术部位。

(3)手术过程。沿股外侧大转子与股骨外髁连线上做切口，长约12 cm，切开皮肤及皮下组织，并进行止血，于股二头肌前缘切开阔筋膜和股外侧肌，充分暴露股骨干，清理凝血块，分清组织。将髓内针由骨折断端处插入，由近端大转子内侧打出(注意避免损伤关节)，当髓内针伸至皮下时，穿出点做0.5 cm切口，使髓内针由此孔穿出，直至留在骨折断端处的髓内针长度不影响骨折断端的对合，翘起股骨两断端，助手进行骨折近、远端对抗牵引，术者用手分别向相反方向压迫两断端，将骨折断端对合，再将髓内针逆向钉入骨髓腔，做X射线检查，使髓内针几乎全部进入髓内腔，直至插入骨骺，但没穿出关节面，只有很少部分遗留在临近关节处的皮下，将在皮肤外面的那部分髓内针用钳剪断(剪时要紧靠皮肤，使露在外面的髓内针尽量短)，用钢锉把髓内针断端磨平，使髓内针埋在皮下，缝合皮肤切口。髓内针安置完后，在骨折断端附近用钢丝做三道环扎，固定后剪断钢丝并将接头弯曲，使断端紧贴于骨面上。清理创内积血，用抗生素溶液冲洗创口，无出血后，逐层间断缝合肌肉、皮下组织和皮肤，在切口皮肤处用3％碘酊涂布5 min后，涂上创口冻胶，创面覆盖灭菌纱布，在右前肢内侧涂上消炎软膏，用绷带绕上几圈后装上托马氏支架，用绷带缠绕固定。

(4)术后护理。

①手术当日禁食。5％葡萄糖溶液400 mL、50％葡萄糖溶液40 mL及25％维生素C注射液2 mL、肌苷0.1 g，一次静注，每天1次。术后第2~7 d，甲硝唑50 mL、生理盐水100 mL、头孢曲松钠1 g，一次静注，每天2次。术后第3 d检查皮肤切口情况，并消毒和更换灭菌纱布。以后每天伤口用碘伏消毒和更换纱布。维生素D_3注射液3 mL，维丁胶性钙注射液4 mL，肌注；鱼肝油10粒分5次服用，每天1次，连用7 d。

②术后因疼痛引起患犬不安和兴奋时，口服芬必得等镇痛药或应用镇痛剂(盐酸曲马多注射液15 mg肌注)，尽量使宠物处于相对安静的状态和环境中，避免意外损伤。初期由于犬不能下蹲可人工帮助其排便。术后把犬放入笼内两周以上，禁止走动。

③术后 3 d 左右再做 X 射线检查，观察骨折对接处是否出现异常，如有异常马上再次手术进行整复。在术后 15 d 拍摄 X 射线片，观察骨折的对接情况。术后第 8 d 拆线换药后继续固定至 20 d 拆除支架。

④愈合后期进行局部按摩、搓擦，在人的保护下扶助行走，防止出现关节僵化、肌肉萎缩、骨痂过大等后遗症。并逐步放大运动量，但仍需注意对患肢的保护。

(5)治疗效果。术后 3 d 通过 X 射线检查没有发生移位，断端对接良好，患肢无明显炎性肿胀；第 8 d 拆线，伤口愈合良好；第 15 d，X 射线检查骨痂生长良好，断端界面已模糊；20 d 后拆除支架，患肢能轻力着地行走。

【必备知识引导问题参考答案】

表现运动异常的宠物病防治

骨折　1. D　2. ABCD　3. A　4. C

关节脱位　1. A　2. C　3. ABCD　4. C

关节扭伤　1. B　2. ABCD　3. D　4. AD

软骨症　1. B　2. A　3. C　4. ACD

犬佝偻病　1. A　2. D　3. ABD　4. ABCD

风湿病　1. A　2. D　3. ABCD　4. D

莱姆病　1. C　2. D　3. ABCD　4. CD

犬旋毛虫病 1. B　2. A　3. ABCD　4. C

附录 7　表现神经症状宠物病防治参考答案

【工作任务参考答案】

项目　表现神经症状宠物病防治

任务 1　诊断

1. 临床诊断

附表 7-1　发病情况分析

发病特点	分析结论
①流涎、斜视。 ②有被犬咬伤的病史。	提示具有神经症状并伴有流涎的疾病。

附表 7-2　临床症状分析

主要症状	提示疾病
①流涎。 ②怕光、精神异常。 ③异食癖。	提示狂犬病、有机磷中毒。

附表 7-3　鉴别诊断

类似疾病	鉴别要点	鉴别结论
有机磷中毒	有接触有机磷制剂的病史，除有流涎症状外，还会出现呼吸困难、呼出气应有大蒜味、腹痛、腹泻、呕吐、骨骼肌痉挛等症状，与病例主要症状不完全相符。	排除
狂犬病	有被咬伤的病史，表现精神异常、怕光、流涎、异嗜、消瘦等症状，与病例的症状完全符合。	不排除

通过论证分析及鉴别诊断，初步诊为狂犬病。确诊还需进行实验室诊断。

2. 实验室诊断

【检验结论】 对照线和检测线均显色，可以确诊为狂犬病。

任务 2　疫情处理及预防

1. 疫情处理

狂犬病是人畜共患传染病，遇见患狂犬病的犬猫及其他动物或疑似狂犬病的动物、流浪犬要坚决捕杀，捕杀后的动物尸体要做无害化处理，对患病犬、猫接触过的周围环境用20%石灰水喷洒消毒，对假定健康犬进行紧急疫苗接种。对人被咬伤的部位尽快用肥皂水清洗，并用1%～3%碘酊处理伤口同时要紧急疫苗接种。

2. 预防措施

采取"管、免、灭"的综合防治措施。

"管"即市区、城镇禁养犬，乡镇拴养或圈养；"免"即免疫，有计划地对家犬实施发放免疫证。用Flury株狂犬病弱毒冻干疫苗，一次肌注，免疫期为一年以上；"灭"即消灭野犬，杜绝无免疫证的野犬四处游荡，以免感染伤害人畜。

【必备知识引导问题参考答案】

表现神经症状宠物病防治

脑炎　1. ABCD　2. ABCD　3. CD　4. C

中暑　1. A　2. BC　3. C　4. C

脊髓损伤　1. ABCD　2. A　3. D　4. D

癫痫　1. D　2. ABCD　3. ABCD　4. ABCD

产后搐搦症　1. D　2. ABCD　3. ABCD　4. A

狂犬病　1. AC　2. ABCD　3. ABCD　4. ABCD

有机磷中毒　1. C　2. C　3. C　4. BC

氟乙酸盐中毒　1. A　2. A　3. ABCD　4. B

低血糖症　1. AB　2. ABCD　3. ABCD　4. ABCD

休克　1. ABCD　2. ABCDE　3. BCD　4. B

附录8　表现表被状态异常宠物病防治参考答案

【工作任务参考答案】

项目 1　表现表被损伤及并发症宠物病防治

任务 1　诊断

1. 临床诊断

附表 8-1　发病情况分析

发病特点	分析结论
①犬2岁，1岁时腹侧壁就有一拇指大突出物。②昨天剧烈运动后该突出物变大。	提示体表局限性肿胀类疾病。

附表 8-2　临床症状分析

主要症状	提示疾病
①触诊肿物较硬有弹性，局部增温，压迫时明显疼痛，强加压迫肿物进入腹腔。 ②对肿物穿刺检查，有肠内容排出。	提示腹壁疝，注意与脓肿、血肿及淋巴外渗进行鉴别诊断。

附表 8-3　鉴别诊断表

类似疾病	鉴别要点	鉴别结论
脓肿	按压肿物体积无变化，穿刺物为脓汁，与病例主要症状不符。	排除
血肿	按压肿物体积无变化，穿刺物为血液，与病例主要症状不符。	排除
淋巴外渗	按压肿物体积无变化，穿刺物为橙黄色透明液体，与病例主要症状不符。	排除
腹壁疝	早期疝内容物可还纳回腹腔，触诊柔软或硬，不热、不痛或温热疼痛，穿刺物为肠内容物，与病例主要症状相符。	不排除

2. 建立诊断

通过对可疑疾病的论证分析及鉴别诊断，初步诊断为腹壁疝。

任务 2　治疗

【材料准备】

器材：常规手术器械、注射器、输液管等。

药品：速眠新、阿托品、头孢曲松钠、5%葡萄糖注射液、维生素 C、ATP、辅酶 A、5%复方氨基酸注射液、5%碳酸氢钠注射液；碘伏。

【工作过程】

(1)麻醉。硫酸阿托品注射液 0.01 mg/kg，皮下注射；止血敏 2 mL，皮下注射。20 min后，速眠新 0.1 mL/kg.BW，肌注。

(2)5%葡萄糖生理盐水 100 mL，头孢曲松钠 0.5 g，50%葡萄糖注射液 20 mL，维生素 C 1 g，缓慢静注，维持到手术结束。

(3)手术过程。以疝囊中线垂直腹白线做切口。常规消毒。皱襞切开皮肤，此时要注意止血，钝性分离皮下组织和疝囊，发现疝囊内左肾及 3 cm 长的十二指肠和部分网膜，肠呈鲜粉红色。疝孔有拇指大，网膜与腹膜大面积粘连。剥离网膜与腹膜的黏合处，将小肠和网膜及左肾还纳回腹腔。最后连续缝合腹膜和腹壁肌肉，结节缝合皮肤。

(4)术后护理。术部碘伏消毒每天 2 次，连用 7 d。犬痛感严重时应用痛立定 4 mg/kg.BW，每天 1 次，减少疼痛应激。术后 3 d 可以喂易消化有营养的流食，不要喂得过饱，限制运动。

(5)术后治疗。

①5%葡萄糖生理盐水 100 mL，头孢曲松钠 500 mg。用法：静注，每天 1 次，连用 7 d。

②5%葡萄糖注射液 250 mL，25%维生素 C 2 mL，肌苷 0.1 g，ATP 20 mg，辅酶 A 100 IU。用法：一次静注，每天 1 次，连用 5 d。

③5%复方氨基酸注射液 60 mL。用法：一次静注，每天 1 次，连用 5 d。

④5%碳酸氢钠注射液 60 mL。用法：一次静注，每天 1 次，连用 3 d。

治疗效果：第 8 d 时该犬饮食恢复正常，排便正常。

项目2　表现皮肤瘙痒、脱毛宠物病防治

任务1　诊断

1. 临床诊断

附表8-4　发病情况分析

发病特点	分析结论
①患病部位由鼻、眼部开始，并向全身扩散。 ②有强烈痒感，脱毛严重。 ③经常一起玩的犬有两只有相同症状。	提示有强烈痒感能引起脱毛具有传染性的疾病。

附表8-5　临床症状分析

主要症状	提示疾病
①痒感剧烈，脱毛。 ②皮肤薄处有米粒大红色丘疹或脓疱。 ③皮下组织增厚，皮肤失去弹性。	提示疥螨病、蠕形螨病、虱、蚤、皮肤癣菌病。

附表8-6　鉴别诊断

类似疾病	鉴别要点	鉴别结论
蚤	在头部背中线附近、臀部、尾尖部可发现蚤及蚤卵或排泄物，与病例主要症状不符。	排除
虱	在颈部、耳背或胸部等有虱，背毛有虫卵，与病例主要症状不符。	排除
皮肤癣菌病	脱毛斑呈圆形、椭圆形或不规则形，脱毛区内有糠麸样皮屑和残留毛根，痒感和皮损不明显，与病例表现不完全符合。	排除
蠕形螨病	早期脱毛秃斑界限明显，皮肤潮红，有麸皮样皮屑，瘙痒不明显感染化脓菌后，病变部位出现黄豆粒大的脓疱，患犬身体散发恶臭味，与病例主要症状基本符合。	待排除
疥螨病	病变先始于头部、口、鼻、眼及耳部和胸部，后遍及全身，病变部发红，有小丘疹和水泡或脓疱，水泡、脓疱破溃后形成黄色痂皮，剧烈痒感，常因摩擦、抓挠等使患部严重脱毛，与病例主要症状符合。	不排除

2. 实验室诊断

镜下观察到多个疥螨虫体。

3. 建立诊断

本病诊断为犬疥螨病。

任务2　治疗

【材料准备】

器材：消毒用具、注射器等。

药品：2.5％双甲脒、1％伊维菌素注射液。

【工作过程】

(1)以2.5％双甲脒消毒环境，对犬舍进行彻底的消毒。

(2)将患犬病灶或患部周围的被毛剪净，用温肥皂水泡软痂皮并揭去。

(3)1%伊维菌素注射液按0.03 mL/kg.BW。用法：皮下注射，每周1次，连用2～3次。

(4)2.5%双甲脒按每10 kg水中加入250 mg的比例兑水擦洗全身。用法：对病犬间隔7～10 d用药1次，重复治疗2～3次。

(5)治疗后的病犬要放在已消毒的犬舍隔离饲养，治疗完毕后再观察3～4周，确实痊愈后方可同健康犬接触。

任务3　预防

(1)隔离患有疥螨病的犬，防止互相感染。

(2)注意环境卫生，保持犬舍清洁，通风干燥。定期进行清理和消毒，至少每周1次。

(3)定期给犬洗澡，洗澡时最好用犬专用洗浴剂，减少犬感染疥螨的机会。

【必备知识引导问题参考答案】

1. 表现表被损伤及并发症宠物病防治

创伤　1.ABC　2.ABD　3.ABCD　4.B

挫伤　1.A　2.ABCD　3.D

血肿　1.ABD　2.D　3.C　4.D

淋巴外渗　1.D　2.ABD　3.A　4.B

疝病　1.C　2.B　3.A　4.D

溃疡　1.B　2.ABCD　3.B

窦道和瘘　1.C　2.ABC　3.B　4.AB

脓肿　1.AB　2.ABC　3.D　4.D

蜂窝织炎　1.A　2.ABCD　3.D　4.C

破伤风　1.C　2.ABC　3.AB　4.D

败血症　1.A　2.ABCD　3.ABC

2. 表现皮肤瘙痒、脱毛宠物病防治

脓皮病　1.A　2.ABCD　3.C　4.A

犬蠕形螨病　1.B　2.AB　3.A　4.B

犬疥螨病　1.A　2.ABCD　3.B　4.B

犬耳痒螨病　1.BCD　2.ABCD　3.A　4.B

犬皮肤癣菌病　1.ABD　2.ABCD　3.A　4.C

隐球菌病　1.D　2.AB　3.ABCD　4.BC

蜱病　1.A　2.A　3.AD

虱病　1.A　2.A　3.ABC　4.AB

蚤病　1.C　2.ABC　3.A　4.D

甲状腺功能减退症　1.A　2.ABCD　3.AC　4.C

肾上腺皮质功能亢进症　1.A　2.ABD　3.ABCD　4.B

肾上腺皮质功能减退症　1.A　2.ABCD　3.C　4.B

犬雌激素过剩症　1.AB　2.ABC　3.AB

附录9 表现眼部异常宠物病防治参考答案

【工作任务参考答案】

表现眼部异常宠物病防治

任务1 诊断

1.临床诊断

附表9-1 发病情况分析

发病特点	分析结论
①眼部异常。 ②经常吃些生肉和生鸡蛋。 ③近5个月没有驱过虫。	提示以眼部异常为主症的疾病。

附表9-2 临床症状分析

主要症状	提示疾病
①结膜红肿、有大量脓性眼屎。 ②眼内有虫体。	提示眼虫病，还应与结膜炎、眼睑炎、眼睑内翻、倒睫进行鉴别诊断。

附表9-3 鉴别诊断

类似疾病	鉴别要点	鉴别结论
眼睑内翻	有眼睑向内侧弯曲症状，眼内无虫体，与病例主要症状不符。	排除
倒睫	有睫毛向内生长症状，眼内无虫体，与病例主要症状不符。	排除
眼睑炎	有眼睑裂、周围脱毛，眼痛痒及分泌物，眼内无虫体，与病例主要症状不符。	排除
结膜炎	结膜充血、肿胀、眼痛痒、有大量黏液性或脓性眼屎，可因眼睑内翻、外翻、倒睫异物刺激（如眼虫寄生）和外伤引起，与病例主要症状基本符合。	待排除
眼虫病	结膜充血、角膜混浊、糜烂和溃疡、眼痛痒、有大量分泌物，眼内可见线形虫体，与病例主要症状符合。	不排除

2.实验室诊断

根据上述虫体形态特征鉴定结果，为吸吮线虫（东方眼虫）。

3.建立诊断

根据上述虫体形态特征鉴定结果，确诊该犬患病为眼虫病。

任务2 治疗

【材料准备】

器材：眼科镊子、灭菌湿纱布或棉球、5 mL注射器。

药品：0.5％盐酸左旋咪唑注射液、红霉素眼膏。

【工作过程】

(1)用5％盐酸左旋咪唑注射液1～2 mL，由病犬眼角徐徐滴入眼内，用手轻揉1～2 min。

(2)翻开上下眼睑,看到线虫游出眼球表面,用镊子夹灭菌湿纱布或棉球轻轻擦拭黏附其上的虫体,自左右眼陆续取出 23 条大小不一的虫体,左眼 13 条,右眼 10 条。

(3)清除虫体,再用生理盐水缓缓地反复冲洗患眼,用药棉拭干,涂布红霉素眼膏。

任务 3　预防

蝇类为本虫的中间宿主。搞好环境卫生,防蝇灭蝇是重要的预防措施。另外在蝇类大量出现之前(如春季),可采用左旋咪唑或丙硫咪唑等对犬猫进行驱虫,以减少病原体的传播。

【必备知识引导问题参考答案】

表现眼部异常宠物病防治

眼虫病　1. D　2. A　3. C　4. D

眼睑内翻症　1. ABCD　2. D　3. B　4. A

倒睫症　1. D　2. C　3. A　4. B

结膜炎　1. ABCD　2. D　3. C　4. ABCD

角膜炎　1. ABCD　2. D　3. ABCD　4. A

参考文献

[1]刘广文，等．宠物疾病防治[M]．北京：北京师范大学出版社，2017．

[2]韩博，等．犬猫疾病学[M]．北京：中国农业大学出版社，2011．

[3]王九峰，等．小动物内科学[M]．北京：中国农业出版社，2013．

[4]王庆波，宋华宾，等．宠物医师临床药物手册[M]．北京：金盾出版社，2010．

[5]李德印，等．犬、猫病快速诊治指南[M]．郑州：河南科学技术出版社，2009．

[6]《执业兽医资格考试应试指南》编写组．2019年执业兽医资格考试应试指南兽医全科类（下册）[M]．北京：中国农业出版社，2019．

[7]郭铁，汪世昌．家畜外科学[M]．北京：农业出版社，1986．

[8]王福军．宠物外产科疾病[M]．北京：中国轻工业出版社，2012．

[9]侯加法．小动物疾病学[M]．北京：中国农业出版社，2002．

[10]王洪斌．家畜外科学[M]．北京：中国农业出版社，2002．

[11]赵兴绪．兽医产科学[M]．北京：中国农业出版社，2009．

[12]高利，胡喜斌．宠物外科与产科[M]．北京：中国农业科学技术出版社，2008．

[13]陈玉库，孙维平．宠物疾病防治[M]．北京：中国农业大学出版社，2015．

[14]贺生中，陆江．宠物内科病[M]．北京：中国农业出版社，2012．

[15]周建强，等．宠物传染病（第二版）[M]．北京：中国农业出版社，2015．

[16]孙维平，王传锋，等．宠物宠物寄生虫病[M]．北京：中国农业出版社，2017．

[17]林立中．小动物外科手术病例图谱[M]．沈阳：辽宁科学技术出版社，2010．

[18]胡延春．犬猫疾病类症鉴别诊断彩色图谱[M]．北京：中国农业出版社，2010．

[19][美]Richar d W. Nelson，[美]C. Guillermo Couto．小动物内科学（第3版）[M]．夏兆飞，张海彬，袁占奎．主译．北京：中国农业大学出版社，2012．

[20]迈克尔·沙尔．犬猫临床疾病图谱[M]．林德贵．主译．沈阳：辽宁科学技术出版社，2004．

[21][美]Lin da Me dleau，[美]KEITH A. Hnilica．小动物皮肤病彩色图谱与治疗指南[M]．齐长明主译．北京：中国农业大学出版社，2005．

[22]王福军．一例犬异物性肠梗阻诱发胰腺炎的诊治报告[J]．畜牧兽医科技信息，2019，7：148－149．

[23]裴树泉，等．一例犬磷化锌中毒的诊治报告[J]．黑龙江畜牧兽医，2017，4：197－198．

[24]严云，等．犬子宫蓄脓症的研究进展[J]．广东畜牧兽医科技，2007，5：40－42．

[25]杨丽华，等．中西医结合治疗犬大叶性肺炎[J]．中国兽医杂志，2017，4：75－76．

[26]谭斌奎，等．犬脓皮病的诊断与治疗措施[J]．当代畜禽养殖业，2019，6：37－38．

[27]许立阳，等．犬细小病毒病的诊断与防治[J]．当代畜禽养殖业，2019，6：46－47．

[28]高家良，等．一例猫瘟的诊断与治疗[J]．当代畜牧，2019，7：33－35．

[29]高家良，柳旭伟，史明桂，王玉静．一例猫瘟的诊断与治疗[J]．当代畜牧，2019，

7：33—35.

[30]一例加菲猫反复发作犬小孢子菌感染治疗病例报告. 宠物医生夏思敏的博客.

[31]一例犬附红细胞体病的诊治. 实习宠物医生李新的博客.

[32]一例犬右心衰. 犬猫心脏科医生黄奇的博客.